Michael Heußen   Heribert Motz

Schlacken aus der Metallurgie

Band 2

– Ressourceneffizienz und Stand der Technik –

Die Deutsche Bibliothek – CIP-Einheitsaufnahme

Schlacken aus der Metallurgie, Band 2
– Ressourceneffizienz und Stand der Technik –
Michael Heußen, Heribert Motz.
– Neuruppin: TK Verlag Karl Thomé-Kozmiensky, 2012
ISBN 978-3-935317-86-3

ISBN 978-3-935317-86-3 TK Verlag Karl Thomé-Kozmiensky

Copyright: Professor Dr.-Ing. habil. Dr. h. c. Karl J. Thomé-Kozmiensky
Alle Rechte vorbehalten

Verlag: TK Verlag Karl Thomé-Kozmiensky • Neuruppin 2012
Redaktion und Lektorat: Professor Dr.-Ing. habil. Dr. h. c. Karl J. Thomé-Kozmiensky, M.Sc. Elisabeth Thomé-Kozmiensky
Erfassung und Layout: Sandra Peters; Titelgestaltung: ZUP! GmbH, Augsburg
Druck: Mediengruppe Universal Grafische Betriebe München GmbH, München

Dieses Werk ist urheberrechtlich geschützt. Die dadurch begründeten Rechte, insbesondere die der Übersetzung, des Nachdrucks, des Vortrags, der Entnahme von Abbildungen und Tabellen, der Funksendung, der Mikroverfilmung oder der Vervielfältigung auf anderen Wegen und der Speicherung in Datenverarbeitungsanlagen, bleiben, auch bei nur auszugsweiser Verwertung, vorbehalten. Eine Vervielfältigung dieses Werkes oder von Teilen dieses Werkes ist auch im Einzelfall nur in den Grenzen der gesetzlichen Bestimmungen des Urheberrechtsgesetzes der Bundesrepublik Deutschland vom 9. September 1965 in der jeweils geltenden Fassung zulässig. Sie ist grundsätzlich vergütungspflichtig. Zuwiderhandlungen unterliegen den Strafbestimmungen des Urheberrechtsgesetzes.

Die Wiedergabe von Gebrauchsnamen, Handelsnamen, Warenbezeichnungen usw. in diesem Werk berechtigt auch ohne besondere Kennzeichnung nicht zu der Annahme, dass solche Namen im Sinne der Warenzeichen- und Markenschutz-Gesetzgebung als frei zu betrachten wären und daher von jedermann benutzt werden dürfen.

Sollte in diesem Werk direkt oder indirekt auf Gesetze, Vorschriften oder Richtlinien, z.B. DIN, VDI, VDE, VGB Bezug genommen oder aus ihnen zitiert worden sein, so kann der Verlag keine Gewähr für Richtigkeit, Vollständigkeit oder Aktualität übernehmen. Es empfiehlt sich, gegebenenfalls für die eigenen Arbeiten die vollständigen Vorschriften oder Richtlinien in der jeweils gültigen Fassung hinzuzuziehen.

Vorwort

Die Produktion von Stahl aus Schrott und die Verwendung der dabei entstehenden Nebenprodukte sind herausragende Beispiele für eine funktionierende Kreislaufwirtschaft. Die gute Resonanz des ersten Schlacken-Symposiums im Jahr 2011 unter dem Motto *Rohstoffpotential und Recycling* war daher Anlass im Oktober 2012 ein weiteres Symposium – diesmal unter dem Motto *Ressourceneffizienz und Stand der Technik* – zu veranstalten. Wir freuen uns, dass wir im vorliegenden Buch wieder die Beiträge der Referenten veröffentlichen können.

Die im FEhS-Institut zusammengeschlossenen Stahlwerke haben seit 1950 große Anstrengungen unternommen durch Forschung und Entwicklung die Eisenhüttenschlacken erneut dem Wirtschaftskreislauf zuzuführen. Die heutigen Verwendungsraten von mehr als 95 Prozent belegen die erzielten Fortschritte. Grundlagen hierfür sind die anerkannt guten technischen Eigenschaften von Eisenhüttenschlacken, die traditionell für Baumaßnahmen und die Herstellung von Düngemitteln eingesetzt werden. Für die Stahlindustrie ist es seit Jahren eine Selbstverständlichkeit Schlacken auch hinsichtlich ihrer Umweltverträglichkeit prüfen und bewerten zu lassen. Mit zahlreichen Projekten wurden mögliche Beeinflussungen des Grund- und Oberflächenwassers sowie ökotoxikologische und sonstige toxikologische Auswirkungen untersucht. Diese sind auch in die Registrierung von Eisenhüttenschlacken unter der REACH-Gesetzgebung eingeflossen. Die traditionellen Verwendungsmöglichkeiten von Schlacken sind – u.a. bedingt durch das neue Kreislaufwirtschaftsgesetz, die geplante Ersatzbaustoffverordnung sowie die Verordnung zum Umgang mit wassergefährdenden Stoffen – wieder in der Diskussion.

Vor diesem Hintergrund wird beim 2. Symposium in Meitingen durch die Referenten umfassend über Herstellungs- und Aufbereitungsmethoden von Eisenhüttenschlacken sowie neuere Forschungsergebnisse zu deren Umweltverhalten informiert. Darüber hinaus wird über Strategien der Regierung zur Rechtssetzung und deren Auswirkungen auf die Industrie berichtet Damit wird dem Informationsbedürfnis von öffentlichen Auftraggebern, Fachbehörden des Bundes und der Länder sowie Bauunternehmen, ausschreibenden Ingenieurbüros und öffentlichen wie privaten Forschungsinstituten Rechnung getragen. All diese Beteiligten sind regelmäßig mit dem Nebenprodukt Eisenhüttenschlacken und deren weiteren Verwendung befasst und sorgen dafür, dass Schlacken fachgerecht als Ersatzbaustoff eingesetzt werden und somit das Ziel Ressourceneffizienz und -schonung nicht nur Theorie und Zielstellung bleibt, sondern auch in der Praxis gelebt wird.

Auch das 2. Schlackensymposium kann wieder am Standort der Lech-Stahlwerke GmbH und der SGL Carbon GmbH in Meitingen durchgeführt werden. Beide Unternehmen sind für die deutsche Industrie von besonderer Bedeutung: Die Lech-Stahlwerke als wichtiger Qualitäts- und Edelbaustahllieferant für die bayerische, deutsche und europäische Automobilindustrie sowie für die Bauindustrie und die SGL Group – u.a. als Lieferant von innovativen Carbonfasern für die Automobilproduktion.

Mit dem 2. Symposium *Schlacken aus der Metallurgie* und dieser Veröffentlichung wollen wir einen weiteren wichtigen Beitrag für eine inhaltlich fundierte Diskussion über praktizierte Ressourceneffizienz und Stand der Technik leisten.

Oktober 2012

Dr.-Ing. Michael Heußen   *Dr.-Ing. Heribert Motz*

Inhaltsverzeichnis

Rohstoffressourcen

Forschung sichert nachhaltige Rohstoffversorgung
Karl Eugen Huthmacher 3

Techniken zur Ressourcenrückgewinnung
Alfred Edlinger, Katharina Fuchs, Gert Lautenschlager,
Stefan Gäth und Armin Reller 15

Rechtliche Rahmenbedingungen

KrWG, AwSV und MantelV
– Auswirkungen auf die Stahlindustrie und ihre Nebenprodukte –
Gerhard Endemann 21

Anforderungen an die Hochwertigkeit der Verwertung
nach dem neuen Kreislaufwirtschaftsgesetz
Andrea Versteyl 33

Von der drohenden Ordnungsverfügung bis zur Betriebsstilllegung
Michael Sitsen 45

REACH-Auswirkungen für Eisenhüttenschlacken
Ursula Gerigk 51

DK 0-Deponie oder Verfüllung?
– Rechtliche Rahmenbedingungen für die Ablagerung mineralischer Abfälle –
Peter Kersandt 59

Metallurgie und Schlacken

Stahl und Schlacke – Ein Bund fürs Leben
Dieter Georg Senk und Dennis Hüttenmeister 69

Erhöhung der Energie- und Materialeffizienz der Stahlerzeugung im Lichtbogenofen
– optimiertes Wärmemanagement und kontinuierliche dynamische Prozessführung –
Bernd Kleimt, Bernd Dettmer, Vico Haverkamp,
Thomas Deinet und Patrick Tassot 77

Schlackenkonditionierung im Elektrolichtbogenofen:
– Metallurgie und Energieeffizienz –
Hans Peter Markus, Hartmut Hofmeister und Michael Heußen 105

Neue Aufbereitungstechnologie von Stahlwerksschlacken
bei der AG der Dillinger Hüttenwerke
Klaus-Jürgen Arlt und Michael Joost 129

Entphosphorung von Abwässern im Festbett auf Basis von Elektroofen- und
Konverterschlacke – Ein Pilotprojekt –
Heribert Rustige 139

Zukunftstechnologien für Energie- und Bauwirtschaft
– am Beispiel der Schlacken aus der Elektrostahlerzeugung –
Dirk Mudersbach und Heribert Motz 151

Umweltverträglichkeit von Elektroofenschlacken
im Straßenbau anhand von Langzeitstudien
Mario Mocker und Martin Faulstich 169

Autoren und Herausgeber 177

Inserentenverzeichnis 185

Schlagwortverzeichnis 189

Rohstoffressourcen

Forschung sichert nachhaltige Rohstoffversorgung

Karl Eugen Huthmacher

1.	Herausforderung Ressourcenknappheit	3
2.	Aktivitäten der Bundesregierung im Bereich Rohstoffe	5
3.	Förderkette: Ressourceneffizienz	5
4.	Forschung für eine nachhaltige Rohstoffversorgung	6
4.1.	Spezifische Projektförderung durch das BMBF: Forschungsprogramme für Ressourceneffizienz	7
4.2.	Institutionelle Förderung durch das BMBF: Das neue Helmholtz-Institut Freiberg für Ressourcentechnologie	8
4.3.	Forschungsprogramm *Wirtschaftsstrategische Rohstoffe für den Hightech-Standort Deutschland*	9
5.	Europäische und internationale Zusammenarbeit	11
6.	Quellen	11

1. Herausforderung Ressourcenknappheit

Rohstoffe werden knapper und teurer. Die generelle Versorgungssicherheit der Industrie ist nicht mehr in allen Fällen gewährleistet. Rohstoffverfügbarkeit ist für Deutschland als Industrienation mit breiter Produktionsbasis und hohem Exportanteil jedoch unabdingbare Voraussetzung zur Sicherung der Arbeitsplätze und des Wohlstands. Die Verknappung und damit Kostensteigerungen betreffen vor allem mineralische (metallische) Ressourcen, wie zum Beispiel Stahl und Eisen, Kupfer und Aluminium, die sogenannten Stahlveredler, Platingruppenmetalle und Seltene Erden, die für die Entwicklung und den Ausbau von Schlüsseltechnologien erforderlich sind und bei denen Deutschland hinsichtlich der Primärrohstoffe zu hundert Prozent auf Importe angewiesen ist.

Der Deutsche Industrie- und Handelskammertag beziffert den Wert der in Deutschland verwendeten Rohstoffe im Jahr 2010 auf etwa 138 Milliarden EUR, wobei Rohstoffe im Wert von etwa 110 Milliarden EUR importiert wurden und der Rest aus heimischer Produktion (18 Milliarden EUR) und Recycling (10 Milliarden EUR) stammen [1]. Von den insgesamt importierten Rohstoffen entfallen etwa zehn Prozent auf solche Rohstoffe, die für die Entwicklung von Zukunftstechnologien unverzichtbar sind und deshalb als **wirtschaftsstrategische Rohstoffe** bezeichnet werden (hervorgehoben in Bild 1). Auch das Erreichen der ambitionierten Klimaschutzziele, der Wandel der Energieversorgung und die Entwicklung von Zukunftstechnologien in Deutschland sind ohne Nutzung von sogenannten Technologiemetallen undenkbar.

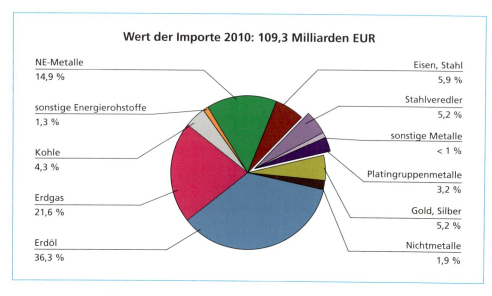

Bild 1: Deutsche Rohstoffimporte nach Wert

Quelle: Deutsche Rohstoffagentur (DERA): Deutschland – Rohstoffsituation 2010

Neben dem Import von Primärrohstoffen und Materialien leistet Recycling einen wichtigen Beitrag zur Rohstoffversorgung und Umweltpolitik. In Deutschland stammen bereits 43 % des Kupfers, 60 % des Aluminiums, 69 % des Bleis und 44 % des Rohstahls aus sekundären Rohstoffen, womit Deutschland international eine Vorreiterrolle innehat [2]. Metallrecycling sollte unter Beachtung physikalischer Grenzen und wirtschaftlicher Vertretbarkeit weiter vorangetrieben werden. Effizienzsteigerungen, Substitutionen und ein umfassendes Recycling können jedoch nicht die Problematik der nachhaltigen und sicheren Rohstoffversorgung allein lösen. Hierzu bedarf es nach wie vor auch der Gewinnung von Primärrohstoffen – und dies nicht nur in Rohstoffexportländern, sondern auch hier in Deutschland.

Das **Wissenschaftsjahr 2012 – Zukunftsprojekt Erde** [3] steht im Jahr des Umweltgipfels in Rio de Janeiro im Zeichen der Forschung für nachhaltige Entwicklungen: Sie ist der Schlüssel für die Zukunft. Dabei richtet sich der Blick im Wissenschaftsjahr 2012 auf die Forschungsansätze, die wirtschaftliche, ökologische und soziale Aspekte gleichzeitig umfassen, also alle Aspekte der Nachhaltigkeit. Der Dialog und die öffentliche Auseinandersetzung mit der Forschung für nachhaltige Entwicklungen soll vertieft und dabei auch konkrete Handlungsoptionen aufgezeigt werden. So ist beispielsweise eine Aktion geplant, um die Öffentlichkeit noch stärker zum Recycling von Mobilfunkgeräten zu motivieren: Millionen Handys liegen immer noch ungenutzt in deutschen Haushalten, obwohl sie wertvolle Metalle wie Seltene Erden enthalten, die wiederverwertet werden können.

Um der Herausforderung der Ressourcenknappheit zu begegnen, hat die Bundesregierung erstmals in der **Nachhaltigkeitsstrategie 2002** [4] die Entkopplung des Ressourcenverbrauchs vom Wirtschaftswachstum als ein wichtiges Ziel definiert. Zugleich ist anzustreben, dass der wachstumsbedingte Anstieg der Nachfrage nach Ressourcen durch Effizienzgewinne mehr als kompensiert wird. Mit Blick auf eine nachhaltige Gesellschaft heißt es in der Nachhaltigkeitsstrategie: *Jede Generation muss ihre Aufgaben selbst lösen und darf sie nicht den kommenden Generationen aufbürden. Sie muss zugleich Vorsorge für absehbare zukünftige Belastungen treffen.* Von der Verwirklichung dieser Ziele sind wir weit entfernt.

Die Bundesregierung verfolgt im Rahmen ihrer Nachhaltigkeitsstrategie zwar das Ziel, die Rohstoffproduktivität bis zum Jahr 2020 bezogen auf das Basisjahr 1994 zu verdoppeln. Die in den letzten Jahren erzielten Steigerungsraten der Rohstoffproduktivität (etwa drei Prozent pro Jahr) sind beachtlich, jedoch zu gering um das Ziel der Verdopplung bis 2020 noch zu erreichen (etwa fünf Prozent pro Jahr erforderlich) [5]. Während die Materialproduktivität von 1960 bis 2005 in Deutschland um den Faktor 2 gesteigert wurde, stieg die Arbeitsproduktivität im gleichen Zeitraum sogar um den Faktor 4 [6]. Während die relativen Kosten für *Arbeit* im produzierenden Gewerbe in Deutschland in den letzten Jahren rückläufig waren, sind die relativen Kosten für *Rohstoffe/Material* deutlich angestiegen. Damit rückt die Frage nach Kostensenkung durch Steigerung der Ressourceneffizienz verstärkt in den Fokus. Innovative nachhaltige Technologien, Prozesse und Produkte können einen signifikanten Beitrag zur Steigerung der Rohstoffproduktivität leisten. Umfangreiche Investitionen in Forschung und Entwicklung in der gewerblichen Wirtschaft und im öffentlichen Sektor sind erforderlich.

2. Aktivitäten der Bundesregierung im Bereich Rohstoffe

Auf die Notwendigkeit einer wesentlich verbesserten Kreislaufführung von metallischen und mineralischen Rohstoffen verweist der Rat für Nachhaltigkeit in seinen Empfehlungen an die Bundesregierung [7]. Die Empfehlung skizziert die Vision einer weitgehend vollständigen Kreislaufführung nicht nur von Massenrohstoffen, für die bereits jetzt Kreislaufwirtschaft existiert. Vielmehr zielt die Empfehlung darauf ab, die relevanten Akteure zu ermutigen, die Vision einer vollständigen Kreislaufführung von Rohstoffen zu konkretisieren, für die es bisher kein Nachhaltigkeitsmanagement gibt.

Die bessere Nutzung von Sekundärrohstoffen leistet einen Beitrag zum Ziel der Verdopplung der Rohstoffproduktivität bis zum Jahr 2020. Voraussetzungen dafür werden auch mit dem neuen Kreislaufwirtschaftsgesetz geschaffen. Mit diesem Gesetz soll erreicht werden, dass bis zum Jahr 2020 65 % aller Siedlungsabfälle und 70 % aller Bau- und Abbruchsabfälle (aktuell bereits etwa 90 % realisiert) stofflich verwertet werden [8].

Die Bundesregierung hat mit ihrer Rohstoffstrategie [9] zur Sicherung einer nachhaltigen Rohstoffversorgung Deutschlands auf die Verknappung bei nicht-energetischen mineralischen Rohstoffen reagiert. Diese spannt den Bogen von der Bekämpfung von Handelshemmnissen über Effizienzberatung in Unternehmen, Forschung- und Technologieentwicklung, Ausbildung bis hin zur Entwicklungszusammenarbeit.

Abgeleitet aus der Rohstoffstrategie und der Nachhaltigkeitsstrategie der Bundesregierung sowie der europäischen Strategie für eine nachhaltige Nutzung natürlicher Ressourcen [10] wird derzeit das *Deutsche Ressourceneffizienzprogramm (ProgRess)* erarbeitet, das Handlungsansätze für die nachhaltige Nutzung mineralischer, nichtenergetischer Rohstoffe (Erze, Industrie- und Baumineralien) sowie die mögliche Substitution durch stoffliche Nutzung biotischer Rohstoffe definiert. Bildung und Forschung werden als bedeutende Handlungsfelder identifiziert. Zur Umsetzung der Rohstoffstrategie der Bundesregierung hat das BMBF ein Nationales Forschungs- und Entwicklungsprogramm für neue Ressourcentechnologien *Wirtschaftsstrategische Rohstoffe für den Hightech-Standort Deutschland* von einem Expertenkreis erarbeiten lassen.

3. Förderkette: Ressourceneffizienz

Das Bundesministerium für Bildung und Forschung (BMBF) hat die Förderung von Forschung und Entwicklung innovativer und nachhaltiger Lösungen zur Steigerung der

Ressourceneffizienz breit angelegt. Im Rahmenprogramm *Forschung für Nachhaltige Entwicklungen* [11] ist Ressourceneffizienz eines der zentralen Themen. Auch das Bundesministerium für Umwelt, Naturschutz und Reaktorsicherheit (BMU) und das Bundesministerium für Wirtschaft und Technologie (BMWi) treiben diese Entwicklung zusammen mit weiteren Ressorts (u.a. BMVBS, BMELV) voran. Dies geschieht unter anderem mit Hilfe ineinander verzahnter Fördermaßnahmen, die von der Neuentwicklung bis zur kommerziellen Reife und Verbreitung im Markt Unterstützung bieten. Durch das Zusammenwirken der Ressorts entsteht eine durchgängige Förderkette von der Forschung und Entwicklung bis zur Verbreitung im Markt (Tabelle 1).

Tabelle 1: Ausgewählte Aktivitäten des Ressorts im Bereich Rohstoffe und Ressourceneffizienz

Stufe im Förderzyklus	BMBF	BMU	BMWi
Technologie-entwicklung	• r^2 und r^3, CLIENT, KMU-innovativ • MatRessource		
Demonstrationsphase		• Umweltinnovations-programm	
Marteinführung und Umsetzung		• Netzwerk Ressourceneffizienz • Zentrum Ressourceneffizienz	• Deutsche Material-effizienzagentur • Innovationsgutscheine go-effizient
strategische Aktivitäten	Interministerieller Ausschuss Rohstoffe		
	• Helmholtz-Institut Freiberg für Ressourcentechnologie • FE-Programm **Wirtschafts-strategische Rohstoffe für den Higtech-Standort Deutschland**	• Deutsches Ressourceneffizienz-programm	• Deutsche Rohstoffagentur • Rohstoffpartner-schaften

4. Forschung für eine nachhaltige Rohstoffversorgung

Das BMBF sieht sich als Motor für eine ergebnisoffene Wissenschaft und Forschung. Zu diesem Zweck werden die forschungspolitischen Rahmenbedingungen für die Wissenschaft und Forschung so gestaltet, damit zeitnah und effizient Erkenntnisse, Innovationen und Wertschöpfung entstehen können.

Der Beitrag des BMBF liegt im Bereich der rohstofftechnologiebezogenen Forschungs- und Innovationsförderung. Dies ist ein Alleinstellungsmerkmal des Hauses BMBF innerhalb der Bundesregierung. Insbesondere mit dem Instrument der spezifischen Projektförderung kann schnell und flexibel auf strategische Bedürfnisse der deutschen Wirtschaft mit der Bekanntgabe maßgeschneiderter Fördermaßnahmen reagiert werden. Fördermaßnahmen werden in der Regel gemeinsam mit Stakeholdern (Wissenschaft, Industrie, Anwender u.a.) beispielsweise über Expertengespräche vorbereitet. Langfristige Forschungsaspekte werden über das BMBF im Rahmen der institutionellen Programme von HGF, FhG, MPG und WGL gefördert.

Im Bereich der Ressourcentechnologie treibt das BMBF Innovationen in fünf strategischen Feldern durch Forschung und Entwicklung voran:

- **Rohstoffproduktivität steigern**: Durch Effizienzsteigerungen in rohstoffnahen Industrien mit hohem Materialeinsatz können signifikante Beiträge zur Erhöhung der Rohstoffproduktivität erreicht werden, beispielsweise in der Metall- und Stahlindustrie, der Chemie-, Keramik- und Baustoffindustrie.

- **Rohstoffbasis sichern**: Strategisch relevante Rohstoffe wie Technologiemetalle und Industriemineralien für Hightech-Anwendungen stellen mengenmäßig nur einen relativ kleinen Anteil der Rohstoffimporte dar, haben aber oft eine hohe Hebelwirkung für die Erhöhung der Ressourceneffizienz, z.B. in der Steuerungs- und Regeltechnik oder bei erneuerbaren Energien. Der Fokus hierbei liegt auf dem Recycling sowie der Substitution knapper Rohstoffe sowie der Rückführung von Wertstoffen aus anthropogenen Lagerstätten, beispielsweise Altdeponien (Urban Mining).
- **Rohstoffbasis verbreitern**: Die Kohlenstoffchemie der deutschen Industrie basiert weitgehend auf Erdöl. Bis zur Substitution des Erdöls durch nachwachsende Rohstoffe sind innovative Verfahren als Brückentechnologie für eine stoffliche Nutzung von Kohlendioxid (carbon capture and usage, CCU) sowie eine ökologisch verträgliche Nutzung heimischer Braunkohle als Erdölersatz voranzutreiben.
- **Kleine und mittlere Unternehmen fördern**: Kleine und mittlere Unternehmen repräsentieren einen besonders innovationsoffenen Teil der heimischen Wirtschaft und können bei entsprechender Förderung noch stärker zum Innovationstreiber bei Ressourceneffizienztechnologien werden.
- **International zusammenarbeiten**: Deutschland als Rohstoffimportland ist auf die Zusammenarbeit mit Partnerländern angewiesen. Rohstoffimporte, Wissensaustausch und Schaffung von Leitmärkten für den Export von deutschen Ressourceneffizienztechnologien können sich zum gegenseitigen Nutzen ergänzen.

4.1. Spezifische Projektförderung durch das BMBF: Forschungsprogramme für Ressourceneffizienz

Im Rahmenprogramm *Forschung für nachhaltige Entwicklungen* fokussiert das BMBF die Förderung auf vier thematische Schwerpunkte, die sogenannten Aktionsfelder. Im Aktionsfeld *Nachhaltiges Wirtschaften und Ressourcen* fördert das BMBF Kooperationen zwischen Industrie und Wissenschaft zur Steigerung der Ressourceneffizienz. Dabei steht die systemorientierte Betrachtungsweise im Vordergrund. So werden z.B. ganze Wertschöpfungsketten oder Lebenszyklen statt Einzelprozessen in die Forschung einbezogen, damit Problemlösungen in einem Teilsystem nicht zu Lasten der Gesamteffizienz gehen. Mit Blick auf den steigenden Ressourcenbedarf aufstrebender Schwellenländer geht es auch um die Entwicklung angepasster Lösungen für internationale Märkte, gleichzeitig werden so Chancen für erfolgreiche Technologieexporte geschaffen.

Die Umsetzung der Rahmenprogramme erfolgt durch die öffentliche Bekanntmachung von Fördermaßnahmen (spezifische Projektförderung). Bisher investierte das BMBF mit dem Rahmenprogramm *Forschung für Nachhaltige Entwicklungen* mehr als 200 Millionen Euro für die Entwicklung neuer Spitzentechnologien zur Steigerung der Ressourceneffizienz.

So fördert das BMBF die Steigerung der Rohstoffproduktivität in Industrien mit hohem Materialeinsatz mit der Fördermaßnahme r^2 – *Innovative Technologien für Ressourceneffizienz-Rohstoffintensive Produktionsprozesse* [12]. Im Fokus von r^2 stehen rohstoffnahe Industrien mit hohem Materialeinsatz. Hier kann eine große Hebelwirkung zur Erhöhung der Rohstoffproduktivität erreicht werden, z.B. in der Metall- und Stahlindustrie, der Chemie-, Keramik- und Baustoffindustrie.

Mit den beiden Fördermaßnahmen r^3 – *Innovative Technologien für Ressourceneffizienz – Strategische Metalle und Mineralien* [13] im Rahmenprogramm *Forschung für nachhaltige Entwicklungen – FONA* bzw. *Materialien für eine ressourceneffiziente Industrie und Gesellschaft – MatRessource* [14] im Rahmenprogramm *Werkstoffinnovationen für Industrie und Gesellschaft – WING* leistet das BMBF einen zentralen Beitrag zur nachhaltigen Nutzung strategisch relevanter Rohstoffe. Unter anderem soll durch Förderung innovativer Recyclingtechnologien und Substitutionsstrategien ein wichtiger Beitrag zur Versorgungssicherheit mit seltenen Rohstoffen, die für Schlüssel- und Zukunftstechnologien in Deutschland relevant sind, geleistet werden. Solche Zukunftstechnologien sind oft auch Umwelttechnologien (Indium wird z.B. für Dünnschicht-Photovoltaik, Neodym für Permanentmagnete in Elektromotoren, bei Windkraftanlagen und Fahrzeugen benötigt). Die ersten Forschungsprojekte werden in Kürze starten.

Im Rahmen des Förderschwerpunkts *Technologien für Nachhaltigkeit und Klimaschutz – Chemische Prozesse und stoffliche Nutzung von Kohlendioxid* [15] werden industrienahe Forschungsvorhaben u.a. zum Klimaschutz und zur Erweiterung der Rohstoffbasis und damit einem schonenderen Umgang mit fossilen Ressourcen (*weg vom Öl*) gefördert. Kohlenstoffdioxid, abgespalten aus den Abgasen von Kohlekraftwerken oder Industrieprozessen kann stofflich genutzt werden (carbon capture and usage, CCU), um z.B. Rohöl bei der Herstellung von Polymeren zu ersetzen oder in Verbindung mit CO_2-arm erzeugtem Wasserstoff umweltfreundliche Kraftstoffe herzustellen (power to gas). Solange die Speicherung von abgespaltenem CO_2 in tiefen geologischen Formationen (carbon capture and storage, CCS) keine ausreichende Akzeptanz in der Bevölkerung findet, kommt diesem Ansatz zur Erreichung der Klimaschutzziele der Bundesregierung zusätzlich Bedeutung zu.

Kleine und mittlere Unternehmen (KMU) sind oft diejenigen, die besonders effiziente Technologien nutzen und vorantreiben. Dadurch werden sie in vielen Bereichen Vorreiter technologischen Fortschritts. Die Ressourceneffizienz wird durch eigene Innovationen oder durch frühes Aufgreifen besonders innovativer Methoden verbessert. Die Förderinitiative *KMU-innovativ – Energie und Ressourceneffizienz* [16] unterstützt kleine und mittlere Unternehmen seit 2007 bei der Entwicklung innovativer Technologien und Dienstleistungen für eine verbesserte Ressourcen- und Energieeffizienz und erleichtert ihnen den Zugang zur Forschungsförderung. Dazu hat das BMBF die Beratungsleistungen für KMU ausgebaut sowie das Antrags- und Bewilligungsverfahren vereinfacht und beschleunigt. Ein Förderbeispiel ist die Rückgewinnung und Wiedereinsatz von Edelmetallen aus Brennstoffzellen. Das BMBF wird die Fördermaßnahme *KMU innovativ – Energie und Ressourceneffizienz* fortsetzen.

Mit Blick auf die globale Verantwortung der Industrienationen setzt das BMBF verstärkt auf Kooperation mit Schwellenländern: Im Rahmen der Fördermaßnahme *CLIENT – Internationale Partnerschaften für nachhaltige Klimaschutz- und Umwelttechnologien und -dienstleistungen* [17] unterstützt das BMBF Forschungs- und Entwicklungskooperationen besonders mit den Ländern Brasilien, Russland, Indien, China, Südafrika und Vietnam unter anderem auf den Gebieten nachhaltige Ressourcennutzung und Klimaschutztechnologien. Die ersten Projekte werden 2012 starten.

4.2. Institutionelle Förderung durch das BMBF: Das neue Helmholtz-Institut Freiberg für Ressourcentechnologie

Bundesministerin Professor Dr. Annette Schavan hat im August 2011 das Helmholtz-Institut Freiberg für Ressourcentechnologie (HIF) [18] gegründet. Damit setzt die Bundesregierung eine Vereinbarung aus dem Koalitionsvertrag um und bündelt strategisch wichtige Forschungskompetenzen zur Sicherung der Rohstoffversorgung der deutschen Wirtschaft. Ziel ist dabei eine interdisziplinäre Ressourcentechnologieforschung, welche die gesamte Rohstoff-Wertschöpfungskette von der Erkundung und Gewinnung der Rohstoffe über ihre Aufbereitung und Veredelung bis hin zum Recycling umfasst.

Das Helmholtz-Institut Freiberg für Ressourcentechnologie, getragen vom Helmholtz-Zentrum Dresden-Rossendorf und der TU Bergakademie Freiberg, wird die Forschung zur Erkundung, Gewinnung, Aufbereitung, Materialsubstitution und zum Recycling nicht-energetischer mineralischer Rohstoffe in der Helmholtz-Gemeinschaft verankern. Das BMBF fördert das HIF jährlich mit bis zu fünf Millionen Euro. Neben der Erhöhung der Verfügbarkeit von primären und sekundären Rohstoffen unter Wahrung von Material- und Energieeffizienz bilden langfristig auch die produktspezifische Rohstoffauswahl und Substitution sowie die Bewertung der Nachhaltigkeit von Ressourcentechnologien Schwerpunkte der Forschungsaktivitäten. Durch diesen ganzheitlichen Fokus deckt das Institut einen strategischen Bedarf in der deutschen und in der europäischen Industrie- und Forschungslandschaft. Im Institut werden die Expertisen der beiden Gründungspartner TU Bergakademie Freiberg und Helmholtz-Zentrum Dresden-Rossendorf eingebracht. Die enge standortgebundene Zusammenarbeit des Instituts mit der TU Bergakademie Freiberg bietet perspektivisch auch die Möglichkeit, Aus- und Weiterbildungsangebote zur Verfügung zu stellen, die die Nachwuchssicherung für die ressourcennahe Technologieforschung in Deutschland langfristig gewährleistet.

4.3. Forschungsprogramm Wirtschaftsstrategische Rohstoffe für den Hightech-Standort Deutschland

Das BMBF arbeitet an einem neuen Forschungsprogramm *Wirtschaftsstrategische Rohstoffe für den Hightech-Standort Deutschland*. Ziel ist es, die Forschung und Entwicklung entlang der Wertschöpfungskette nicht-energetischer mineralischer Rohstoffe in den nächsten fünf bis zehn Jahren auszubauen. Die Fördermaßnahmen richten sich an Universitäten, außeruniversitäre Forschungseinrichtungen und Unternehmen. Im Fokus steht eine Stärkung der angewandten Forschung und deren Verknüpfung mit der Grundlagenforschung.

Der thematische Fokus liegt dabei auf solchen Metallen und Mineralien, deren Verfügbarkeit für Zukunftstechnologien gesichert werden muss und die eine große Hebelwirkung für die Wirtschaft haben: Stahlveredler, Metalle für die Elektronikbranche und andere Hightech-Rohstoffe wie Seltene Erden oder Platingruppenelemente, also die Rohstoffe, die es ermöglichen, Spitzenprodukte in Deutschland herzustellen. Rohstoffe im Werte von weniger als 0,5 % unseres Bruttoinlandprodukts haben die Hebelwirkung, unsere Volkswirtschaft schnell aus einer Rezession herauszuführen bzw. den Wohlstand im Land zu sichern. Diese Rohstoffe werden im Weiteren als *wirtschaftsstrategisch*[1] bezeichnet. Massenmetalle werden insofern angesprochen, als sie bei der Gewinnung von Primär- und Sekundärrohstoffen mit betrachtet werden müssen oder erhebliche Verbesserungen der Rohstoffeffizienz zu erwarten sind. Um die Verfügbarkeit von wirtschaftsstrategischen Rohstoffen für die deutsche Industrie zu sichern, sind Forschungs- und Entwicklungsaktivitäten sowohl im Bereich Primärrohstoffe und Exploration als auch im Bereich Sekundärrohstoffe und Recycling unabdingbar.

Im Laufe des Jahres 2012 wird dazu eine weitere Förderbekanntmachung (r^4) zur Umsetzung veröffentlicht, welche an die Bekanntmachungen r^2 und r^3 anschließt. Während r^2 bzw. r^3 den Fokus auf rohstoffintensive Produktionsbereiche bzw. auf das Recycling von Metalle und Mineralien legt, wird r^4 verstärkt auf wirtschaftsstrategische Rohstoffe fokussieren. Hinsichtlich des gewählten Begriffs wirtschaftsstrategische Rohstoffe sei auf Bild 1 und den Beitrag von Professor Friedrich-W. Wellmer *Was sind wirtschaftsstrategische Rohstoffe* in diesem Buch verwiesen.

---

[1] *Wirtschaftsstrategisch* im Gegensatz zu *strategisch* im Wesentlichen deshalb, da nicht nur die physische Verfügbarkeit dieser Rohstoffe von relevanter Bedeutung ist, sondern auch deren Preis, um auf dem Weltmarkt konkurrenzfähig zu sein.

Bei r⁴ wird der Schwerpunkt auf die Erhöhung der Angebotsseite, sowohl bei Primär- als auch Sekundärrohstoffen, gelegt. Dies umfasst die Forschung zur Entdeckung und Nutzbarmachung der für deutsche Unternehmen zugänglichen Rohstoffe mit innovativen nachhaltigen Technologien und die Verbesserung von Recyclingmethoden (Bild 2). Das Programm wird gemeinsam mit Forschung und Wirtschaft entsprechend den Fortschritten nationaler und europäischer Ressourcenpolitik und den Anforderungen aus Wirtschaft und Wissenschaft weiterentwickelt. Weitere Fördermaßnahmen in den folgenden Jahren sind vorgesehen.

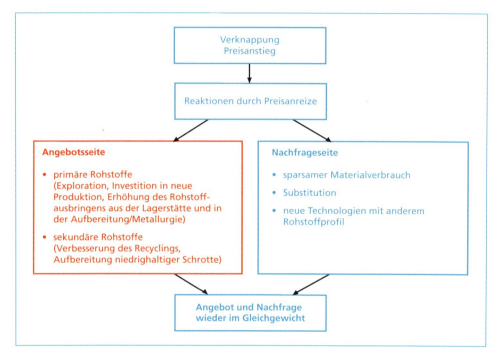

Bild 2:   Regelkreis der Rohstoffversorgung

Quelle: Professor Dr. Friedrich-W. Wellmer

Der beratende wissenschaftliche Beirat zum Programm *Wirtschaftsstrategische Rohstoffe für den Hightech-Standort Deutschland* empfiehlt dem BMBF zur Erhöhung des heimischen Angebotes solcher Rohstoffe folgende Forschungsschwerpunkte:

- **Entwicklung von Konzepten zur Exploration von Primärrohstoffen und technischen Konzepten zur wirtschaftlichen Nutzung von komplexen Erzen bekannter Lagerstätten**

  Zwischen den letzten Explorationsarbeiten in Deutschland Anfang der achtziger Jahre und den jetzigen Aktivitäten liegen etwa 20 bis 25 Jahre. Das ist der Innovationszyklus in der Exploration für neue Methoden und Konzepte: Die Eindringtiefen von Explorationsmethoden sind erhöht, ganz neue genetische Modelle für neue Lagerstättentypen sind weltweit entwickelt worden. Konzeptionelle Vorarbeiten sind die Basis jeder kommerziellen Exploration. Die kommerzielle Exploration selbst ist nicht Thema der geplanten Fördermaßnahme. Vielmehr sollen mit der Kenntnis der deutschen Lagerstätten und neuen weltweiten Erkenntnissen und Methoden innovative Konzepte für die Erkundung neuer heimischer Lagerstätten entwickelt werden.

- **Aufarbeitung von Aufbereitungs- und Produktionsrückständen**

    Die lange Bergbau- und Explorationstradition Mitteleuropas auf dem Metallsektor hat als ein Ergebnis mit sich gebracht, dass es bekannte Rohstoffkörper gibt, für die bisher keine geeigneten Aufbereitungsmethoden entwickelt werden konnten sowie viele Aufbereitungs- (Tailings) und Produktionsrückstände. Weiterhin hat die z.T. sehr geringe Effizienz bei der Aufbereitung komplexer Erze Rückstände hinterlassen, die ein erhebliches Rohstoffpotential beinhalten. Auch wenn zahlreiche dieser Resthalden mittlerweile überbaut oder anderweitig genutzt werden, so liegt doch immer noch ein großes Rohstoffpotential vor, das mit verbesserten Methoden genutzt werden kann.

- **Aufarbeitung von end-of-life Produkten**

    Bei der Aufarbeitung von end-of-life Produkten muss der Tatsache Rechnung getragen werden, dass Produktzyklen immer kürzer und die Produkte unserer Industrie, insbesondere der Elektronikindustrie, immer komplexer werden. Das bedingt eine immer vielschichtigere und sich schnell ändernde Zusammensetzung der Sekundärmaterialien. Sie sind viel komplizierter zusammengesetzt als Primärrohstoffe bzw. -konzentrate und erfordern daher die Entwicklung spezieller mechanischer und metallurgischer Aufbereitungsmethoden. Bei den Sekundärvorstoffen standen bisher vor allem Stoffströme mit hoher Mengen- und Wertrelevanz im Vordergrund, aus denen vergleichsweise wenige, dafür in hoher Konzentration enthaltene Wertstoffe separiert wurden. Demgegenüber sollen hier die zumeist nur in geringer Konzentration in end-of-life-Produkten enthaltenen Sekundärstoffe im Vordergrund stehen, die sich bisher in Nebenprodukten oder Abfällen wiederfinden. Für sie gilt es, Wiedergewinnungsmethoden zu entwickeln.

Flankierende Maßnahmen sollen die Forschungs- und Entwicklungsförderung des BMBF ergänzen, um die internationale Vernetzung und Sichtbarkeit der deutschen Rohstofftechnologieforschung zu erhöhen, die Akzeptanz der heimischen Rohstoffgewinnung zu verbessern und die Aus- und Weiterbildung in diesem Bereich zu stärken.

5. Europäische und internationale Zusammenarbeit

Themenbereiche von gemeinsamer länderübergreifender Bedeutung sollen verstärkt im Rahmen der europäischen Zusammenarbeit (laufendes 7. Forschungsrahmenprogramm sowie das künftige Forschungsrahmenprogramm Horizon 2020) ausgebaut werden. Beispielsweise ist vorgesehen, die bilaterale projektbezogene Zusammenarbeit mit Frankreich auszubauen. Weitere Möglichkeiten der Zusammenarbeit bieten sich an innerhalb der geplanten Europäischen Innovationspartnerschaft Rohstoffe (EIP Raw Materials), des im November 2011 unter der Federführung Frankreichs gestarteten ERA-Nets *Industrial Handling of Raw Materials for European Industries* (ERA-MIN) und der ab 2014 vorgesehenen Etablierung einer Wissens- und Innovationsgemeinschaft Rohstoffe (KIC Raw Materials) des Europäischen Innovations- und Technologieinstituts (EIT).

Durch bilaterale Forschungskooperationen mit rohstoffreichen Ländern außerhalb der EU kann die Entwicklung von Rohstoffpartnerschaften Deutschlands in Einzelfällen durch FuE-Vorhaben flankiert werden.

6. Quellen

[1] Deutsche Industrie- und Handelskammer: Faktenpapier nicht-energetische Rohstoffe. Hintergrundinformationen zum IHK-Jahresthema 2012

[2] Deutsche Rohstoffagentur: Deutschland Rohstoffsituation 2010. 2011

[3] Bundesministerium für Bildung und Forschung: www.zukunftsprojekt-erde.de

[4] Die Bundesregierung: Perspektiven für Deutschland, 2002

[5] Die Bundesregierung: Nationale Nachhaltigkeitsstrategie Fortschrittsbericht 2012

[6] Bundesministerium für Umwelt, Naturschutz und Reaktorsicherheit: Arbeitsentwurf des BMU für ein Deutsches Ressourceneffizienzprogramm (ProgRess), 2011

[7] Rat für Nachhaltige Entwicklung: Wie Deutschland zum Rohstoffland wird. 2011

[8] Die Bundesregierung: Entwurf eines Gesetzes zur Neuordnung des Kreislaufwirtschafts- und Abfallrechts vom 30. März 2011

[9] Bundesministerium für Wirtschaft und Technologie: Rohstoffstrategie der Bundesregierung. 2010

[10] EU-Kommission: Thematische Strategie für eine nachhaltige Nutzung natürlicher Ressourcen. Mitteilung, 2005

[11] Bundesministerium für Bildung und Forschung: Forschung für nachhaltige Entwicklungen Rahmenprogramm des BMBF. 2009

[12] Bundesministerium für Bildung und Forschung: www.fona.de/de/9816 ,www.r-zwei-innovation.de

[13] Bundesministerium für Bildung und Forschung: www.fona.de/de/9815

[14] Bundesministerium für Bildung und Forschung: www.ptj.de/matressource

[15] Bundesministerium für Bildung und Forschung: www.fona.de/de/9852

[16] Bundesministerium für Bildung und Forschung: www.hightech-strategie.de/de/439.php

[17] Bundesministerium für Bildung und Forschung: www.fona.de/de/9862

[18] Bundesministerium für Bildung und Forschung: www.fona.de/de/9813

Wir schaffen Weitblick.

Menschen brauchen Ziele, Chancen und Visionen, um voran zu kommen. Bei den Lech-Stahlwerken sind über 800 Mitarbeiter beschäftigt, die Herausforderungen annehmen, sich weiter entwickeln und Ihr Potential gezielt einsetzen.

Lech-Stahlwerke GmbH
Industriestraße 1
D-86405 Meitingen

Telefon +49 8271 82-0
Telefax +49 8271 82-377
www.lech-stahlwerke.de

MAX AICHER ENVIRONMENT

RESTSTOFFVERWERTUNG

Verwertung von mineralisch-anorganischen Reststoffen, wie z.B. Filterstäube, Gießereialtsande, Ofenausbrüche, Kesselasche, Schlacken und feste Abfälle aus der Abgasbehandlung.
Sie haben Abfall - wir verwerten ihn.

   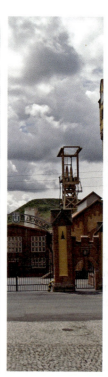 

Max Aicher GmbH
Bichlbruck 2 // D - 83451 Piding, Germany
Tel +49 8654 - 77 401 0 // Fax +49 8654 - 77 401 29
E-Mail: info@max-aicher.de // www.max-aicher-enviro.com

Techniken zur Ressourcenrückgewinnung

Alfred Edlinger, Katharina Fuchs, Gert Lautenschlager, Stefan Gäth und Armin Reller

1. Einleitung 15

2. Schlacken als Sekundärminen in Bayern 15

3. Technologien zur Aufbereitung von Schlacken 17

1. Einleitung

Die erfolgreiche und viele Lebensbereiche durchdringende Entwicklung nutzbringender Technologien ist in zunehmendem Masse durch eine exponentiell steigende Diversität von Funktionsmaterialien, insbesondere von Metallen mit spezifischen Eigenschaften geprägt. Viele dieser Metalle sind nicht in beliebigen Mengen verfügbar; sie werden oft als Koppelprodukte von Basismetallen gewonnen und eine sichere Verfügbarkeit ist keinesfalls garantiert. Umso bedeutender wird die Rückgewinnung derartiger strategischer Metalle aus bestehenden sekundären Quellen. Die eingedeutschten Begriffe Secondary Mining und Urban Mining verweisen auf die Situation, dass gerade im rohstoffarmen Europa aufgrund der mit riesigen Mengen unterschiedlichster Metalle aufgebauten Infrastruktur genutzte (vor allem Bauwerke) und ungenutzte sekundäre Lagerstätten (vor allem Deponien) existieren, in denen die Konzentrationen bestimmter Metalle durchaus vergleichbar wenn nicht sogar höher als in den primären Lagerstätten sind. Trotz dieser an sich viel versprechenden Ausgangslage ist die Rückgewinnung von Wertstoffen aus - wie man bislang sagte - Abfall nicht problemlos: die Separation von einzelnen wertschöpfenden Fraktionen ist aufwändig und vielmals nicht rentabel. Auch fehlen gerade für die Extraktion von niedrig konzentrierten Metallen effiziente und selektive Technologien in ausreichendem Umfang. Des Weiteren ist von vielen Deponien und Schlackenlagern die genaue chemische Zusammensetzung der Sekundärwertstoffe nicht bekannt. Vor diesem Hintergrund, dem teils vorliegenden oder erst noch zu ermittelndem Wissen über die Beschaffenheit der Wertstoffe und der Rückgewinnungsmöglichkeiten ihrer strategisch relevanten Bestandteile, müssen jetzt die technischen Voraussetzungen für eine effiziente Rückgewinnung dieser Ressourcen auf regionaler, nationaler, aber auch globaler Ebene geschaffen werden. Eine zentrale Forderung muss dabei sein, dass möglichst viele *Abfall*-Stoffe als Wertstoffe erkannt, klassifiziert und als solche wieder in den Produktions- und Wertschöpfungskreislauf überführt werden. Die thermische Verwertung oder die finale Deponie sollte bei diesem Ansatz erst die letzte Option darstellen. In der Folge werden in zusammenfassender Form die Vorkommen sekundärer Lagerstätten, insbesondere von Schlacken, und technologische Lösungsansätze Wege zu deren Inwertsetzung diskutiert.

2. Schlacken als Sekundärminen in Bayern

In ihrer kürzlich abgeschlossenen Diplomarbeit hat Frau Katharina Fuchs die Schlackenlagerstätten Bayerns kartographiert und spezifiziert. Aufgrund steigender Rohstoffpreise und der Verknappung von Ressourcen wurden Alternativen zur Deckung des zunehmenden Rohstoffbedarfs gesucht. Im Zuge dessen wurden strategische Metalle und Industriemetalle als Sekundärrohstoffe in Schlacken und Filterstäuben von Müllverbrennungsanlagen und der Stahlherstellung identifiziert und mögliche Recyclingtechnologien aufgezeigt. Es wurden Daten aus bereits existierenden Analysen verwendet. Die Ermittlung der Massenströme und der Metallgehalte in den Schlacken (siehe Tabelle 1) geschah durch Bildung von Durchschnittswerten der Daten von mehreren Jahre.

Zusammenfassung	Mengen
Produktion (LSW)	190.000 t/a (2008) EOS
Deponien (Sulz, Hemerten)	etwa 930.000 t EOS
Schlackenberg Sulzbach-Rosenberg (FES 2005)	1,0 bis 1,5 Mio. t OBM-Schlacke 0,26 Mio. t Hochofenstückschlacke 4,3 bis 4,9 Mio. t Hüttensand Stäube und Schlämme

Tabelle 1: Darstellung der Schlackenmengen aus der Stahlherstellung in Bayern

Die Identifizierung potentieller Sekundärrohstoffe erfolgte anhand erstellter Steckbriefe der vorliegenden Metallkonzentrationen und des daraus resultierenden theoretischen Wertgehalts der Stoffströme. Insgesamt wurden Aluminium, Blei, Kupfer, Chrom, Magnesium, Mangan, Nickel und Zink als potentielle Sekundärrohstoffe in den verschiedenen Stoffströmen ermittelt (siehe Tabelle 2 und 3).

Tabelle 2: Analytik der Schlacken aus der Stahlherstellung

Symbol	Element	EOS 0/100 (25.10.03) Gesamt	OBM-Schlacke 10/40 Gesamt	HS hell Gesamt	HOS 0/40 Gesamt
		mg/kg			
Al	Aluminium	29.200	11.060	4.6200	54.200
Sb	Antimon	1	1,2	2,5	1,9
Be	Beryllium	< 0,16	3,5	< 0,16	3,7
Pb	Blei	22	10	9,6	3
Cd	Cadmium	0,11	0,095	0,14	0,057
Cr	Chrom	14.080	8.140	96	288
Co	Kobalt	7,8	10	0,8	0,8
Cu	Kupfer	200	42	8,6	6,6
Mg	Magnesium	19.280	15.840	62.800	59.600
Mn	Mangan	25.000	19.820	1.904	3.460
Mo	Molybdän	64	70	2,6	3
Ni	Nickel	46	16	3,4	6,4
Nb	Niob	188	60	< 3,3	< 20
Hg	Quecksilber	< 0,03	< 0,03	< 0,03	0,12
Se	Selen	0,44	1,3	0,36	2,9
Si	Silizium	89.300	100.000	200.000	151.000
Te	Tellur	< 3,2	< 3,2	< 3,2	< 3,2
Ti	Titan	2.020	3.980	2.220	4.380
V	Vanadium	568	3.980	34	182
Bi	Wismut	< 20	< 20	-	< 20
W	Wolfram	254	228	1	1,1
Zn	Zink	280	70	32	15
Sn	Zinn	84	< 20	< 20	< 20

Tabelle 3: Analytik der Schlacken aus der Stahlherstellung

Symbol	Element	EOS 0/100 (25.10.03) Gesamt	OBM-Schlacke 10/40 Gesamt	HS hell Gesamt	HOS 0/40 Gesamt
		%			
Al	Aluminium	2,92	1,106	4,62	5,42
Sb	Antimon	0,0001	0,00012	0,00025	0,00019
Be	Beryllium	< 0,000016	0,00035	< 0,000016	0,00037
Pb	Blei	0,0022	0,001	0,00096	0,0003
Cd	Cadmium	0,000011	0,0000095	0,000014	0,0000057
Cr	Chrom	1,408	0,814	0,0096	0,0288
Co	Kobalt	0,00078	0,001	0,00008	0,00008
Cu	Kupfer	0,02	0,0042	0,00086	0,00066
Mg	Magnesium	1,928	1,584	6,28	5,96
Mn	Mangan	2,5	1,982	0,1904	0,346
Mo	Molybdän	0,0064	0,007	0,00026	0,0003
Ni	Nickel	0,0046	0,0016	0,00034	0,00064
Nb	Niob	0,0188	0,006	< 0,00033	<0,002
Hg	Quecksilber	< 0,000003	< 0,000003	< 0,000003	< 0,000003
Se	Selen	0,000044	0,00013	0,000036	0,00029
Si	Silizium	8,93	10	20	15,1
Te	Tellur	< 0,00032	< 0,00032	0,00032	< 0,00032
Ti	Titan	0,202	0,398	0,222	0,438
V	Vanadium	0,0568	0,398	0,0034	0,0182
Bi	Wismut	< 0,002	< 0,002	-	< 0,002
W	Wolfram	0,0254	0,0228	0,0001	0,00011
Zn	Zink	0,028	0,007	0,0032	0,0015
Sn	Zinn	0,0084	< 0,002	< 0,002	< 0,002

3. Technologien zur Aufbereitung von Schlacken

Durch die Analyse der Zusammensetzung unterschiedlicher Schlacken (und Filterstäube) wird klar, dass insgesamt erhebliche Ressourcenpotentiale aus bis dato ungenutzten Schlackenhalden extrahierbar wären. Das Potential von unterschiedlichen und teilweise wertvollen Sekundärrohstoffen ist also durchaus vorhanden und ihre Gewinnung sinnvoll. Zur Planung konkreter Recyclingverfahren für einzelne Schlackenlagerstätten ist eine umfassendere Analytik mit Einzelbetrachtung notwendig. Vor der Praxisanwendung müssen Recyclingverfahren einer ökologischen und ökonomischen Betrachtung unterzogen werden, denn mit genügend hohem Aufwand könnten beinahe alle Spurenmetalle rückgewonnen werden. Die Unterstützung neuer und in der Entwicklung befindlicher Verfahren ist wichtig, um auf Rohstoffknappheit und steigende Preise in der Zukunft vorbereitet zu sein, d.h. sekundäre Minen bewirtschaften zu können. Als schon verfügbare Recyclingverfahren werden u.a. Metallbadreaktoren, mechanische Verfahren und komplexe Anlagen zur Sekundärrohstoffgewinnung betrachtet. Neben diesen konventionellen und in der Fachliteratur gut beschriebenen Verfahren sollten aber auch neue Strategien verfolgt werden: wenn es gelingen würde, mit biologischen Organismen selektiv Metalle zu akkumulieren – also mit so genanntem Bio-Mining zu arbeiten – so dürften auch höchst verdünnte Metalle gegebenenfalls zurückgewonnen werden. Die verfahrenstechnischen Konzepte gilt es aber noch aus den grundlagenwissenschaftlichen Laborbefunden in die Praxis zu übersetzen, ein langer Weg. Für alle zur Verfügung stehenden Technologien sind möglichst verlässliche Angaben zu Mindestkonzentrationen für ein ökologisch sinnvolles und ökonomisch vertretbares Recycling unabdingbar. Nur dann sind konkrete Aussagen zur Realisierbarkeit bzw. Rentabilität möglich.

Abschließend muss erwähnt werden, dass es bei der Verwertung von Schlacken nicht nur um die Rückgewinnung kleiner Mengen von strategischen Metallen geht, sondern dass Gesamtkonzepte zur Wiedergewinnung von Wertstoffen erarbeitet werden. Die bis anhin üblichen Verfahren der Weiterverwendung von Schlackenfraktionen als Zuschlagstoffe bleiben wichtige Teilschritte auf dem Weg in eine effiziente, Energie und Ressourcen schonende Stoffkreislaufwirtschaft.

Rechtliche Rahmenbedingungen

KrWG, AwSV und MantelV
– Auswirkungen auf die Stahlindustrie und ihre Nebenprodukte –

Gerhard Endemann

1.	Stahlindustrie und Innovationen in Deutschland	21
2.	Nachhaltige Stahlerzeugung	23
3.	Verwendung von Eisenhüttenschlacken als Baustoff und Rohstoff	26
4.	Ressourceneffizienz braucht praxisgerechte Rahmenbedingungen	28
5.	Fazit	30
6.	Literatur	31

1. Stahlindustrie und Innovationen in Deutschland

Stahl ist einzigartig, omnipräsent und aus einer modernen Gesellschaft nicht weg zudenken. Er ist mit jährlich 1,4 Milliarden Tonnen (2010) der bedeutendste industriell hergestellte Konstruktionswerkstoff weltweit. Die Bedürfnisse der Welt können weder durch metallische Konkurrenzwerkstoffe noch durch Kunststoffe befriedigt werden.

Der weltweite Stahlbedarf wächst. Trotz der bekannten Entwicklungen der Weltwirtschaft wird für 2015 eine Weltstahlerzeugung von über 1,5 Milliarden t/a prognostiziert. Für 2050 wagen Experten sogar Prognosen bis zu 2,8 Milliarden t/a. Als Haupttreiber werden Länder wie China oder Indien genannt. Diese verfügen zwar inzwischen selbst über eine große industrielle Produktion, werden aber aufgrund der teils stark schwankenden Standards in den Landesregionen häufig immer noch den Schwellenländern zugeordnet. Sie benötigen Stahl z.B. zur Schaffung und zum Ausbau von Infrastrukturen. Die Stahlerzeugung in den klassischen Industrienationen wie in der EU-27, Japan oder den USA wird dagegen vergleichsweise konstant bleiben.

Deutschland ist mit 44,3 Millionen Tonnen im Jahr 2011 der größte Stahlproduzent Europas. An 22 Standorten wird Stahl zu $2/3$ als Oxygenstahl und zu $1/3$ als Elektrostahl hergestellt, Bild 1. Zu rund 42 Prozent erfolgt die Stahlerzeugung in Deutschland auf Basis des Recyclings von Stahlschrott, welcher in beiden Herstellungsrouten Verwendung findet.

Die Stahlindustrie ist modern und hochinnovativ. In Europa werden zurzeit rund 2.500 genormte Stähle produziert. Jährlich werden etwa hundert Stahlsorten in ihrer Zusammensetzung an die steigenden Anforderungen angepasst. Bis zu dreißig völlig neue Stahlsorten kommen jedes Jahr hinzu. Während der Anteil der produzierten höherwertigen Stähle in Deutschland über fünfzig Prozent beträgt, liegt er im Weltmaßstab nur bei gut dreißig Prozent. Dies zeigt die hohe Innovationskraft der Stahlindustrie in Deutschland.

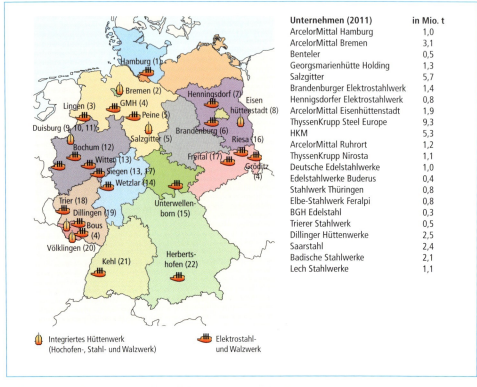

Bild 1: Stahlstandorte und Produktion in Deutschland

Quelle: Stahl-Zentrum

Bild 2: Stahl ermöglicht Innovationen in den Wertschöpfungsketten

Quelle: Booz & Company

Bild 2 verdeutlicht, dass Stahl damit auch Innovationen in den Wertschöpfungsketten ermöglicht. Besonders im Leichtbau ist Stahl ein unverzichtbarer Werkstoff. Mit neuen Stählen und innovativen Verarbeitungstechniken ist eine Reduzierung des Karosseriegewichts im Automobilbau um etwa 25 Prozent möglich. Hocheffiziente Turbinen für die Stromerzeugung sind zu über neunzig Prozent aus Stahl gefertigt. Sie erhöhen den Gesamtwirkungsgrad fossiler Kraftwerke auf den Rekordwert von sechzig Prozent. Das bedeutet deutlich weniger Energieverbrauch und Emissionen bei höherer Leistung.

Die Stahl- und Stahlanwendungsforschung besteht aus einem einzigartigen, dichten Netz von Forschungseinrichtungen, Hochschulen und Anwenderbranchen. Die eisenschaffende Industrie in Deutschland investiert jährlich rund dreihundert Millionen Euro, die höchst effektiv für Forschung und Entwicklung eingesetzt werden. Hinzu kommen erhebliche Mittel, die von Kundenbranchen und Verarbeitern für die maßgeschneiderte Anwendung von Stahl verwendet werden.

2. Nachhaltige Stahlerzeugung

Die Stahlindustrie kann und will ihre unverzichtbaren Beiträge zum nachhaltigen Umgang mit den Ressourcen und zum Umweltschutz erbringen. Sie stellt sich ihrer besonderen Verantwortung erfolgreich und auf vielfältige Weise – durch nachhaltiges Wirtschaften, durch Energiesparen und durch einen weitreichenden Umweltschutz. Umwelt- und energiepolitische Fragestellungen sind Alltag bei jedem Stahlhersteller, schließlich ist die Stahlerzeugung rohstoff- und energieintensiv. Der sorgsame Umgang mit natürlichen Ressourcen und umweltschonende Verfahren in der Produktion sind daher schon aus wirtschaftlichen Gründen selbstverständlich.

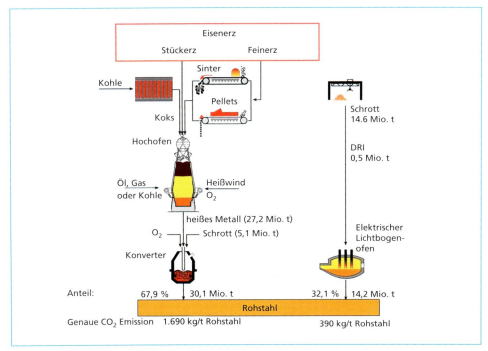

Bild 3: Produktionsrouten für die Stahlerzeugung in Deutschland

Quelle: Stahl-Zentrum, 2011

Die Stahlerzeugung in Deutschland erfolgt im Wesentlichen auf zwei Routen. Dies ist auf der einen Seite die Erzeugung aus Eisenerz über Hochofenwerk und Konverter-Stahlwerk unter Zusatz von Stahlschrott. Auf der anderen Seite steht das Elektrostahlwerk, in dem vorwiegend Stahlschrott rezykliert wird, wobei an einem Standort auch direkt reduziertes Eisen (DRI) eingesetzt wird, Bild 3.

Dank technologischer Weiterentwicklung haben Hochöfen in Deutschland eine weltweite Spitzenposition im Reduktionsmittelverbrauch, Bild 4. Insbesondere Aggregate in den Entwicklungs- und Schwellenländern zeigen dagegen deutlich höhere Verbräuche. Die Stahlerzeugung auf den etablierten Herstellungsrouten ist in den vergangenen Jahrzehnten soweit optimiert worden, dass sie bezüglich der CO_2-Emissionen am verfahrenstechnischen Minimum angekommen ist.

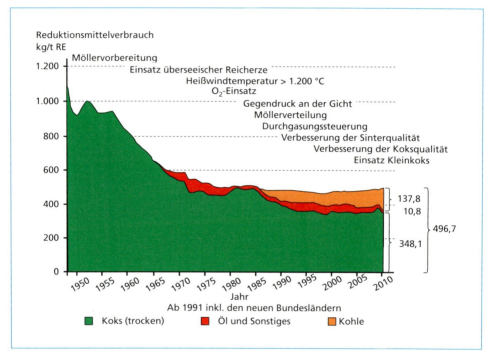

Bild 4: Reduktionsmittelverbrauch im Hochofen

Quelle: Hochofenausschuss des Stahlinstituts VDEh, 2010

Die Stahlindustrie nutzt ihre Rohstoffe in vielschichtiger Weise. Im Vergleich zum Jahr 1980 konnte der spezifische Einsatz an Rohstoffen für die Rohstahlerzeugung von 2.336 auf 2.015 kg/t Rohstahl im Jahr 2008 um 321 kg (-13,7 Prozent) oder absolut um 14,7 Millionen t/Jahr verringert werden (Bild 5). Sie erzeugt neben dem Hauptprodukt Stahl eine Vielzahl von Nebenprodukten, die in unterschiedlichen High-Tech-Produkten ihren Einsatz finden. Die Beispiele sind vielfältig und reichen von Teer über Eisenhüttenschlacken bis zu Eisenoxiden und -salzen. Möglich ist dies nur durch Erschließung neuer Anwendungsfelder, durch Einhaltung von Standards – auch für (Neben)Produkte –, aufgrund eines ausgereiften Materialmanagements und durch Neuentwicklung von Kreisläufen bzw. Recyclingverfahren, Bild 6.

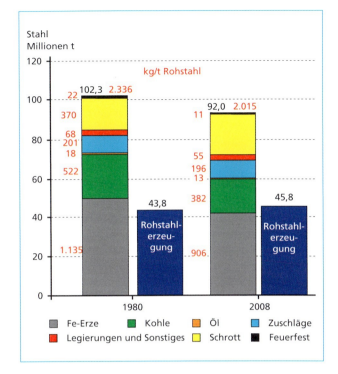

Bild 5:

Rohstoffeinsatz für die Stahlerzeugung in Deutschland 1980 und 2008

Quelle: Ausschüsse des Stahlinstituts VDEh

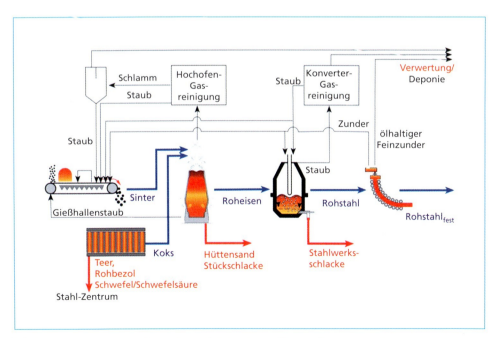

Bild 6: Vereinfachte Materialwirtschaft bei der Stahlherstellung via Hochofenroute

Quelle: Stahlinstitut VDEh

Die Erzeugungsrouten von den Rohstoffen bis zu den Stahlfertigprodukten sind sehr komplex, und jede einzelne Prozessstufe bot und bietet den Anlagenbauern und Betreibern stetig Optimierungsmöglichkeiten.

Belastbare Aussagen zur Zukunft und zukünftigen Prozessentwicklungen bis 2050 sind aus heutiger Sicht kaum möglich, denn um zukünftig deutliche Effizienzsteigerungen zu erreichen, wären neue Verfahren auf der Grundlage bahnbrechender Technologien notwendig. Hieran wird gearbeitet, solange die Rahmenbedingungen am Standort Deutschland stimmen.

3. Verwendung von Eisenhüttenschlacken als Baustoff und Rohstoff

Seit Ende des Zweiten Weltkrieges wurden in Deutschland etwa eine Milliarde Tonnen Eisenhüttenschlacke erzeugt. Aufgehäuft wäre das ein Berg – fast doppelt so hoch wie der Eiffelturm. Die wesentlichen Schlackearten sind Hochofenschlacke sowie Stahlwerksschlacke aus dem Oxygen- und dem Elektrostahlwerk. Auch unterscheidet man anhand der Behandlungs- und Abkühlungsarten, z.B. durch Granulation oder in offenen Beeten, bzw. nach den einzelnen Prozessstufen der Stahlherstellung, in denen Schlacke erzeugt wird.

Die verschiedenen Arten der Eisenhüttenschlacken stellen heute hochwertige Produkte dar, die vor dem Hintergrund guter technischer und ökologischer Eignung, basierend auf einer umfangreichen regelmäßigen Qualitätssicherung, eingesetzt werden. Forschung und Entwicklung werden stetig vorangetrieben. Schlackequalitäten werden gezielt eingestellt, z.B. durch die Auswahl der Einsatzstoffe und die Prozessführung, mittels Behandlung im flüssigen Zustand oder gezielte Wärmebehandlung/Abkühlung.

Konsequenterweise wurden die verschiedenen Schlackenarten im Rahmen der REACH-Verordnung (Registration, Evaluation, Authorisation and Restriction of Chemicals) registriert. Hierzu wurden ergänzend umfangreiche Untersuchungen zur Ökotoxikologie durchgeführt. All diese Untersuchungen bestätigen, dass bei sachgemäßer Verwendung von Schlacke in den entsprechenden Anwendungsgebieten keine negativen Einflüsse auf die Umwelt oder den Menschen zu erwarten sind [1].

Die verschiedenen Schlackenarten weisen ähnliche bautechnische Kennwerte auf wie natürliche Gesteine. Während Hochofenschlacke schon früh als Baustoff eingesetzt wurde, wurde Stahlwerksschlacke ursprünglich meist als Düngemittel, als einfaches Schüttmaterial oder Kalk- und Eisenträger genutzt [2]. Die Verwendung der Stahlwerksschlacke als Baustoff ist seit etwa 1970 stetig angestiegen [3, 4]. Bautechnische, chemische und Umweltkennwerte werden fortlaufend kontrolliert und unterliegen der Güteüberwachung. Zum Einsatz von granulierter Hochofenschlacke als Zementkomponente wurde bereits 1909 eine deutsche Norm für einheitliche Lieferung und Prüfung von Eisenportland-Zement erstellt. Weitere Normen folgten und werden fortlaufend überarbeitet, um diese an die Weiterentwicklung von Bauanforderungen und neuentwickelten Schlackenprodukten in den verschiedenen Anwendungsgebieten anzupassen.

In den vergangenen Jahren wurden in Deutschland im Durchschnitt jeweils etwa 13 bis 14 Millionen Tonnen Eisenhüttenschlacken hergestellt [5]. Dies teilte sich 2011 auf in 7,7 Millionen Tonnen Hochofenschlacke und 6,2 Millionen Tonnen Stahlwerksschlacke. Von letzterer wird etwas mehr als die Hälfte im Oxygenstahlwerk und ein Viertel im Elektrostahlwerk bei der Erzeugung von Massen- und Qualitätsstahl produziert. Der Rest resultiert aus nachgeschalteten Prozessen sowie der Edelstahlerzeugung.

Rund achtzig Prozent der erzeugten Hochofenschlacke wurden 2011 nach Granulation als Hüttensand in der Zementherstellung eingesetzt. Rund 17 Prozent wurden als Mineralstoffgemische z.B. im Straßenbau verwendet, Bild 7. Über siebzig Prozent der Stahlwerksschlacke werden üblicherweise als Baustoffe im Straßen- bzw. Wegebau sowie im straßenbegleitenden Erd- und Wasserbau verwendet, Bild 8. Zwischen zehn und zwanzig Prozent der erzeugten Schlacken werden typischerweise als Kalk- und Eisenträger in den metallurgischen Kreislauf zurückgeführt. 6,8 Prozent wurden 2010 als Kalkdüngemittel vermarktet. Die deponierte Menge an Stahlwerksschlacke lag in den letzten Jahren recht konstant bei unter zehn Prozent. Deponiert werden einerseits feinkörnige Schlackenfraktionen, die auf einen weitgehend gesättigten Markt treffen, außerdem solche mit unzureichender Raumbeständigkeit sowie ein Teil der Schlacken aus der Erzeugung hochlegierter Stähle, für die entsprechende Anwendungsgebiete bisher fehlen. Über den Zeitraum der letzten fast zwanzig Jahre betrachtet zeigt sich die kontinuierlich steigende Bedeutung der Verwendung von Eisenhüttenschlacken in der Zementherstellung, wohingegen die Verwendung als Baustoff umgekehrt abnahm, Bild 9. Deutlich wird aber auch, dass die spezifische Schlackenerzeugung im betrachteten Zeitraum von rund 370 kg/t Rohstahl auf 300 kg/t um etwa zwanzig Prozent reduziert wurde.

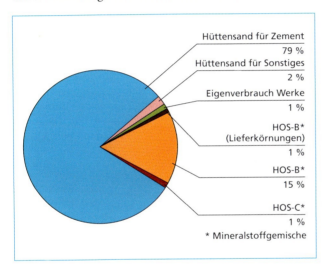

Bild 7: Verwendung von Hochofenschlacke in Deutschland

Quelle: FEhS, 2011

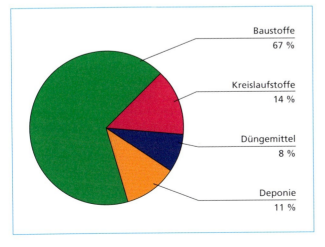

Bild 8: Verwendung von Stahlwerksschlacke in Deutschland

Quelle: FEhS, 2011

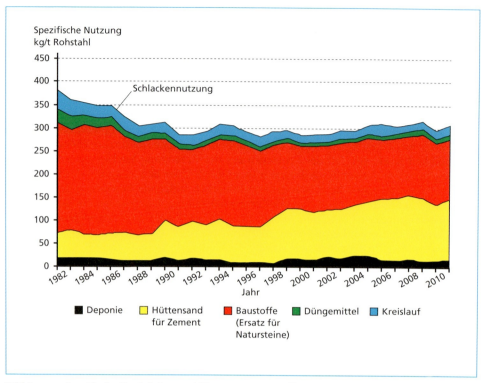

Bild 9: Spezifische Produktion und Nutzung von metallurgischen Schlacken in Deutschland

Quelle: FEhS-Institut, 1992-2011

4. Ressourceneffizienz braucht praxisgerechte Rahmenbedingungen

Ausschlaggebend für die Schlackenverwendung sind sowohl die bau- und umwelttechnischen, die (umwelt)rechtlichen als auch die marktwirtschaftlichen Rahmenbedingungen. Während bautechnische Anforderungen an Gesteinskörnungen und Baustoffgemische inzwischen europäisch weitgehend in harmonisierten Normen festgelegt sind, basieren Anforderungen an die Umweltverträglichkeit von industriell hergestellten und rezyklierten Baustoffen meist auf nationalen Vorgaben. Die aktuellen europäischen Regelwerke weisen entsprechend darauf hin, dass die Anforderungen am Ort des Einsatzes zu beachten sind. Übergeordnet gibt es jedoch eine Vielzahl von (Umwelt)Rechtsregelungen, die direkt oder indirekt bei der Herstellung, Verarbeitung, Verwendung oder ggf. Deponierung zu beachten sind. Dies beginnt bei der Richtlinie über Industrieemissionen (IED) und der bereits genannten REACH-Verordnung. Die Abfallrahmenrichtlinie gibt nicht nur Kriterien für Nebenprodukte vor, welche nicht unter das Abfallrecht fallen, sondern beschreibt, wann bestimmte Materialien das sogenannte Abfall-Ende erreichen und damit nicht länger unter das Abfallregime fallen. Die nationale Umsetzung ist in Deutschland durch das neue Kreislaufwirtschaftsgesetz (KrWG) erfolgt. Dieses hat damit direkt Auswirkungen auf die Stahlindustrie und ihre Nebenprodukte. Für Abfälle und deren Entsorgung sind u.a. von ergänzender Bedeutung die Abfallverzeichnisverordnung, die Abfallverbringungsverordnung und die Deponierichtlinie sowie deren jeweilige nationale Umsetzung.

Umweltanforderungen an industriell hergestellte und rezyklierte Gesteinskörnungen sind in Deutschland nicht bundeseinheitlich geregelt. Sofern auch keine Landesregelungen getroffen wurden, z.B. mittels der NRW-Ministerialerlasse, muss die Nutzung von solchen Materialien im Einzelfall genehmigt werden. (Ersatz)Baustoffe müssen daher beim Einsatz in verschiedenen Bundesländern oft unterschiedliche Umweltanforderungen erfüllen und können damit auch nicht automatisch in gleichen Anwendungsgebieten eingesetzt werden. Von besonderer Bedeutung sind in diesem Zusammenhang zwei geplante nationale Verordnungen, die sogenannte Ersatzbaustoffverordnung (EBV) sowie die Verordnung über Anlagen zum Umgang mit wassergefährdenden Stoffen (AwSV). Zukünftig sind weitere Einflüsse und Regelungen durch die Umsetzung der europäischen Roadmap Ressourceneffizienz sowie dem deutschen Ressourceneffizienzprogramm (ProgRess) zu erwarten.

Ersatzbaustoffverordnung

Die im Rahmen einer Mantelverordnung geplante EBV [6, 7] ist der Versuch, ein bundesweites Regelwerk zur Verwendung von Ersatzbaustoffen unter Umweltgesichtspunkten zu entwickeln – ursprünglich unabhängig davon, ob sie Nebenprodukt, Sekundärrohstoff oder Abfall sind. Inzwischen hat das Justizministerium im letzten Arbeitsentwurf Probleme bei der Rechtsgrundlage der EBV festgestellt. Neue Ansätze gehen daher dahin, eine Unterscheidung zwischen Abfällen und Nicht-Abfällen zu machen. Wie dies genau aussehen soll, ist nicht bekannt, da ein neuer Entwurf noch aussteht. Klar ist aber, dass dies unmittelbar Auswirkungen auf z.B. die Eisenhüttenschlacken haben wird. Der grundsätzliche Aufbau des EBV-Entwurfs mit Matrizes zur Festlegung der Einbauweisen in Abhängigkeit der Sensitivität der Grundwasserdeckschichten sowie die Festlegung eines zeit- und tonnagebezogenen Überwachungsmodus für die werkseigene Produktionskontrolle und die Fremdüberwachung wird aber voraussichtlich beibehalten. Auch werden Anforderungen an verschiedene Materialien, die je nach stoffspezifischer Eluatkonzentration untergliedert werden, und spezifische Materialwerte enthalten sein. Inwieweit die Ergebnisse aus Praxisuntersuchungen hier allerdings noch Eingang finden werden, bleibt abzuwarten.

Gravierendes Vorzeichen der noch nicht existenten EBV ist die Abkehr von den bisherigen Auslaugverfahren als Bewertungsmethoden [8-10] im Falle von Ersatzbaustoffen. Damit geht der über Jahrzehnte aufgebaute Datenpool für alle Schlackenarten verloren. An dieser Stelle stehen die Unzulänglichkeiten der neuen Untersuchungsmethoden und der daraus abgeleiteten Prognosemodelle nicht im Vordergrund, wohl aber muss klar sein, dass auch die neuen Modelle nur einen Ansatz darstellen, reale Bedingungen zu simulieren, und dass sie den Praxiserfahrungen teils widersprechen. Umso wichtiger sind daher reale Versuchsstrecken, wie sie z.B. das FEhS – Institut für Baustoff-Forschung e. V. (FEhS) seit vielen Jahren immer wieder zusammen mit Stahlunternehmen einrichten und die tatsächlich in einem Straßenkörper entstehenden Sickerwässer untersuchen und bewerten. Hierbei konnte nachgewiesen werden, dass Laborverfahren die Auslaugreaktionen in der Regel gegenüber praktischen Einbaubedingungen deutlich überzeichnen. Laborverfahren sind folglich grundsätzlich nur dazu geeignet, Stoffe vergleichend zu bewerten, Tendenzen bei der Freisetzung umweltrelevanter Parameter zu erkennen und typische Elemente, die Einfluss auf die Umweltverträglichkeit nehmen könnten, zu identifizieren.

Bisher vermarktet die Stahlindustrie ihre Schlacken zu über 95 Prozent – überwiegend zur Herstellung von Zementen sowie als Baustoff für den Verkehrswegebau. Gleichzeitig reduziert Schlacke den Primärrohstoffbedarf in entsprechendem Umfang. Nach Stand des EBV-Arbeitsentwurfs vom Januar 2011 und den daraus abzuleitenden Einsatzmöglichkeiten für Stahlwerksschlacken ergäben sich gegenüber den traditionellen Verwendungsgebieten Einschränkungen und Wettbewerbsverzerrungen, die nicht gerechtfertigt sind. Mindestens 2,5 Millionen Tonnen Schlacke drohen zukünftig jährlich zusätzlich deponiert zu werden, anstatt die wertvollen Baustoffe verwenden zu können. Dies hätte zur Konsequenz, dass zusätzliche Deponiekapazitäten aufgebaut werden müssten, was in der Öffentlichkeit auf erhebliche Akzeptanzprobleme treffen dürfte. Die resultierenden Zusatzbelastungen werden für die Stahlindustrie auf über 150 Millionen Euro p.a. kalkuliert. Fehlen Deponien, wie bei den meisten Elektrostahlwerken, kann der Abfluss der Nebenprodukte weder durch Vermarktung noch durch Deponierung realisiert werden, womit im Ergebnis auch keine Stahlproduktion mehr möglich wäre. Jeder einzelne Standort würde insgesamt in Frage gestellt, ohne dass hiermit ein greifbarer Mehrwert für die Umwelt oder eine auf Ressourceneffizienz ausgerichtete Wirtschaftspolitik verbunden wäre.

Verordnung über Anlagen zum Umgang mit wassergefährdenden Stoffen

Der letzte offizielle Entwurf einer Verordnung über Anlagen zum Umgang mit wassergefährdenden Stoffen (AwSV) [11], ist ebenfalls der Versuch einer bundeseinheitlichen Verordnung, welche die bisherigen Landesregelungen auf Basis einer Muster-VAwS ablösen soll. Hierzu gibt es in anderen EU-Ländern keine vergleichbaren Regelungen. Gravierende Änderungen aus der AwSV ergeben sich hinsichtlich des Anwendungsbereichs, da der Prüfbereich drastisch erweitert werden soll. Hinzu kommt eine generelle Einstufung fester Gemische als wassergefährdend. Die juristische Bewertung und die Folgen im Vollzug werden derzeit intensiv diskutiert. Die Praxisauswirkungen auf die Stahlindustrie sind zwar offensichtlich, aber noch nicht abschließend zu bestimmen.

Allein aufgrund der steigenden Anzahl von prüfpflichtigen Anlagen wird sich der Prüfaufwand vervielfachen. Jede Prüfung kostet dabei rund sechshundert Euro. Nach der geplanten Änderung bei der Einstufung von Anlagen mit einem Volumen von zehn bis hundert Kubikmeter müssen diese zukünftig über eine (Teil)Rückhaltung verfügen. Die Realisierungskosten werden für einen durchschnittlichen Behälter (siebzig Kubikmeter) auf rund 100.000 Euro geschätzt – für jeden Behälter. Die entstehenden Kosten werden die Gesamtbelastungen für viele Unternehmen in allen Produktionsbereichen weiter auf ein Maß anheben, das nicht tragbar ist. Problematisch ist dabei, dass kein nennenswerter Gewinn für den Umweltschutz erkennbar ist. Der Umgang mit festen Stoffen und Gemischen, wie z.B. Abfälle, Baustoffe, Ersatzbaustoffe, sollte den Regelungen der spezielleren Gesetzgebung, wie z.B. REACH, Kreislaufwirtschafts- und Abfallgesetz, die Abfallverzeichnisverordnung, die Deponieverordnung, das Bodenschutzgesetz usw. zugeordnet bleiben.

Letztlich konterkariert die im Entwurf der AwSV vorgesehene Vorgehensweise die Ziele der Nachhaltigkeitsstrategie der Bundesregierung. Es wird nicht nur die Flächenversiegelung deutlich zunehmen, sondern auch die Akzeptanz von z.B. Nebenprodukten abnehmen. Ressourcenschonung ist nicht möglich, wenn der Umgang mit Nebenprodukten durch unzumutbare Verschärfungen behindert wird und es leichter ist, Stoffe und Gemische zu deponieren und so aus dem Stoffkreislauf auszuschleusen.

5. Fazit

Die Stahlindustrie stellt in Deutschland mit 90.000 Beschäftigten jährlich rund 45 Millionen Tonnen Rohstahl und 14 Millionen Tonnen Eisenhüttenschlacken her. Sie ist hocheffizient und produziert nachhaltig nach dem Stand der Technik mit geringstmöglichen Umweltauswirkungen. Forschung und Entwicklung werden vorangetrieben, wobei Ressourceneffizienz und Umweltverträglichkeit gleichrangig im Vordergrund stehen.

Es muss endlich akzeptiert werden, dass jedes menschliche Tun – und damit auch die Stahlerzeugung – Auswirkungen hat. Wichtig ist aber anzuerkennen, dass die Verwendung moderner Stahlwerkstoffe erst ressourcen- und energieeffiziente Produkte ermöglicht und somit maßgeblich zu Einsparungen beiträgt.

Wenn wir auch morgen noch in Standorte in Deutschland investieren wollen, benötigt die Industrie geeignete Rahmenbedingungen. Seit jeher hat die Stahlindustrie große Anstrengungen unternommen, ihre Nebenprodukte möglichst vollständig zu nutzen. Die derzeitigen Entwicklungen aus Abfallrahmenrichtlinie und Kreislaufwirtschaftsgesetz, aus EBV und AwSV führen aber in die falsche Richtung und drohen etablierte Verwendungsmöglichkeiten bei gleichzeitig fehlenden Deponiekapazitäten zu zerstören. Dies stellt eine existenzielle Bedrohung insbesondere der Elektrostahlstandorte dar.

6. Literatur

[1] Bialucha, R.; Motz, H.; Sokol, A.; Kobesen, H.: The registration of ferrous slag within REACH Proceedings 6th European Slag Conference. Madrid, 20.-22.10.2010, pp. 9-18

[2] Schmitt, L.: 75 Jahre Thomasphosphat. Die Phosphorsäure, 14(1954)1, S. 3-14

[3] Krass, K.; Fix, W.: LD-Schlacke – ein neuer Mineralstoff im Straßenbau. Straße + Autobahn, 28(1977)8, S. 326-334

[4] Freund, H.-J.; Stöckner, M.: Bau und Betrieb einer Untersuchungsstrecke zur Beobachtung des Verhaltens von Elektroofenschlacke als Straßenbaustoff. Straße + Autobahn, 45(1994)3, S. 135-140

[5] Merkel, Th.: Erhebungen zur Erzeugung und Nutzung von Hochofen- und Stahlwerksschlacke. Report des FEhS – Instituts für Baustoff-Forschung, 18(2011)1, S. 11-12

[6] Bundesministerium für Umwelt, Naturschutz und Reaktorsicherheit (Hrsg.): Verordnung zur Regelung des Einbaus von mineralischen Ersatzbaustoffen in technischen Bauwerken und zur Änderung der Bundes-Bodenschutz- und Altlastenverordnung. Arbeitsentwurf, November 2007

[7] Bundesministerium für Umwelt, Naturschutz und Reaktorsicherheit (Hrsg.): Verordnung zur Festlegung von Anforderungen für das Einbringen und das Einleiten von Stoffen in das Grundwasser, an den Einbau von Ersatzbaustoffen und für die Verwendung von Boden und bodenähnlichem Material. Arbeitsentwurf, Januar 2011

[8] Verein Deutscher Eisenhüttenleute (Hrsg.): Prüfung des Auslaugungsverhaltens von stückigem und körnigem Gut über 2 mm. Stahl-Eisen-Prüfblatt 1760-67, Düsseldorf, Sept. 1967

[9] Verein Deutscher Eisenhüttenleute (Hrsg.): Untersuchung des Auslaugeverhaltens von Hochofenschlacke. Stahl-Eisen-Prüfblatt 1780-71, Düsseldorf, Mai 1971

[10] DIN 38414-4:1984-10: Deutsche Einheitsverfahren zur Wasser-, Abwasser- und Schlammuntersuchung – Schlamm und Sedimente (Gruppe S) – Bestimmung der Eluierbarkeit mit Wasser (S4)

[11] Bundesministerium für Umwelt, Naturschutz und Reaktorsicherheit (Hrsg.): Verordnung über Anlagen zum Umgang mit wassergefährdenden Stoffen (VAUwS-E). Arbeitsentwurf, Januar 2012

Recycling und Rohstoffe

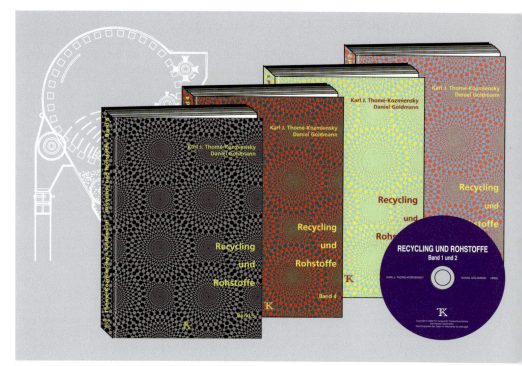

Herausgeber: Karl J. Thomé-Kozmiensky und Daniel Goldmann • Verlag: TK Verlag Karl Thomé-Kozmiensky

CD Recycling und Rohstoffe, Band 1 und 2
ISBN: 978-3-935317-51-1
Erscheinung: 2008/2009

Preis: 35.00 EUR

Recycling und Rohstoffe, Band 2
ISBN: 978-3-935317-40-5
Erscheinung: 2009
Gebundene Ausgabe: 765 Seiten
Preis: 35.00 EUR

Recycling und Rohstoffe, Band 3
ISBN: 978-3-935317-50-4
Erscheinung: 2010
Gebundene Ausgabe: 750 Seiten, mit farbigen Abbildungen
Preis: 50.00 EUR

Recycling und Rohstoffe, Band 4
ISBN: 978-3-935317-67-2
Erscheinung: 2011
Gebundene Ausgabe: 580 Seiten, mit farbigen Abbildungen
Preis: 50.00 EUR

Recycling und Rohstoffe, Band 5
ISBN: 978-3-935317-81-8
Erscheinung: 2012
Gebundene Ausgabe: 1004 Seiten, mit farbigen Abbildungen
Preis: 50.00 EUR

145.00 EUR
statt 220.00 EUR

Paketpreis
CD Recycling und Rohstoffe, Band 1 und 2 • Recycling und Rohstoffe, Band 2
Recycling und Rohstoffe, Band 3 • Recycling und Rohstoffe, Band 4 • Recycling und Rohstoffe, Band 5

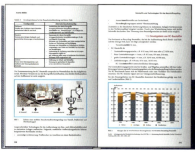

Bestellungen unter www.vivis.de
oder

Dorfstraße 51
D-16816 Nietwerder-Neuruppin
Tel. +49.3391-45.45-0 • Fax +49.3391-45.45-10
E-Mail: tkverlag@vivis.de

TK Verlag Karl Thomé-Kozmiensky

Anforderungen an die Hochwertigkeit der Verwertung nach dem neuen Kreislaufwirtschaftsgesetz

Andrea Versteyl

1.	Einleitung	33
2.	Das Gebot der hochwertigen Verwertung	35
2.1.	Hochwertigkeit der Verwertung nach § 5 Abs. 2 Satz 3 KrW-/AbfG	35
2.1.1.	Gesetzesaufbau und begriffliche Klärung	35
2.1.2.	Vollzugsfähigkeit des Kriteriums der Hochwertigkeit nach bisherigem Recht	38
2.2.	Hochwertigkeit der Verwertung nach § 8 Abs. 1 S. 3 KrWG	39
3.	Konkretisierung durch eine Verordnung	42
4.	Vollzugsfähigkeit vor Inkrafttreten bzw. ohne eine Verordnung?	42
5.	Fazit	43

Trotz der ausdrücklichen Regelung des Gebotes der Hochwertigkeit enthält § 8 Kreislaufwirtschaftsgesetz keine Begriffsbestimmung. Der Beitrag zeigt, dass das Gebot ohne Rechtsverordnung nicht vollziehbar ist. Zudem dient es nicht der Abgrenzung der stofflichen von der energetischen Verwertung, sondern bezieht sich auf die technischen Anforderungen des jeweils gewählten Verwertungsweges. Abschließend werden Vorschläge zu einer Konkretisierung des Gebotes z.B. durch Festlegung stoffbezogener Kriterien im Rahmen von Ökobilanzen entwickelt.

1. Einleitung

Das neue Kreislaufwirtschaftsgesetz (KrWG) zur Umsetzung der Abfallrahmenrichtlinie (AbfRRL)[1] wurde vom Bundeskabinett am 30.03.2011 beschlossen.[2] Am 10.02.2012 gab der Bundesrat endgültig *grünes Licht*, es wurde noch im Februar verkündet und trat zum 01.06.2012 in Kraft. § 8 Abs. 1 Satz 3 nimmt das Hochwertigkeitskriterium der Verwertung bzw. des Vorrangs der hochwertigen Verwertung aus der Vorgängernorm § 5 Abs. 2 Satz 3 KrW-/AbfG auf. Neu heißt es:

Bei der Ausgestaltung der (…) Verwertungsmaßnahme ist eine den Schutz von Mensch und Umwelt am besten gewährleistende, hochwertige Verwertung anzustreben.

---

[1] Richtlinie 2008/98/EG vom 19.11.2008 über Abfälle (Abfallrahmenrichtlinie), ABl. EG Nr. L 312, S. 3, in Kraft getreten am 12.12.2008. Daher bestand eigentlich eine Umsetzungsfrist bis zum 12.12.2010, eine Frist, die offensichtlich nicht mehr einzuhalten ist.

[2] Quelle: BMU Pressemitteilung 046/11, vom 30.03.2011.

Trotz dieser dem alten Gesetzeswortlaut nah verwandten Formulierung, soll, so die Gesetzesbegründung, das Gebot der Hochwertigkeit zu einer echten Rechtspflicht heranwachsen und der Hochwertigkeit folglich höhere Verbindlichkeit zukommen.[3] Anders als die sich nach wohl nur umständlich und mittels Herleitung über § 13 Abs. 4 Satz 3 i. V. m. § 7 Abs. 1 KrW-/AbfG ergebene Verordnungsermächtigung[4] enthält § 8 Abs. 3 KrWG nun eine direkte Verordnungsermächtigung für die Bundesregierung zur Festlegung der Anforderungen an die Hochwertigkeit. In § 8 Abs. 2 KrWG heißt es wie folgt:

Die Bundesregierung wird ermächtigt, nach Anhörung der beteiligten Kreise (§ 68) durch Rechtsverordnung mit Zustimmung des Bundesrates für bestimmte Abfallarten auf Grund der in § 6 Absatz 2 Satz 2 und 3 festgelegten Kriterien

1. den Vorrang oder Gleichrang einer Verwertungsmaßnahme zu bestimmen und

2. Anforderungen an die Hochwertigkeit der Verwertung festzulegen.

Der Bundesrat hat in seiner Stellungnahme zum Regierungsentwurf anstelle der Ermächtigung eine Pflicht zur Konkretisierung des Hochwertigkeitsgebots durch eine Verordnung gefordert.[5] Demnach sollte Abs. 2 dahingehend geändert werden:

Die Bundesregierung bestimmt, nach Anhörung der beteiligten Kreise (§ 68) durch Rechtsverordnung mit Zustimmung des Bundesrates für bestimmte Abfallarten auf Grund der in § 6 Absatz 2 Satz 2 und 3 festgelegten Kriterien

1. den Vorrang oder Gleichrang einer Verwertungsmaßnahme und

2. Anforderungen an die Hochwertigkeit der Verwertung.[6]

Der Bundesrat begründet diese Pflicht zur Konkretisierung der Rangfolge der Verwertung und den Anforderungen an die Hochwertigkeit mit der Erwägung, dass aufgrund der Komplexität der Regelungen Bedarf für eine Konkretisierung bestehe. Aus der Erfahrung mit der Vorgängernorm heraus sollte die Konkretisierung nicht im Ermessen der Bundesregierung stehen, und zumindest für

die am häufigsten vorkommenden Abfallarten [sei] eine bundeseinheitliche Handhabung ... erforderlich, um Rechtssicherheit zu schaffen und Mülltourismus zu verhindern.

Die Bundesregierung hat die Forderung in ihrer Gegenvorstellung vom 20.07.2011 mit der Begründung zurückgewiesen, die Vorschrift des § 8 KrWG sei auch ohne Verordnung hinreichend konkret und vollzugsfähig.[7] Ob die Sicht der Bundesregierung zutrifft und die Frage, wie eine Konkretisierung des Hochwertigkeitsgebots in einer Verwaltungsvorschrift und der Vollzug der Norm bis zu ihrem Inkrafttreten aussehen könnte, soll folgend untersucht werden.

Von der Möglichkeit, in dem seit 1998 geltenden § 13 Abs. 4 Satz 3 i. V. m. § 7 Abs. 1 KrW-/AbfG eine Verordnung zur Konkretisierung der Anforderungen an die Hochwertigkeit zu erlassen, hat die Bundesregierung keinen Gebrauch gemacht. Ebenso wurden nach § 6 Abs. 1 KrW-/AbfG keine Anforderungen an den Vorrang der stofflichen oder energetischen Verwertung in einer Rechtsverordnung festgelegt.

---

[3] Dies ergibt sich so aus der Begründung des Regierungsentwurf, BT-Drs. 17/6053 vom 06.06.2011.E.

[4] So *L.-A. Versteyl*, Zur Hochwertigkeit der Verwertung im Kreislaufwirtschafts- und Abfallgesetz, NdsVBl. 2001, S. 25 (25).

[5] BR-Drucks. 216/11 vom 27.05.2011, S. 8

[6] Vgl. BR-Drucks. 216/11 vom 27.05.2011, S. 8.

[7] BT-Drucks. 17/6645 vom 20.07.2011.

Die noch frühere Regelung in § 5 Abs. 2 Satz 3 KrW-/AbfG:

Eine der Art und Beschaffenheit des Abfalls entsprechende hochwertige Verwertung ist anzustreben.

ist daher weitestgehend als Appell verstanden worden, ohne Kriterien für eine Bestimmung der Hochwertigkeit im Einzelfall vorzunehmen. Diese Erfahrungen mit § 5 KrW-/AbfG lassen daher an der Vollzugsfähigkeit auch des Gebots der Hochwertigkeit aus § 8 KrWG zweifeln. Im Folgenden soll aufgezeigt werden, warum § 8 KrWG ohne konkretisierende Verordnung ein nicht vollzugsfähiger Appell bleibt.

2. Das Gebot der hochwertigen Verwertung

Um den Regelungsgehalt des Gebots der hochwertigen Verwertung zu erfassen, sind zwei Fragen zu klären: (1) Was ist unter dem Begriff der hochwertigen Verwertung zu verstehen? (2) Wie kann das Gebot der hochwertigen Verwertung konkretisiert und damit vollzugsfähig gemacht werden? Aufgrund der an die Vorgängernorm angelehnten Formulierung des § 8 KrWG bietet sich zunächst ein Blick zurück in § 5 Abs. 2 Satz 3 KrW-/AbfG an.

2.1. Hochwertigkeit der Verwertung nach § 5 Abs. 2 Satz 3 KrW-/AbfG

2.1.1. Gesetzesaufbau und begriffliche Klärung[8]

Das Hochwertigkeitskriterium nach § 5 Abs. 2 Satz 3 KrW-/AbfG enthielt zwei näher zu bestimmende offene Rechtsbegriffe. Zum einen bot der Gesetzeswortlaut keine Definition des Begriffs der *hochwertigen Verwertung*, noch sagte er aus, was unter einem *Anstreben* dieser Hochwertigkeit zu verstehen ist. Mangels Definitionen zog die Kommentarliteratur die ebenfalls in § 5 enthaltenen (weiteren) Grundpflichten, wie das Getrennthaltungsgebot aus § 5 Abs. 2 Satz 4, als Auslegungshilfen heran:

Soweit dies zur Erfüllung der Anforderungen nach §§ 4 und 5 erforderlich ist, sind Abfälle zur Verwertung getrennt zu halten und zu behandeln.

Des Weiteren hatte gemäß § 5 Abs. 3 KrW-/AbfG die Verwertung ordnungsgemäß (also unter Einhaltung des KrW-/AbfG und sonstigen öffentlichen Rechts) und schadlos zu erfolgen. Eine Verordnungsermächtigung zur Konkretisierung der Anforderungen an die Hochwertigkeit ließe sich in § 13 Abs. 4 Satz 3 i.V.m. § 7 Abs. 1 KrW-/AbfG verorten.[9] Zudem spielten bei der Konkretisierung Erwägungen in Hinblick auf die technische und wirtschaftliche Zumutbarkeit (§ 5 Abs. 4 bis 6 KrW-/AbfG) eine Rolle.

Hochwertigkeit der stofflichen Verwertung

Dem Regierungsentwurf zu § 5 Abs. 2 Satz 3 KrW-/AbfG ist zu entnehmen, dass mit dem Hochwertigkeitskriterium intendiert war, dem sog. Downcycling, also einer *fortschreitenden Verschlechterung der Verwendungsprodukte mit zunehmender Dauer des Verwendungskreislaufs*,[11] entgegenzuwirken. Hiermit ist gemeint, dass Stoffe nahe ihrer ursprünglichen

---

[8] Siehe hiezu *L.-A. Versteyl*, NdsVBl. 2001, S. 25 (25).

[9] *L.-A. Versteyl*, NdsVBl 2001 S. 25 (S. 25).

[10] BT-Drucks. 12/7284, S. 14.

[11] *Kunig*, in: ders./Paetow/Versteyl, KrW-/AbfG, § 5 Rn. 13 m.w.N.

Zwecksetzung verwendet werden sollten. Nach der Gesetzesbegründung sollte sich das Hochwertigkeitskriterium nur auf die stoffliche Verwertung beziehen.[12] In der Literatur wurde es teilweise auch auf die energetische Verwertung bezogen.[13] Nach anderer Ansicht ergänzte der Begriff der Hochwertigkeit die *sonst unzureichende Unterscheidung* zwischen stofflicher und energetischer Verwendung.[14]

Eine positive Definition der Hochwertigkeit der stofflichen Verwertung könnte folglich darin bestehen, dass eine Anreicherung von Schadstoffen in der Umwelt durch Recyclingprodukte vermieden werden soll, d.h., dass das Recyclingprodukt hinsichtlich der Anwendbarkeit und des Schadstoffgehalts mit dem Primärprodukt vergleichbar sein muss. Hochwertige stoffliche Verwertung wäre demnach eine Verwertung unter Berücksichtigung des hierfür notwendigen Energiebedarfs, der Vermeidung der Anreicherung von Schadstoffen und der Berücksichtigung der durch das Gesetz intendierten Ressourcenökonomie.[15]

Aus der Koppelung an Art und Beschaffenheit des Abfalls ergibt sich, dass die Hochwertigkeit *nur auf den Abfall selbst und damit auf seine stofflichen Eigenschaften bezogen ist und nicht auch an den mit dem Abfall verfolgten Verwendungszweck.*[16] Demnach ist eine Verwertung in Hinblick auf Art und Beschaffenheit des Abfalls nur dann hochwertig, wenn sie auf einem ökologisch hohen Niveau stattfindet.[17] Hochwertigkeit ist demnach als Qualitätsmerkmal der Verwertung selbst zu verstehen und bezieht sich nicht auf die Wahl der Verwertungsart. § 5 Abs. 2 KrW-/AbfG enthält auch keine Werteskala der Verwertungsmethoden.[18] Nach § 6 Abs. 1 Satz 2 und 3, Abs. 2 KrW-/AbfG findet sich für eine Abgrenzung und zur Festlegung des Vorrangs von stofflicher und energetischer Verwertung nur das Kriterium der besseren Umweltverträglichkeit. Das Kriterium der Hochwertigkeit bezieht sich somit nicht auf das Verhältnis von stofflicher und energetischer Verwertung, sondern setzt eine *Bewertung mehrerer Verwertungsmöglichkeiten innerhalb einer Verwertungsart* voraus.[19]

Zulässigkeit der energetischen Verwertung = Hochwertigkeit der energetischen Verwertung?

In der Literatur wird vertreten, dass eine den Voraussetzungen von §§ 6 Abs. 2, 4 Abs. 4 KrW-/AbfG entsprechende energetische Verwertung *per definitionem*[20] hochwertig sei.[21]

Nach § 6 Abs. 2 KrW-/AbfG war eine energetische Verwertung im Sinne des § 4 Abs. 4 KrW-/AbfG nur zulässig, wenn

der Heizwert des einzelnen Abfalls, ohne Vermischung mit anderen Stoffen, mindestens 11.000 kJ/kg beträgt.

---

[12] So auch *Fluck*, in: ders. KrW-/AbfG, § 5 Rn. 107.

[13] Siehe u.a. *Kunig*, in: ders./Paetow/Versteyl, KrW-/AbfG, § 5 Rn. 13 ff.; *Weidemann*, in: Brandt/Ruchay/Weidemann, KrW-/AbfG, § 5 Rn. 48 ff.; *Frenz*, KrW-/AbfG, 3. Aufl. 2002, § 5 Rn. 16 ff.

[14] *Weidemann*, in: Brandt/Ruchay/Weidemann, KrW-/AbfG, § 5 Rn. 48.

[15] Vgl. *von Lersner*, in: Hösel/von Lersner/Wendenburg, Recht der Abfallbeseitigung, Bd. I, § 5 Rn. 7; *Weidemann*, in: Brandt/Ruchay/Weidemann, KrW-/AbfG, § 5 Rn. 48.

[16] *Frenz*, KrW-/AbfG, 3. Aufl. 2002, § 5 Rn. 23.

[17] Vgl. Begründung zum RegE, BT-Drucks. 12/5672, S. 41; hierauf verweist auch Frenz, KrW-/AbfG, 3. Aufl. 2002, § 5 Rn. 25

[18] *Fluck*, in: ders. KrW-/AbfG, § 5 Rn. 107.

[19] *Fluck*, in: ders. KrW-/AbfG, § 5 Rn. 107.

[20] *L.-A. Versteyl*, NdsVBl. 2001, S. 25 (26).

[21] *Weidemann*, in: Brandt/Ruchay/Weidemann, KrW-/AbfG, § 5 Rn. 48.

Das Heizwertkriterium des § 6 Abs. 2 Nr. 1 KrW-/AbfG ist bis zu den Entscheidungen des EuGH[22] als Mindestvoraussetzung für die energetische Verwertung verstanden worden. Diese Mindestvoraussetzung wurde in § 6 Abs. 2 Nr. 2 um den Feuerungswirkungsgrad von mindestens 75 %, in Nr. 3 um das Wärmenutzungsgebot und in Nr. 4 um die Maßgabe ergänzt, dass die im Rahmen der Verwertung anfallenden weiteren Abfälle möglichst ohne weitere Behandlung abgelagert werden können. Mit der Erfüllung dieser Voraussetzungen ist davon auszugehen, dass die Verwertung per definitionem hochwertig ist.

Das Kriterium des Feuerungswirkungsgrads ist in der Abfallrahmenrichtlinie durch die R 1-Formel ersetzt worden. Dieses Kriterium wird von nahezu allen deutschen Siedlungsabfallverbrennungsanlagen erfüllt, das zusätzliche Kriterium der Wärmenutzung von etwa 2/3 der Anlagen (etwa 42).

Als Zielvorstellung – und nicht als striktes Gebot – musste das Kriterium aus § 6 Abs. 2 Satz 2 Nr. 4 KrW-/AbfG in Bezug auf Schlacken und Filterstäube aus der Verbrennung nicht weiter untersucht werden. Als einziges Kriterium für die Bemessung der Hochwertigkeit blieb danach – bis zu den Entscheidungen des EuGH – die Festlegung des Mindestheizwerts von 11.000 kJ/kg übrig.

Technische Machbarkeit und wirtschaftliche Zumutbarkeit

Unzweifelhaft ist, dass es sich bei dem Kriterium der Hochwertigkeit einer Verwertung um das Ergebnis einer Betrachtung und vergleichender Bewertung verschiedener in Betracht kommender Verwertungsmaßnahmen einer Verwertungsart handelt, auch im Hinblick darauf, was wirtschaftlich zumutbar und technisch machbar ist.

Der Vorbehalt technischer und wirtschaftlicher Zumutbarkeit ist eine Modifizierung der Rechtsfolge bei bestehendem Vorrang: *Im Ergebnis bedeutet dies, dass unter den Voraussetzungen des Soweit-Satzes die Pflicht zu einer bestimmten Verwertungsmaßnahme nicht besteht.*[23] Die technische Möglichkeit stellt dabei nicht auf den Begriff *Stand der Wissenschaft und Technik* ab, setzt aber die praktische Umsetzbarkeit voraus und nicht nur eine *theoretische, spekulative Möglichkeit*[24]. Die Marktgängigkeit ist keine Voraussetzung der wirtschaftlichen Zumutbarkeit, sondern lediglich ein Beispiel (*und insbesondere*) hierfür. Andererseits kann – schon aus verfassungsrechtlichen Gründen (Verhältnismäßigkeitsgebot) – nicht die Herstellung unverkäuflicher Recyclingprodukte verlangt werden.[25] Es genügt, wenn ein Markt geschaffen werden kann. Die Annahme eines Markts setzt mindestens zwei Nachfrager voraus. Bei den großen Massenströmen, wie z.B. den mineralischen Bauabfällen, Schlacken, Gleisschotter u.Ä., bestimmt der Gesetzgeber selbst die Rahmenbedingungen der stofflichen Verwertung (z.B. demnächst durch die ErsatzbaustoffV) und begrenzt diese damit. Dies ist unter ökologischen Gesichtspunkten konsequent, da für die stoffliche Verwertung keine geringeren Anforderungen gelten dürfen als für die Deponierung oder energetische Verwertung.

---

[22] EuGH, Urteil vom 13.02.2003, Rs. C-228/00 (Belgische Zementwerke); Urteil vom 13.02.2003, Rs. C-458/00 (Luxemburger Hausmüll).

[23] *Kunig*, in: ders./Paetow/Versteyl, KrW-/AbfG, § 5 Rn. 29.

[24] *Kunig*, in: ders./Paetow/Versteyl, KrW-/AbfG, § 5 Rn. 31 und 32.

[25] Vgl. *Beckmann*, DVBl. 1995, S. 313 ff.; *Kunig*, in: ders./Paetow/Versteyl, § 5 Rn. 31 m. w. N., sowie Rn. 36.

Appellcharakter

Die Aussage und Tragfähigkeit des Begriffs der Hochwertigkeit im Rahmen der Verwertung kann sich nur erschließen, wenn man sich auch mit dem Begriff des *Anstrebens* dieser Hochwertigkeit auseinandersetzt. Hierbei geht es um die Frage, ob es sich also bei der Hochwertigkeit der Verwertung um eine rechtlich verbindliche Pflicht handelt. Hierzu herrscht in der Literatur keine Einigkeit, wohl überwiegend wurde zur Rechtslage nach KrW-/AbfG aber keine durchsetzbare und damit vollziehbare Rechtspflicht angenommen.[26] Unter der damaligen Rechtslage wurde teilweise angenommen, der Vollzug sei zwar nicht einfach, aber zumindest möglich.[27] In der Vollzugspraxis hat das Gebot der Hochwertigkeit jedoch unter der Geltung des KrW-/AbfG keine große Bedeutung erfahren. Schon der Wortlaut der Vorschrift macht deutlich, dass es sich allenfalls um ein Optimierungsgebot handeln konnte. Auch die Gesetzessystematik und die Stellung des Hochwertigkeitsgebots als eine der Grundpflichten der Kreislaufwirtschaft rechtfertigen keine andere Sicht der Dinge.[28] Die Mehrheit der Stimmen in der Literatur hat die Vorschrift eher als eine *Bemühensvorgabe* mit lediglich programmatischem Charakter[29] verstanden. Nur ein offenkundiger Verzicht auf das Anstreben einer technisch machbaren und wirtschaftlich zumutbaren Verwertung wurde als unzulässig und rechtswidrig angesehen.[30] Die Beweislast hierfür lag bei den Behörden, die im Einzelfall den Nachweis zu führen hatten, dass aus § 5 Abs. 2 Satz 3 KrW-/AbfG eine Rechtspflicht zugunsten eines bestimmten Verwertungsverfahrens innerhalb einer Verwertungsart oder ein Verbot einer bestimmten Verwertungsmaßnahme abgeleitet werden konnte.[31]

2.1.2. Vollzugsfähigkeit des Kriteriums der Hochwertigkeit nach bisherigem Recht

Trotz der oben dargestellten Versuche einer inhaltlichen Konkretisierung des Gebots der Hochwertigkeit nach (noch) geltendem Recht hat sich die Vorschrift auch mit *Augenmaß und Mut*[32] nicht als vollzugsfähig erwiesen. Hierzu wäre die Berücksichtigung einer so großen Fülle von Daten erforderlich, dass eine abschließende Beurteilung den Abfallerzeugern und -besitzern oder den Vollzugsbehörden im Einzelfall nicht möglich und damit dem Verordnungsgeber vorbehalten ist.[33] Es dürfte Einigkeit darüber bestehen, dass sowohl eine Konkretisierung durch Rechtsverordnung als auch ein Vollzug des Hochwertigkeitsgebots bei der stofflichen als auch der energetischen Verwertung nur auf der Grundlage von Ökobilanzen möglich ist.

---

[26] Vgl. hierzu die Darlegung des Meinungsstreits bei *Frenz*, KrW-/AbfG, 3. Aufl. 2002, § 5 Rn. 29-34 und *L.-A. Versteyl*, NdsVBl. 2001, S. 25 (26) jeweils m. w. N.

[27] *von Lersner*, in: Hösel/von Lersner/Wendenburg, Recht der Abfallbeseitigung, Bd. I, § 5 Rn. 7.

[28] A. A. *L.-A. Versteyl*, NdsVBl. 2001, S. 25 (27), so auch *von Lersner*, in: Hösel/von Lersner/Wendenburg, Recht der Abfallbeseitigung, Bd. I, § 5 Rn. 7; Rebentisch, NVwZ 1997, S. 417 (420); mit umfassender Darstellung *Kunig*, in: ders./Paetow/Versteyl, KrW-/AbfG, § 5 Rn. 14.

[29] *Kunig*, in: ders./Paetow/Versteyl, KrW-/AbfG, § 5 Rn. 14.

[30] Siehe auch *Fouquet/Mahrwald*, Die Hochwertigkeit der Verwertung nach dem KrW-AbfG, NuR 1999, S. 144 (147).

[31] *L.-A. Versteyl*, NdsVBl. 2001, S. 25 (29).

[32] *L.-A. Versteyl*, NdsVBl. 2001, S. 25 (31).

[33] Vgl. Fluck, in: ders. KrW-/AbfG, § 5 Rn. 116.

2.2. Hochwertigkeit der Verwertung nach § 8 Abs. 1 S. 3 KrWG

In Umsetzung von Art. 4 der AbfRRL sieht § 4 KrWG eine fünfstufige Abfallhierarchie vor. An der Spitze steht – wie bisher – die Abfallvermeidung, während die Abfallbeseitigung weiterhin die letzte, nunmehr aber die fünfte Stufe bildet. Die Stufe der Verwertung wird ausdifferenziert in die Vorbereitung zur Wiederverwendung (Stufe 2), Recycling (Stufe 3) und sonstige (z.B. energetische) Verwertung (Stufe 4). Diese grundsätzliche Stufenrangfolge wird durch § 8 KrWG auf die Ebene der Grundpflichten der Abfallerzeuger und -besitzer übertragen. Festgelegt wird, welche der sich aus § 6 Abs. 1 KrWG ergebenden Verwertungsmaßnamen im konkreten Fall durchzuführen sind. Aus § 8 Abs. 1 Satz 1 KrWG ergibt sich ein Vorrang derjenigen Verwertungsmaßnahme, die den Schutz von Mensch und Umwelt in Hinblick auf Art und Beschaffenheit des Abfalls und unter Berücksichtigung der Kriterien aus § 6 Abs. 2 Satz 2 und 3 KrWG am besten gewährleistet. Mit diesen Kriterien sind wie schon in der Vorgängervorschrift des § 5 Abs. 5 KrW-/AbfG insbesondere die zu erwartenden Emissionen, die Schonung natürlicher Ressourcen, der notwendige Energieeinsatz, die Anreicherung von Schadstoffen sowie die technische Möglichkeit und wirtschaftliche Zumutbarkeit zu berücksichtigen.

Das Gebot der Hochwertigkeit der Verwertung bzw. des Vorrangs der hochwertigen Verwertung aus § 5 Abs. 2 Satz 3 KrW-/AbfG greift in § 8 Abs. 1 KrWG auf.

(1) Bei der Erfüllung der Verwertungspflicht nach § 7 Absatz 2 Satz 1 hat diejenige der in § 6 Absatz 1 Nummer 2 bis 4 genannten Verwertungsmaßnahmen Vorrang, die den Schutz von Mensch und Umwelt nach der Art und Beschaffenheit des Abfalls unter Berücksichtigung der in § 6 Absatz 2 Satz 2 und 3 festgelegten Kriterien am besten gewährleistet. Zwischen mehreren gleichrangigen Verwertungsmaßnahmen besteht ein Wahlrecht des Erzeugers oder Besitzers von Abfällen. Bei der Ausgestaltung der nach Satz 1 oder 2 durchzuführenden Verwertungsmaßnahme ist eine den Schutz von Mensch und Umwelt am besten gewährleistende, hochwertige Verwertung anzustreben. § 7 Absatz 4 findet auf die Sätze 1 bis 3 entsprechende Anwendung.

Bei der technischen Ausgestaltung der Verwertungsmaßnahme nach § 8 Abs. 1 Satz 1 oder Satz 2 ist danach diejenige hochwertige Verwertungsart anzustreben, die den Schutz von Mensch und Umwelt am besten zu gewährleisten vermag. Liegt in dieser an das bestehende Recht anknüpfenden Formulierung eine unzureichende Umsetzung der Vorgaben der Richtlinie?

Art. 11 Abs. 1 AbfRRL bestimmt im Zusammenhang mit den Getrennthaltungspflichten und der Vorgabe von Recyclingquoten für bestimmte Abfallströme, dass:

[die] Mitgliedstaaten ... Maßnahmen zur Förderung eines qualitativ hochwertigen Recyclings [ergreifen]; hierzu führen sie die getrennten Sammlungen von Abfällen ein, soweit sie technisch, ökologisch und ökonomisch durchführbar und dazu geeignet sind, die für die jeweiligen Recycling-Sektoren erforderlichen Qualitätsniveaus zu erreichen.

Aus dieser Formulierung folgt zum einen, dass die Abfallrahmenrichtlinie ein Gebot der hochwertigen Verwertung nur auf die stoffliche Verwertung (*Recycling*) und nicht die energetische Verwertung bezieht. Darüber hinaus enthält Art. 11 Abs. 1 AbfRRL keine über das bestehende nationale Recht hinausgehende Anforderungen. Bereits in den in § 5 KrW-/AbfG enthaltenen *Grundpflichten der Kreislaufwirtschaft* waren diese Anforderungen enthalten, somit war in Hinblick auf die Hochwertigkeit bereits das KrW-/AbfG richtlinienkonform. Das KrWG erweitert diese Anforderungen in § 9 (*Getrennthalten von Abfällen zur Verwertung, Vermischungsverbot*):

(1) Soweit dies zur Erfüllung der Anforderungen nach den § 7 Absatz 2 bis 4 und § 8 Absatz 1 erforderlich ist, sind Abfälle getrennt zu halten und zu behandeln.

(2) Die Vermischung, einschließlich der Verdünnung, gefährlicher Abfälle mit anderen gefährlichen Abfällen oder mit anderen Abfällen, Stoffen oder Materialien ist unzulässig. Abweichend von Satz 1 ist eine Vermischung ausnahmsweise dann zulässig, wenn

1. sie in einer nach diesem Gesetz oder nach dem Bundes-Immissionsschutzgesetz hierfür zugelassenen Anlage erfolgt,

2. die Anforderungen an eine ordnungsgemäße und schadlose Verwertung nach § 7 Absatz 3 eingehalten und schädliche Auswirkungen der Abfallbewirtschaftung auf Mensch und Umwelt durch die Vermischung nicht verstärkt werden sowie

3. das Vermischungsverfahren dem Stand der Technik entspricht.

Soweit gefährliche Abfälle in unzulässiger Weise vermischt worden sind, sind diese zu trennen, soweit dies erforderlich ist, um eine ordnungsgemäße und schadlose Verwertung nach § 7 Absatz 3 sicherzustellen, und die Trennung technisch möglich und wirtschaftlich zumutbar

Die sich aus Art. 4 AbfRRL ergebene Stufenfolge der Verwertung in Vorbereitung zur Wiederverwendung, Recycling und sonstige Verwertung wird durch das Schutzkriterium bezüglich Mensch und Umwelt in § 8 Abs. 1 Satz 1 KrWG flexibilisiert und durch Festlegung einer Wahlmöglichkeit bei ökologisch gleichrangigen Verwertungsmaßnahmen in Abs. 1 Satz 2 relativiert.

Genau hier setzt die Kritik der Kommission im Rahmen der Notifikation an: § 8 KrWG spiegele *das Konzept der Abfallhierarchie als Prioritätenfolge nicht angemessen wider*[34]. Damit übt die Kommission an der Umsetzung des Hochwertigkeitsgebots keine Kritik, zumal die Abfallrahmenrichtlinie auch keine weiterführenden Anforderungen enthält. Vielmehr geht das KrWG weiter als die Abfallrahmenrichtlinie, indem es das Gebot der Hochwertigkeit für alle Formen der Verwertung ausspricht. Damit erübrigt sich eine noch zu der Vorgängernorm entbrannte Diskussion, ob nun das Hochwertigkeitskriterium nur auf die stoffliche oder auch auf die energetische Verwertung bezogen sei.

Im Vergleich zur Vorgängernorm des § 5 KrW-/AbfG enthält die Vorschrift in § 8 Abs. 2 Nr. 2 eine explizite Verordnungsermächtigung für die Festlegung von Kriterien zur hochwertigen Verwertung. Danach ist die Bundesregierung ermächtigt, nach Anhörung der beteiligten Kreise (§ 68) durch Rechtsverordnung mit Zustimmung des Bundesrates für bestimmte Abfallarten auf Grund der in § 6 Abs. 2 Satz 2 und 3 festgelegten Kriterien den Vorrang oder Gleichrang einer Verwertungsmaßnahme zu bestimmen und Anforderungen an die Hochwertigkeit der Verwertung festzulegen.

Begriffliche Klärung

Der Wortlaut des § 8 Abs. 1 Satz 3 KrWG lehnt sich eng an § 5 Abs. 2 Satz 3 KrW-/AbfG an. Auch nach § 8 KrWG ist nicht mehr und nicht weniger verlangt, als *eine hochwertige Verwertung anzustreben*. Die neue Formulierung enthält keinen unmittelbaren Bezug zu der Art und Beschaffenheit des Abfalls wie noch § 5 Abs. 2 Satz 3 KrW-/AbfG, stellt ihn aber mittels Verweises auf ihren Abs. 1 Satz 1 her. Der Gedanke der Hochwertigkeit als Qualitätsmerkmal der Verwertung findet sich in der Gesetzesbegründung zum Regierungsentwurf wieder.[35] Diese sieht die Hochwertigkeit allein in der technischen Ausgestaltung der konkret gewählten Verwertungsmaßnahme und gerade nicht in der Wahl zwischen den Verwertungsmöglichkeiten. Hinzugekommen sind mit dem Kriterium des Schutzes

---

[34] Mitteilung 303 der Kommission – SG(2011) D/51545 zu Richtlinie 98/34/EG, Notifizierung: 2011/0148/D.

[35] Begründung des RegE, S. 187.

von Mensch und Umwelt nur Konkretisierungen dessen, was bereits aus der Schadlosigkeit der Verwertung nach § 5 Abs. 3 Satz 3 KrW-/AbfG i.V.m. § 7 Abs. 3 Satz 1 KrWG folgt.

Demnach können die Erwägungen zu den entsprechenden Vorgängervorschriften auf § 8 KrWG übertragen werden. Dies gilt auch für die Berücksichtigung der technischen Machbarkeit und des Wirtschaftlichkeitspostulats, siehe § 7 Abs. 4 KrWG-E. Zudem schreibt § 8 Abs. 3 KrWG den Meinungsstreit[36] bezüglich der Hochwertigkeitskonkretisierung für die energetische Verwertung in Form eines Richtwerts von 11.000 kJ/kg fort. Die Kommission merkte ebenfalls kritisch an, dass § 8 Abs. 3 des Gesetzentwurfs eine allgemeine Annahme enthalte, dass stoffliche Verwertung und energetische Verwertung in der Abfallhierarchie gleichrangig seien, wenn der Abfall einen Heizwert von mindestens 11.000 kJ/kg habe. Man könne aber nicht allgemein annehmen, dass das Recycling eines Abfalls mit mehr als 11.000 kJ/kg ungünstiger als oder gleich günstig wie eine energetische Verwertung sei. Zur Erläuterung wird in der Mitteilung der Kommission ausgeführt, dass reines Altpapier einen fraglos hohen Heizwert habe, seine Verwendung in der Papierherstellung aber viel ressourceneffizienter sei. Das Heizwertkriterium sei folglich ungeeignet für die Unterscheidung zwischen stofflicher und energetischer Verwertung.

Dieses Beispiel macht deutlich, dass die Kritik der Kommission an dieser Stelle unbegründet ist: Bei den getrennt gesammelten Abfallströmen (wie auch beim Altpapier) besteht kaum die Gefahr, dass ein Markt für eine stoffliche Verwertung nicht vorhanden ist und deswegen eine energetische Verwertung gewählt würde. Zweifelsfragen bezüglich der Anforderungen an die Hochwertigkeit können sich allenfalls bei den mengenmäßig kleineren Abfallströmen, wie z.B. verunreinigten bzw. minderwertigen Kunststoffen, stellen. Hier stellt sich aber die Frage, ob technisch mögliche, weitere Verwertungsmaßnahmen hinsichtlich des damit verbundenen Aufwandes (z.B. an Energie) wirtschaftlich zumutbar und sinnvoll sind.

Wenn die Hochwertigkeit nicht die Wahl zwischen Verwertungsarten betrifft und damit gerade kein Abgrenzungskriterium zwischen stofflicher und energetischer Verwertung darstellen soll, bleibt das Heizwertkriterium problematisch. Da dieses Kriterium nun einen Indikator für die Gleichwertigkeit von stofflicher und energetischer Verwertung darstellt, kann es nicht auch ein Indikator für die Hochwertigkeit in der energetischen Verwertung sein. Die Gesetzesbegründung ergänzt zum Hochwertigkeitskriterium:

Soweit verordnungsrechtliche Vorgaben nicht bestehen, verlangt das Gesetz von den Erzeugern und Besitzern [von Abfällen] in Einzelfall keine strikte Durchführung der hochwertigsten Verwertungsoption, sondern eine Optimierung der Verwertung. Offensichtlich niederwertige Verwertungen sind danach unzulässig.

Das Verhältnis dieses Optimierungsgebots zum Heizwertkriterium ergibt sich daraus, dass dieses

… nicht nur dem Schutz stofflicher Verwertungsverfahren vor konkurrierenden niederwertigen energetischen Verwertungsverfahren, sondern auch der Effizienzsteigerung der energetischen Verwertung selbst [dient].

Damit geht die Gesetzesbegründung davon aus, dass der Heizwert (auch) einen Aspekt der Hochwertigkeit darstellt. In diesem Fall beträfe das Kriterium der Hochwertigkeit im Ergebnis doch die Abgrenzung von stofflicher und energetischer Verwertung. Genau dies verneint jedoch die Gesetzesbegründung an anderer Stelle.

---

[36] Vgl. *Frenz*, KrW-/AbfG, 3. Aufl. 2002, § 6 Rn. 17 mit Verweis auf *Klöck*, ZUR 1997, S. 117 (121); *Weidemann*, in: Brandt/Ruchay/Weidemann, KrW-/AbfG, § 6 Rn. 27.

Zugleich versteht der Gesetzgeber das Hochwertigkeitskriterium als Rechtspflicht. Dies erscheint angesichts der sprachlichen Nähe zur Vorgängernorm fraglich. Das Optimierungsgebot, wonach nur eine offensichtlich niederwertige Verwertung unzulässig wäre, enthält nicht mehr, aber auch nicht weniger Regelungsgehalt, als sich auch schon aus § 5 Abs. 2 Satz 3 KrW-/AbfG ergibt. Zwar mögen das Heizwertkriterium und damit auch die Abgrenzung von stofflicher und energetischer Verwertung ohne weitere Konkretisierung vollzugsfähig sein, für die Hochwertigkeit gilt dies gerade nicht. Allenfalls das Gebot der Getrennthaltung von Abfällen kann als vollzugsfähiges Kriterium bei der Verwertung angesehen werden. Die Abfallwirtschaft und der Vollzug sind damit zur Steuerung der Abfallströme im Sinne des Gebots der hochwertigen und auch umweltgerechten Verwertung auf eine Konkretisierung durch Rechtsverordnung angewiesen!

3. Konkretisierung durch eine Verordnung

Zur Konkretisierung des Gebotes der Hochwertigkeit im Rahmen einer Rechtsverordnung bieten sich zwei Ansatzpunkte an, nämlich die Hochwertigkeit anlagen- oder stoffstrombezogen zu bestimmen. Der EuGH hat bereits in den Urteilen *Belgische Zementindustrie* und *Luxemburger Hausmüll*[37] eine anlagenbezogene Abgrenzung zwischen Verwertung und Beseitigung vorgenommen und dabei auf das Hauptzweckkriterium abgestellt.[38]

Zur Bestimmung der Hochwertigkeit erscheint es erforderlich, sowohl anlagenbezogene als auch stoffstrombezogene Kriterien heranzuziehen: Für die einzelnen Stoffströme sind Ökobilanzen zu entwickeln. Im Rahmen der VDI-Richtlinie 3925, die im Frühjahr 2012 vorgelegt werden soll, werden derzeit die Methoden hierfür bewertet. Die Erkenntnisse könnten im Rahmen der Verordnung umgesetzt werden.

Der Bundesverband Sekundärrohstoffe und Entsorgung (BVSE) hat ein Vorbehandlungsgebot für alle großen Stoffströme mit dem Inhalt vorgeschlagen, wonach die Aufbereitung zu Ersatzbrennstoffen bzw. Deponierung nur dann zulässig sein soll, wenn ein (weiteres) Recycling nicht möglich ist. Es könnte sich anbieten, den wirtschaftlichen Vorbehalt, wonach die Kosten der Verwertung nicht außer Verhältnis zur Beseitigung stehen brauchen, auch auf eine Abgrenzung zwischen stofflicher und energetischer Verwertung zu übertragen. Zur Lösung dieser Grenzfälle sind neben ökologischen Erwägungen auch technische und wirtschaftliche Aspekte zu berücksichtigen; die Einschränkung der energetischen Verwertung mittels Heizwertkriterium führt nicht automatisch zu einer hochwertigen stofflichen Verwertung. Anders als bei den getrennt gesammelten Stoffströmen (PPK usw.) ist beim Stoffstrom *vermischter Kunststoff* derzeit die Voraussetzung für eine weitere Aufbereitung nicht gegeben.

4. Vollzugsfähigkeit vor Inkrafttreten bzw. ohne eine Verordnung?

Da eine Verordnung zur Konkretisierung der Hochwertigkeit der Verwertung bei Inkrafttreten des KrWG nicht vorliegen wird, stellt sich die Frage, wie (zumindest) für einen

---

[37] Siehe Fn. 22.

[38] So sei bei der Abfallverbringung in belgische Zementwerke eine energetische Verwertung gegeben, da die Abfälle als Ersatzbrennstoffe in der konkreten Anlage erforderliche primäre Brennstoffe ersetzt würden. Die Verbrennung von Hausmüll aus Luxemburg in der Müllverbrennungsanlage (MVA) Straßburg falle hingegen trotz der dort vorhandenen Wärmerückgewinnung unter Beseitigung, da die Wärmenutzung lediglich einen Nebeneffekt darstelle.

Übergangszeitraum der Vollzug unter Berücksichtigung der von der Kommission angenommenen Prioritätenfolge aussehen könnte:

Eine umgekehrte Beweislastregel zu Lasten der Erzeuger bzw. Besitzer von Abfällen wäre im Hinblick auf die Vollzugsfähigkeit des Hochwertigkeitsgebotes nicht hilfreich. Erzeuger bzw. Besitzer müssten im Einzelfall nachweisen, dass die von Ihnen durchgeführte Verwertung hochwertig erfolgt. An die Stelle der notwendigerweise einzelfallbezogenen Beweislastregelung könnte eventuell ein *anlagenbezogener Hochwertigkeits-TÜV* treten. Losgelöst von dem Gesetzgebungsverfahren werden im Rahmen der VDI-Richtlinie 3925 Methoden untersucht, die die Bewertung von Ökobilanzen – auch zur Beurteilung der Hochwertigkeit – erleichtern könnten.

5. Fazit

Für die Vollzugsfähigkeit einer Rechtspflicht zur hochwertigen Verwertung bedarf es einer Konkretisierung durch Rechtsverordnung. Sowohl eine europarechtskonforme Abgrenzung von stofflicher und energetischer Verwertung zur Einhaltung der Abfallhierarchie als auch die Konkretisierung des Gebots der hochwertigen Verwertung bedürfen der Festlegung stoffstrombezogener Kriterien im Rahmen von Ökobilanzen, damit die übergreifenden Ziele der Nachhaltigkeit, Ressourceneffizienz und Schadlosigkeit erreicht werden können.

Schlacken aus der Metallurgie

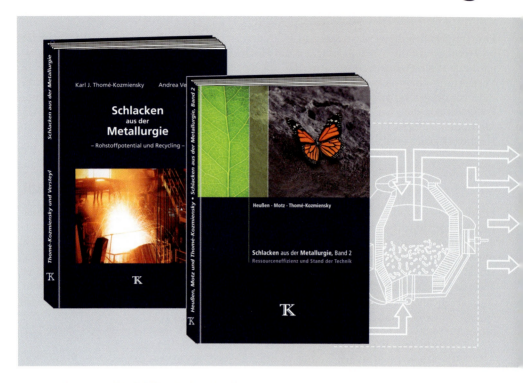

Herausgeber:	Karl J. Thomé-Kozmiensky Andrea Versteyl	Herausgeber:	Michael Heußen Heribert Motz Karl J. Thomé-Kozmiensky
ISBN:	978-3-935317-71-9	ISBN:	978-3-935317-86-3
Erscheinung:	2011	Erscheinung:	Oktober 2012
Gebund. Ausgabe:	175 Seiten mit farbigen Abbildungen	Gebund. Ausgabe:	etwa 200 Seiten mit farbigen Abbildungen
Preis:	30,00 EUR	Preis:	30,00 EUR

50.00 EUR
statt 60.00 EUR

Paketpreis
Schlacken aus der Metallurgie – Rohstoffpotential und Recycling –
Schlacken aus der Metallurgie – Ressourceneffizienz und Stand der Technik –

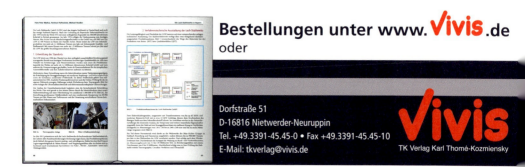

Bestellungen unter www.vivis.de
oder

Dorfstraße 51
D-16816 Nietwerder-Neuruppin
Tel. +49.3391-45.45-0 • Fax +49.3391-45.45-10
E-Mail: tkverlag@vivis.de

TK Verlag Karl Thomé-Kozmiensky

Von der drohenden Ordnungsverfügung bis zur Betriebsstilllegung

Michael Sitsen

1.	Dynamik des Immissionsschutzrechts	46
2.	Anlass für Ordnungsverfügungen	46
3.	Inhalt von Ordnungsverfügungen	48
4.	Rechtsbehelfe	49
5.	Risiken	50

Das Umweltrecht ist in Deutschland in einer Vielzahl von Gesetzen, Rechtsverordnungen und Verwaltungsvorschriften geregelt. Das wichtigste Gesetz dürfte das Gesetz zum Schutz vor schädlichen Umwelteinwirkungen durch Luftverunreinigungen, Geräusche, Erschütterungen und ähnliche Vorgänge sein, besser bekannt als Bundes-Immissionsschutzgesetz oder BImSchG. Es ist im Grundsatz auf alle Anlagen anwendbar, von denen schädliche Umwelteinwirkungen ausgehen können. Solche können Luftverunreinigungen, Geräusche, Erschütterungen, Licht, Wärme, Strahlen und ähnliche Umwelteinwirkungen darstellen.[1] Auch Stahlwerke sind Anlagen, die in den Anwendungsbereich des BImSchG fallen.[2]

Im Grundsatz gilt, dass Stahlwerke, wie auch alle übrigen Anlagen so betrieben werden müssen, dass keine schädlichen Umwelteinwirkungen hervorgerufen werden können. Anlagenbetreiber, die gegen diese Pflicht verstoßen, laufen Gefahr, die Aufmerksamkeit der zuständigen Landesbehörden auf sich zu ziehen, denen ein ganzes Arsenal an Möglichkeiten zur Verfügung steht, um die Einhaltung dieser Pflichten durchzusetzen, was den Erlass von Ordnungsverfügungen einschließt. Gegenstand des vorliegenden Aufsatzes sollen dabei in erster Linie Maßnahmen auf der Grundlage des BImSchG sein.

Bild 1:

Der Ausstoß von Luftschadstoffen

photo(s): Bajstock.com

---

[1] §§ 1 Abs. 1, 3 Abs. 2 BImSchG.

[2] Stahl- und Hüttenwerke fallen unter Ziffer 3 der Spalte 1 des Anhangs zur 4. Verordnung zur Durchführung des Bundes-Immissionsschutzgesetzes (4. BImSchV).

1. Dynamik des Immissionsschutzrechts

Die zuständigen Landesbehörden überwachen, dass die Betreiber von immissionsschutzrechtlich relevanten Anlagen die ihnen obliegenden Betreiberpflichten einhalten. Die Pflichten des Betreibers einer BImSch-Anlage erschöpfen sich nicht in den Bestimmungen des jeweiligen Genehmigungsbescheids. Das bedeutet, dass der Erlass einer Ordnungsverfügung nicht deshalb ausgeschlossen ist, weil der Anlagenbetreiber genehmigungskonform handelt. Ein auf den Genehmigungsinhalt bezogener Bestandsschutz ist dem Immissionsschutzrecht fremd. Das Immissionsschutzrecht ist vielmehr *dynamisch*.

Schon in § 5 BImSchG heißt es, dass genehmigungsbedürftige Anlagen so zu errichten und zu betreiben sind, dass zur Gewährleistung eines hohen Schutzniveaus für die Umwelt insgesamt schädliche Umwelteinwirkungen und sonstige Gefahren, erhebliche Nachteile und erhebliche Belästigungen für die Allgemeinheit und die Nachbarschaft nicht hervorgerufen werden können. Es reicht hiernach nicht aus, eine Anlage lediglich genehmigungskonform zu betreiben. Dies stellt eine Besonderheit des Immissionsschutzrechts dar, die anderen Rechtsgebieten eher fremd ist. Im Baurecht gilt etwa der Grundsatz, dass eine bauliche Anlage nur denjenigen Anforderungen entsprechen muss, die bei ihrer Errichtung galten. Daher finden sich auch heute noch häufig nahezu unveränderte Gebäude, die viele hundert Jahre alt sind und ohne Weiteres zu Wohnzwecken genutzt werden können. Das gilt selbst dann, wenn ihre Errichtung oder Nutzung nach heutigen Maßstäben zu einer sofortigen Nutzungsuntersagung und Abrissverfügung führen würde. Im Immissionsschutzrecht gilt dagegen, dass eine Anlage immer dem aktuellen Stand der Technik entsprechen muss. Daher spielt es auch keine Rolle, ob es sich um eine *Altanlage* oder eine erst vor kurzer Zeit genehmigte Anlage handelt.[3] Verbessert sich der Stand der Technik, kann der Gesetz- oder Verordnungsgeber strengere Grenzwerte vorschreiben. Dabei kann er jedoch auch Übergangsfristen vorsehen, bis zu deren Ablauf die betroffenen Anlagen den neuen Anforderungen entsprechen müssen.[4] Der Bestandsschutz im Immissionsschutzrecht ist heutzutage regelmäßig darauf beschränkt, dass für Betreiber vorhandener Anlagen Übergangsfristen vorgesehen werden. Diese Aushöhlung des Bestandsschutzes im Anlagengenehmigungsrecht wird häufig kritisiert, sie entspricht aber der ständigen Spruchpraxis der Verwaltungsgerichte.[5]

2. Anlass für Ordnungsverfügungen

Anlass für ein Handeln der zuständigen Behörden kann es sein, wenn ein Anlagenbetreiber sich nicht an die Genehmigung hält, z.B. wenn er gegen Auflagen zum Genehmigungsbescheid verstößt. Ein Pflichtverstoß liegt auch dann vor, wenn eine Anlage ohne Genehmigung betrieben wird. Ebenfalls erfasst ist der Fall, dass ein Betreiber über die vorhandene Genehmigung hinausgeht und damit ohne die erforderliche Erweiterungsgenehmigung handelt. In der Praxis soll es durchaus vorkommen, dass ein Betreiber sich nicht an die genehmigte maximale Kapazität hält. Ist die tatsächliche Kapazität der Anlage höher als die genehmigte Kapazität und ist die Auftragslage gut, kann ein Anlagenbetreiber leicht Gefahr laufen, der Versuchung zu erliegen, die tatsächliche Kapazität auszunutzen. Ein Pflichtverstoß kann außerdem darin liegen, dass geltende Lärm- oder Luftschadstoffgrenzwerte nicht eingehalten werden. Irrelevant ist es dabei, ob im Verfahren zur Erteilung der

---

[3] OVG Saarlouis, Beschluss vom 18.01.2012 – 3 B 416/11.

[4] Vgl. etwa § 7 Abs. 2 BImSchG.

[5] Kritisch etwa Weidemann/Krappel, DVBl 2011, 1385.

Genehmigung Lärm- oder Schadstoffgutachten eingeholt wurden, die eine Überschreitung der Grenzwerte für unwahrscheinlich erklärt haben. Solche Gutachten stellen nur Prognosen auf, die die Entscheidungsgrundlage für die Genehmigungsbehörde bilden, auf der diese die Anlagengenehmigung erlässt. Stellt sich beim späteren Anlagenbetrieb heraus, dass die Prognose nicht eingetreten ist, kann die Behörde tätig werden und eine nachträgliche Anordnung erlassen, die die Genehmigung ergänzt und für eine Einhaltung der Grenzwerte sorgt. Dass Prognosen nicht eintreten, ist keine Seltenheit. Es ist einer Prognose vielmehr immanent, dass sie keine hundertprozentige Eintrittswahrscheinlichkeit hat und sich später herausstellt, dass die Prognose falsch war.

Bild 2: Industriegleise können Lärmquellen sein

photo(s): Bajstock.com

Die immissionsschutzrechtlichen Betreiberpflichten umfassen nicht nur Schutzpflichten, d.h. Pflichten zur Einhaltung von bestimmten Standards zur Vermeidung von konkreten Gefährdungen. Das Immissionsschutzrecht geht vielmehr darüber hinaus, indem dem Anlagenbetreiber auch Vorsorgepflichten auferlegt werden.[6] Diese bestehen darin, eine Anlage so zu betreiben, dass von ihr auch keine potentiell schädlichen Umwelteinwirkungen ausgehen dürfen. Hierzu hat der Gesetzgeber bestimmte Grenzwerte (Vorsorgewerte) festgelegt, die nach dem Stand der Technik eingehalten werden können und müssen. Verstößt ein Anlagenbetreiber gegen solche Vorsorgewerte, liegt zwar regelmäßig keine Gefahr für die öffentliche Sicherheit vor. Dennoch kann ein Verstoß gegen die Vorsorgepflichten behördliche Maßnahmen nach sich ziehen.

Schließlich formuliert das BImSchG auch abfallrechtliche Pflichten und Energiesparpflichten.[7] Danach sollen Anlagenbetreiber Energie sparsam verwenden und beim Betrieb der Anlage entstehende Abfälle rechtskonform beseitigen. Das BImSchG ermächtigt die Behörden, auch diese Pflichten durchzusetzen.

Es ist gleichgültig, ob ein Anlagenbetreiber die ihm obliegenden Pflichten schuldhaft, d.h. vorsätzlich oder fahrlässig nicht erfüllt oder ob dies unverschuldet geschah. Maßnahmen der zuständigen Behörde sind dennoch möglich. Die Frage der Schuld ist lediglich dafür relevant, ob der Anlagenbetreiber zusätzlich einen Bußgeld- oder einen Straftatbestand verwirklicht hat.

---

[6] § 5 Abs. 1 Nr. 2 BImSchG.

[7] § 5 Abs. 1 Nr. 3 und Nr. 4 BImSchG.

Maßnahmen der zuständigen Landesbehörden sind schon dann möglich, wenn die Verletzung einer Betreiberpflicht mit hinreichender Wahrscheinlichkeit droht. Das ist unmittelbar einleuchtend, da die zuständige Behörde anderenfalls gezwungen wäre, immer erst den Eintritt eines Schadens abzuwarten, bevor sie tätig werden könnte. Eine solche Form der Gefahrenabwehr wäre nicht sehr effektiv.

3. Inhalt von Ordnungsverfügungen

Zur Vermeidung oder Beseitigung von Verstößen gegen immissionsschutzrechtliche Pflichten, kann die zuständige Behörde Weisungen zur Beschaffenheit der Anlage, zur Art und Weise des Anlagenbetriebs und zu sonstigen Handlungen treffen.[8] Die Behörde hat einen Ermessensspielraum. Sie kann den Betrieb zeitlich beschränken, zusätzliche Schutzmaßnahmen anordnen, aber auch den Betreiber zunächst zur Einholung von Gutachten oder zur Erstellung eines Maßnahmenkonzepts verpflichten. Möglich sind alle Maßnahmen, die grundsätzlich geeignet sind, zur Vermeidung oder Beseitigung des Pflichtverstoßes beizutragen. Allerdings müssen die Maßnahmen auch verhältnismäßig sein. Zu einer ermessensfehlerfreien Entscheidung gehört es daher auch, dass die Behörde die negativen Auswirkungen ihrer Entscheidung auf die Bevölkerung oder den Gewerbebetrieb als solchen berücksichtigt und gegeneinander abwägt. Beispiele für solche berücksichtigungsfähigen Aspekte sind etwa der Vergleich zu anderen Umweltbereichen, die Arbeitsmarktsituation, die regionale oder örtliche Wirtschaftslage, die Wettbewerbsauswirkungen auf das Unternehmen und die konkurrierenden Marktteilnehmer aber auch die Versorgungssicherheit der Bevölkerung.[9] Unverhältnismäßig sind Anordnungen auch dann, wenn sie eine zu kurze Umsetzungsfrist vorsehen. Hat ein Betreiber bestimmte Schutzmaßnahmen durchzuführen, benötigt er eine realistische Zeit für ihre Verwirklichung. Ordnet die Behörde bestimmte Maßnahmen an, kann der betroffene Anlagenbetreiber gleich wirksame Austauschmaßnahmen vorschlagen, die ihn weniger belasten. Kann er nachweisen, dass diese Maßnahmen tatsächlich gleich geeignet sind, muss die Behörde die Austauschmaßnahme zulassen.[10]

Sind verhältnismäßige Maßnahmen nicht möglich, kann die Behörde gemäß § 17 Abs. 2 BImSchG die Genehmigung unter den Voraussetzungen des § 21 Abs. 1 Nr. 3 bis 5 BImSchG ganz oder teilweise widerrufen. Ein solcher Widerruf setzt voraus, dass ohne einen Widerruf das öffentliche Interesse gefährdet würde oder schwere Nachteile für das Gemeinwohl drohen. Ein Widerruf der Genehmigung kann daher nur das letzte Mittel zur Gefahrenabwehr sein. Reicht ein Teilwiderruf aus, wäre ein Widerruf der ganzen Genehmigung unverhältnismäßig.

Kommt ein Anlagenbetreiber einer behördlichen Anordnung nicht innerhalb der ihm von der zuständigen Behörde gesetzten Frist nach, kann die Behörde den Betrieb der Anlage ganz oder teilweise untersagen. Das setzt nach § 20 BImSchG voraus, dass die betreffende Anordnung vollziehbar ist. Vollziehbar ist eine Anordnung dann, wenn sie bestandskräftig ist oder die Behörde vor Eintritt der Bestandskraft die sofortige Vollziehung ausdrücklich ausspricht, weil diese im öffentlichen Interesse liegt. Der Ausspruch der sofortigen Vollziehung kommt daher regelmäßig nur dann in Betracht, wenn Gefahr im Verzug ist.

---

[8] Jarass, BImSchG, 8. Auflage, § 17 Rn. 19.
[9] BeckOK BImSchG, § 17 Rn. 27b.
[10] BVerwG, Beschluss vom 30.08.1996 – 7 VR 2/96 – NVwZ 1997, 497.

Bestandskräftig ist eine Anordnung, wenn der Betroffene sie nicht fristgerecht angefochten hat oder wenn im gerichtlichen Instanzenzug kein ordentliches Rechtsmittel mehr zur Verfügung steht. Die Untersagungsverfügung, auch Stilllegungsverfügung genannt, kann daher ebenfalls nur das letzte Mittel der Behörde sein. Das gilt auch bei starken Belästigungen der Bevölkerung. Im Sommer 2011 beschwerten sich beispielsweise die Einwohner großer Teile Düsseldorfs über eine Geruchsbelästigung, die von einer Ölmühle aus Neuss ausging. Die Beschwerden gingen über einen Zeitraum von mehreren Monaten bei der zuständigen Behörde ein.[11] Obwohl der Grad der Geruchsbelästigung, bemessen nach der Aufmerksamkeit der regionalen Presse, recht hoch war, war eine Betriebsstilllegung nie ein Thema. Das dürfte insbesondere damit zusammen gehangen haben, dass keine Gesundheitsgefahr bestand. Die Interessen des Betreibers wurden damit wohl zu Recht höher gewichtet, als die Nasen von mehr als 100.000 betroffenen Nachbarn der Ölmühle in Düsseldorf und Neuss. Umgekehrt bedeutet das aber auch, dass bei Bestehen einer konkreten Gesundheitsgefahr für die Bevölkerung eine Stilllegung ohne Weiteres in Betracht kommen kann. Je größer der Grad der Gefährdung und das Gewicht des gefährdeten Rechtsguts (z.B. Leib oder Leben Dritter), desto wahrscheinlicher ist sogar eine Betriebsstilllegung. Aus Gründen der Verhältnismäßigkeit gilt jedoch, dass eine Teilstilllegung vorzugswürdig ist, wenn sie weniger einschneidend wäre als eine Vollstilllegung. Dabei ist allerdings zu berücksichtigen, dass eine Teilstilllegung wie eine Vollstilllegung wirken kann, wenn ein für den Gesamtbetrieb wesentlicher Anlagenteil betroffen ist.

4. Rechtsbehelfe

Gegen Ordnungsverfügungen kann ein Anlagenbetreiber Widerspruch einlegen oder klagen. In einigen Bundesländern, so auch in Nordrhein-Westfalen, ist das Widerspruchsverfahren landesrechtlich ausgeschlossen, so dass dort direkt der Klageweg beschritten werden muss. Die Erhebung von Widerspruch oder Klage kann sich für einen Anlagenbetreiber bereits deshalb anbieten, weil Widerspruch und Klage kraft Gesetzes aufschiebende Wirkung zukommt.[12] Das bedeutet, dass die Rechtswirkungen der angefochtenen Anordnung zunächst nicht eintreten und die Anordnung mindestens bis zum Abschluss des erstinstanzlichen gerichtlichen Verfahrens nicht befolgt werden muss. Will die Behörde die aufschiebende Wirkung aufheben, muss sie wiederum die sofortige Vollziehung der Ordnungsverfügung anordnen.

Die Erfolgsaussichten eines Rechtsbehelfs hängen regelmäßig davon ab, dass es dem Anlagenbetreiber gelingt, nachzuweisen, dass die angegriffene Anordnung unverhältnismäßig ist. Nach der Rechtsprechung trifft ihn insoweit im Prozess die Beweislast.[13] Es wird daher häufig sinnvoller sein, zu versuchen, Anordnungen bereits im Vorfeld zu vermeiden und im Dialog mit den zuständigen Behörden eine für alle Seiten tragfähige Lösung zu finden.

---

[11] Rheinische Post, Zeitungsartikel vom 19.08.2011 (Gestank verärgert RP-Leser), vom 19.09.2011 (Geruchsbelästigung durch Ölmühle lässt nach), vom 18.10.2011 (Zu viel Schwefel in Ölmühle?), vom 03.11.2011 (Ölmühle zeitweise außer Betrieb), vom 16.01.2012 (Ölmühle: Gestank lässt nach), vom 13.02.2012 (Umweltamt prüft Ölmühle erneut).

[12] § 80 Abs. 1 VwGO.

[13] Landmann/Rohmer, Umweltrecht, § 17 BImSchG Rn. 99.

Vor Erlass einer Ordnungsverfügung besteht grundsätzlich die Pflicht, den Anlagenbetreiber anzuhören.[14] Dieser wird sodann regelmäßig zunächst durch einen Rechtsanwalt Akteneinsicht beantragen, um sich ein umfassendes Bild der behördlichen Sachlage zu verschaffen. Für das weitere Vorgehen ist auch von Belang, ob nach dem einschlägigen Landesrecht vor Klageerhebung noch ein Widerspruchsverfahren durchzuführen ist. Ist das nicht der Fall, geht im Ergebnis eine Instanz verloren. Für die rechtliche Beurteilung der Ordnungsverfügung ist außerdem wesentlich zu wissen, welcher Zeitpunkt maßgeblich ist. Der maßgebliche Zeitpunkt für das Vorliegen einer Pflichtverletzung ist nach allgemeinen Grundsätzen der Erlass der behördlichen Maßnahme. Gelingt es dem Betreiber, den Pflichtverstoß vor diesem Zeitpunkt abzustellen, ist eine dennoch ergangene Ordnungsverfügung regelmäßig rechtswidrig.

5. Risiken

Häufig übersehen wird, dass die Verletzung von Betreiberpflichten nicht nur Ordnungsverfügungen nach sich ziehen kann, sondern zudem Bußgeld- oder sogar Straftatbestände verwirklicht werden können. Die Errichtung und der Betrieb einer Anlage ohne Genehmigung ist eine Ordnungswidrigkeit. Die Änderung des Betriebs einer vorhandenen Anlage ohne Genehmigung stellt dann einen Bußgeldtatbestand dar, wenn es sich um eine wesentliche Änderung des Betriebs handelt, z.B. eine wesentliche Kapazitätserweiterung.[15] Der Verstoß gegen Betreiberpflichten kann im Einzelfall bußgeldbewehrt sein, wenn das für die jeweilige Pflicht in einer Rechtsverordnung geregelt ist. Die Nichtbefolgung einer vollziehbaren Anordnung ist ihrerseits eine Ordnungswidrigkeit. Das Betreiben von Anlagen trotz Stilllegungsverfügung ist gar eine Straftat nach § 327 StGB.

Dabei kann nicht als Rechtfertigung gelten, dass die zuständige Behörde zuvor länger untätig gewesen ist. Eine bloße behördliche Duldung (neutrale Duldung) soll grundsätzlich keine rechtfertigende Wirkung entfalten.[16] Anders kann der Fall dagegen liegen, wenn die Behörde dem Adressaten erkennbar zu verstehen gibt, dass sie den Pflichtverstoß billigend in Kauf nimmt und damit konkludent eine Erlaubnis erklärt.[17] Das kann als positive Duldung bezeichnet werden und würde eine Strafbarkeit wohl ausschließen.

---

[14] § 28 VwVfG.

[15] § 62 OWiG.

[16] LG Bonn, Urteil vom 07.08.1986 – 35 Qs 20/86.

[17] Rogall, NJW 1995, 922; Pfohl, NJW 1994, 418; Wasmuth, NJW 1990, 2434.

REACH-Auswirkungen für Eisenhüttenschlacken

Ursula Gerigk

1.	Einleitung	51
2.	Unterscheidung zwischen den Schlacken	52
3.	Vergleich der physikalisch/chemischen Schlackeneigenschaften	54
4.	Registrierung aller Schlacken in einer Kategorie	54
5.	Vergleich der toxischen Eigenschaften	54
6.	Vergleich der ökotoxischen Eigenschaften	56
7.	Zusammenfassung	57
8.	Literatur	57

In diesem Artikel werden die Auswirkungen der Verordnung zur Registrierung, Bewertung, Zulassung und Beschränkung chemischer Stoffe (REACH) auf Eisenhüttenschlacken und die sich daraus ergebenden Erstellung einer physikalisch/chemischen, toxikologischen und ökotoxikologischen Bewertung in einem chemischen Sicherheitsbericht aufgezeigt. Es wird auf diese Ergebnisse eingegangen und die Einstufung im Sinne der CLP Verordnung (EG) Nr. 1272/2008 beziehungsweise der Stoffrichtlinie 67/548/EWG für die Schlacken vorgestellt.

1. Einleitung

Die REACH-Verordnung (EG) Nr. 1907/2006 zur Registrierung, Bewertung, Zulassung und Beschränkung chemischer Stoffe vom 18. Dezember 2006 vereinheitlicht die Anforderungen an die Informationen, die den Behörden gemeldet werden müssen, einerseits über die schon im Markt befindlichen *Altstoffe* (genannt im EINECS-Verzeichnis der EU (European Inventory of Existing Commercial Chemical Substances, auch als *Altstoffverzeichnis* bezeichnet) und andererseits über die neuen Stoffe, die nach dem 18. September 1981 auf den Markt gebracht wurden.

Als EU-Verordnung besitzt REACH seit ihrem Inkrafttreten am 01.07.2007 gleichermaßen und unmittelbar in allen Mitgliedstaaten der EU Gültigkeit.

Das REACH-System basiert auf dem Grundsatz der Eigenverantwortung der Industrie. Nach dem Prinzip *no data, no market* dürfen innerhalb des Geltungsbereiches nur noch chemische Stoffe in Verkehr gebracht werden, die vorher bei der Europäischen Chemikalienagentur (ECHA) mittels eines Dossiers registriert worden sind. Jeder Hersteller oder Importeur, der seine Stoffe im Geltungsbereich von REACH in Verkehr bringen will, muss für diese Stoffe eine eigene Registrierungsnummer vorweisen.

Die Schlacken gehören zu den *Altstoffen*. Als Voraussetzung für eine weitere Vermarktung der verschiedenen Schlackenprodukte waren jetzt Registrierungen gemäß der REACH-Verordnung erforderlich. Eine grundlegende und intensive Überarbeitung der im Rahmen der Altstoffverordnung bereits an die Behörden gemeldeten Informationen war notwendig und Informationslücken mussten geschlossen werden. Dazu wurde ein Konsortium (REACH-Ferrous-Slag-Consortium – RFSC) gegründet, das die Arbeit für diese Nebenprodukte der Eisen- und Stahlindustrie in Arbeitskreisen für seine Mitglieder koordinierte und in Zusammenarbeit mit der Firma Bayer Business Services GmbH als Consultant durchgeführt hat.

2. Unterscheidung zwischen den Schlacken

Im EINECS-Verzeichnis sind die Schlacken unterschieden nach Hochofenschlacke, Konverterschlacke, Elektroofenschlacke und Stahlwerksschlacke. Die dort formulierten Stoffbeschreibungen sind die Referenzbeschreibung für die Registrierung der Schlacken als Stoffe.

Anhand der Leitlinie *Guidance for identification and naming of substances under REACH* vom Juni 2007 (ECHA 2007) erfolgte die Einstufung als *UVCB – Substances of Unknown or Variable composition, Complex reaction products or Biological materials*.

Bei der Festlegung als UVCB (Stoffe mit unbekannter oder variabler Zusammensetzung, komplexe Reaktionsprodukte und biologische Materialien) liegt für die Schlacken der Schwerpunkt auf variables, komplexes Reaktionsprodukt aufgrund der großen Anzahl verschiedenster Mineralien und Mineralphasen und deren Variabilität. Dies machte eine Neuordnung der Schlacken nach dem Herstellungsweg erforderlich. Dazu war eine präzise Herstellungsbeschreibung notwendig, die über die Einträge nach der *Altstoffliste* hinausgeht. Ebenfalls von großer Bedeutung ist die Art der eingesetzten Rohstoffe, was zur Trennung der beiden Elektroofenschlacken in solche aus C-Stahl- und aus der Edelstahl- bzw. hochlegierten Stahlproduktion in Absprache mit der Europäische Chemikalienagentur (ECHA) geführt hat.

Tabelle 1:   Registrierte Eisenhüttenschlacken

	Hochofenschlacke		Konverter-schlacke	Elektroofenschlacken		Stahlwerks-schlacken
Abkürzung	ABS	GBS	BOS	EAF C	EAF S	SMS
EINECS Name	Slags, ferrous metal, blast furnace		Slags steelmaking, converter	Slags steelmaking, elec. furnace	Slags steelmaking, elec. furnace	Slags, steelmaking
	air cooled	granulated				
Bei Registrierung vorgeschlagener EINECS Name				Slags, steelmaking, elec. furnace (carbon steel production EAF C)	Slags, steelmaking, elec. furnace (stainless/high alloy steel production EAF S)	
EINECS Nr.						
Alt	266-002-0		294-409 3	294-410-9	294-410-9	266-004-1
Neu				932-275-6	932-476-9	
CAS Name	Slags, ferrous metal, blast furnace		Slags, steelmaking, converter	Slags, steelmaking, elec. furnace	Slags, , steelmaking elec. furnace	Slags, steelmaking,
CAS Nr. Alt	65996-69-2		91722-09-7	(91722-10-0)	(91722-10-0)	65996-71-6

REACH-Auswirkungen für Eisenhüttenschlacken

Die jeweils ersten Registrierungen wurden von sogenannten Lead-Registranten (federführende Registranten) durchgeführt, die für alle nachfolgenden Registranten alle Studienergebnisse, den Chemischen Sicherheitsbericht und die Leitlinien zur sicheren Verwendung der Chemikalienagentur übermittelt haben. Diese Registrierungen für die Hochofenschlacke, Konverterschlacke und die Stahlwerksschlacke wurden von der ThyssenKrupp Steel Euroe AG durchgeführt. Bei den Elektroschlacken hatten diese Arbeit für die C-Stahl Produktion die Badischen Stahlwerke GmbH und für die aus dem Bereich Edelstahl/hochlegierte Stähle die ThyssenKrupp Nirosta GmbH übernommen.

In Tabelle 1 ist die Aufteilung der registrierten Schlacken mit ihren bei der Registrierung verwendeten Bezeichnungen und den alten und auch den neu vergebenen EINECS-Nummern aufgeführt. Es ist hier zu beachten, dass keine neuen CAS (Chemical Abstract Service)-Nummern für EAF-C und EAF-S existieren.

Gemeinsam für alle Schlacken der Eisen- und Stahlindustrie ist, dass sie bei Temperaturen oberhalb von 1.500 °C mit Schlackenbildnern wie Kalk und Dolomit erzeugt werden. Während der Schlackenproduktion werden diese abgekühlt. Schnelles Abkühlen fördert die Bildung von amorphen (glasige) Phasen, langsames Abkühlen an der Luft fördert die Bildung von kristallinen Phasen. Alle Schlacken enthalten vorwiegend oxydische Verbindungen von Calcium und Silicium (Calciumsilikate), daneben hauptsächlich solche mit Magnesium und Aluminium (Calcium-Aluminium-Magnesium-Silikate).

Über das gemeinsame Registrierungsdossier des Konsortiums (eingereicht durch den Lead-Registranten) hinaus muss jeder Registrant, der mit anderen ein gemeinsames Dossier zur Registrierung eines Stoffes einreichen will, aufzeigen, dass sich bei seinem Stoff die gleichen Hauptidentifikatoren wiederfinden. Zur Identifizierung der einzelnen Schlacken und Einordnung wurde für die Registrierung in erster Linie der Herstellungsweg herangezogen, des Weiteren die mineralische Zusammensetzung anhand einer Röntgenbeugungsanalyse (X-Ray Diffraction) und der Einordnung in einem Phasendiagramm. Dieses ternäre Diagramm wird aus den Komponenten $(CaO + MgO)$, $(SiO_2 + Al_2O_3)$ und $(FeO_n + MnO)$ aufgebaut und wird mit den auf dem gesamten europäischen Markt gesammelten Daten (grau hinterlegtes Feld) verglichen. Als Beispiel ist hier in Bild 1 ein Diagramm, entnommen aus dem Dossier für Konverterschlacke, aufgezeigt.

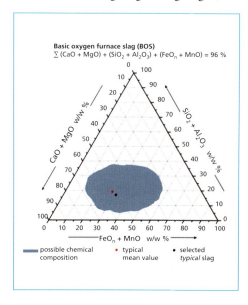

In rot ist hier der typische mittlere Wert für Konverterschlacke aufgeführt und als Vergleich dazu (in schwarz) die Zusammensetzung der für neue Studien verwendeten Schlacke.

Bild 1:   Zusammensetzung im ternären Phasendiagramm

Quelle: FEhS-Institut

3. Vergleich der physikalisch/chemischen Schlackeneigenschaften

Für alle oben beschriebenen Schlacken gilt, dass sie bei Raumtemperatur fest sind, bei über 1.000 °C schmelzen, eine Dichte von etwa drei kg/l haben und vom Ursprung her anorganisch sind. Sie haben keinen Flammpunkt, sind nicht entzündlich bzw. explosionsfähig und haben keine brandfördernden Eigenschaften.

Je nach den technischen Anforderungen an die zu vermarktende Schlacke, kann sie in unterschiedlichen Korngrößenverteilungen vorliegen. Da Schlacken im Wesentlichen aus silikatischen Mineralien bestehen wurde im Zuge der Untersuchungen zu Korngrößenverteilung und ihrer Formgebung auch Bestimmungen zum Gehalt an freien Fasern durchgeführt. Diese wurden für alle Schlacken nach der BGIA-Methode 7487 und der TRGS 517 bestimmt. Die Ergebnisse zeigen, dass in keiner Schlacke Fasern enthalten sind, die der Definition der WHO für gesundheitskritische Fasern entsprechen.

Alle Schlacken sind in Wasser nur wenig löslich. Um eine Vergleichbarkeit zwischen den Schlacken verschiedener Hersteller und auch der Schlacken untereinander zu erreichen, wurde sowohl die zu testende Kornfraktion als auch die Methode (DIN 38414-S4) zur Herstellung des Eluates mit einem Verhältnis Flüssigkeit/Feststoff von 10/1 festgelegt. Alle Eluate sind basisch (pH-Wert 9-13).

4. Registrierung aller Schlacken in einer Kategorie

Im Rahmen der Erstellung von Registrierungsdossiers ist es möglich, Stoffe mit ähnlichen Eigenschaften in sogenannten Kategorien zusammenzufassen und gemeinsam zu bearbeiten. Die sehr ähnlichen physikalischen Eigenschaften von Schlacken, ihr Herstellungsweg bei Temperaturen oberhalb von 1.500 °C, ihr mineralischer Ursprung und die Ähnlichkeiten bei der chemischen Zusammensetzung des Endproduktes, legen die Bildung einer Kategorie, bestehend aus allen Schlacken der Eisen- und Stahlindustrie, zur Registrierung nahe. Vorteil ist, dass für in solchen Kategorien zusammengefasste Stoffe weniger Studien, insbesondere weniger Tierstudien, zur Toxizität und Ökotoxizität durchgeführt werden müssen. Es wurden bei den Mitgliedern des Konsortiums und in der Literatur Studien zu weltweit produzierten Schlacken gesammelt und ausgewertet. Bei der Gegenüberstellung der Ergebnisse zeigte sich ein ähnliches Verhalten der Schlacken, sowohl in ihren physikalisch/chemischen als auch in ihren toxischen und ökotoxischen Eigenschaften.

Die anhand der Literatur zusammengestellte Matrix an Untersuchungsergebnissen diente als Basis für die Datenlückenanalyse um mit den danach in Auftrag gegebenen neuen Studien ein möglichst umfassendes Bild zur Bewertung aller Eisenhüttenschlacken in einem gemeinsamen chemischen Sicherheitsbericht durchzuführen.

5. Vergleich der toxischen Eigenschaften

Zur den toxischen und ökotoxischen Eigenschaften wurden intensive Literaturstudien durchgeführt. Die erhaltenen Ergebnisse wurden gegenübergestellt und Datenlücken durch neue Studien geschlossen.

In der folgenden Tabelle sind zunächst die Studienanzahlen (Literatur und neue Studien) für die toxischen Eigenschaften aufgeführt:

REACH-Auswirkungen für Eisenhüttenschlacken

Tabelle 2: Toxizitätsstudien

		ABS/GBS	BOS	SMS	EAF-C	EAF-S
Reizend/Ätzend	Haut	1	4	4	3	3
	Auge	2	4	4	3	3
Akute Toxizität	oral		3	3	3	1
	dermal		1	1		
	inhalativ	2				
Sensibilisierung		1	1	1	1	1
Genetische Toxizität		3	2	2	1	1

Vor den neu durchgeführten Studien zur Haut- bzw. Augenreizung wurden auf Grund des alkalischen Charakters der Schlackeneluate Untersuchungen zur Säureneutralisationskapazität durchgeführt. Die erhaltenen Ergebnisse erlaubten nach negativ verlaufenen In-vitro Tests auch die Durchführung von In-vivo Tests mit den Schlacken an Kaninchenhaut bzw. -Augen.

Die Ergebnisse zur oralen und dermalen akuten Toxizität wurden vollständig aus schon vorliegenden Studien entnommen. Da zur inhalativen Toxizität keine Ergebnisse vorlagen wurde granulierte gemahlene Hochofenschlacke (Hüttensand) zu akuten Toxizitätstests herangezogen. Diese Schlacke wurde auf Grund ihrer Feinkörnigkeit, mit der sie auch zur Herstellung von Zement eingesetzt wird, ausgewählt. In den anderen vermarkteten Schlacken ist ein wesentlich geringerer Staubanteil (einatembarer Staub) enthalten und daher wurde hier von Tierstudien abgesehen.

Die Testergebnisse zur Sensibilisierung für Konverter- und Stahlwerksschlacke an Meerschweinchen (OECD 406) lagen in der Literatur vor, für die anderen Schlacken wurden sie ebenso durchgeführt.

Zur genetischen Toxizität lagen Studien nach OECD Richtlinie 471 (In-vitro- Rückmutationstest an Bakterien) und nach OECD Richtlinie 474 (In-vivo-Erythrozyten-Mikrokerntest; mit Mäusen) für Konverter- und Stahlwerksschlacke vor. Vergleichbare Studien zur Bestimmung des mutagenen Potentials an Bakterien nach OECD Richtlinie 471 wurden auch für die anderen Schlacken durchgeführt. Da nur Untersuchungsergebnisse aus In-vivo-Mutagenitätsversuchen an Säugerzellen für Konverter- und Stahlwerksschlacke vorlagen, wurden zur Absicherung der Ergebnisse für alle Schlacken weitere Untersuchungen, In-vitro-Genmutationsversuch an Säugerzellen (EU Methode B.17) und In-vitro-Test auf Chromosomenaberrationen an menschlichen Lymphozyten (OECD-Richtlinie 473), mit Hochofenschlacke durchgeführt.

Die verfügbaren Daten zeigen keine akuten oder chronischen Effekte bei den untersuchten Schlacken aus der Stahlindustrie. Anhand der erhaltenen Ergebnissen zur Mutagenität und unter Berücksichtigung der Erfahrungen aus der weitverbreiteten Verwendung der Schlacken schon über Jahrzehnte, wird zusammenfassend nicht von einem karzinogenen, mutagenen oder reproduktionstoxischen Potential oder anderen gesundheitlichen Effekten ausgegangen.

6. Vergleich der ökotoxischen Eigenschaften

Auch wenn Schlacken im Wesentlichen unlöslich sind, so lassen sich doch, wie bei anderen mineralischen Baustoffen auch, Bestandteile im Eluat lösen. Da Eisenhüttenschlacken unter anderem als Baustoff sowohl im Wasserbau als auch im Wegebau Verwendung finden, sind Studien über das Verhalten der Schlacken in der Umwelt von Bedeutung.

Es liegen Feldstudien zum Bioakkumulationsverhalten einiger Schlacken sowohl für Sediment als auch für Boden vor. Es konnte in den Studien als Ergebnis festgehalten werden, dass keine signifikante Bioakkumulation verschiedener aus der Schlacke eluierbarer Spurenelemente stattfindet.

In der folgenden Tabelle sind die Studienzahlen (Literatur und neue Studien) für die ökotoxischen Eigenschaften aufgeführt:

Tabelle 3: Ökotoxizitätsstudien

		ABS/GBS	BOS	SMS	EAF-C	EAF-S
Aquatische Toxizität	Alge	4	4	3	4	2
	Mikroorganismen	7	4	1	3	3
Kurzzeit-	Fisch	4	4	3	1	1
	Daphnie	10	5	3	3	1
Langzeit-	Daphnie	4	2		7	1
Terrestrische Toxizität	Regenwurm	3	1	1	2	2
	Pflanzen	7	2	4	1	1
	Mikroorganismen	2	1	1		

Es liegen weiterhin Studien zu verschiedenen Algen vor, die meist nach der OECD-Richtlinie 201 (Algeninhibitionstest) in Süßwasser durchgeführt wurden. Daneben sind auch Feldstudien in Salzwasser und brackischem Wasser zur Bewertung der Algentoxizität herangezogen worden.

Zu verschiedenen Mikroorganismen liegen auch Testergebnisse in brackischem Wasser, Süß- und Salzwasser vor. Es wurden in diesen Studien die OECD-Richtlinie 209 (Hemmung der Beatmung im Belebtschlamm), DIN EN ISO 11348-2 (Leuchtbakterientoxizität) und weitere Methoden herangezogen.

Die Untersuchungen zur Kurzzeittoxizität von Fischen wurden an verschiedenen Spezies im Wesentlichen nach der OECD-Richtlinie 203 durchgeführt. Es liegt auch eine Langzeitstudie zur Fischtoxizität vor. Es lässt sich anhand der Literatur jedoch nur vermuten, dass es sich hier um Elektroofenschlacke (EAF-C) gehandelt hat.

Die Kurzzeitstudien zu verschiedenen Daphnien-Spezies wurden meist nach der OECD-Richtlinie 202 oder der DIN 38412-L30 in Süßwasser durchgeführt. Zur Bewertung der Langzeittoxizität wurden sowohl Labor als auch Feldstudien, letztere in Frischwasser und brackischem Wasser, herangezogen.

Zur Bewertung der akuten Toxizität im Boden wurden Studien nach der OECD-Richtlinie 207 oder der Vorschrift ISO 11268-1 mit Regenwürmern durchgeführt.

Da Hochofenschlacke Konverterschlacke und teilweise auch Stahlwerksschlacke als Düngemittel eingesetzt werden, liegen sowohl Laborstudien zur Kurzzeittoxizität, als auch Feldstudien, die die chronische Toxizität untersuchen, zur Bewertung der Wirkung auf Pflanzen und Boden-Mikroorganismen vor.

Anhand der vorliegenden Ergebnisse weisen Eisenhüttenschlacken weder im Süßwasser noch in Salzwasser ein toxisches Potential auf. Einige Feldstudien in Gewässern zeigen, dass die ökologischen Eigenschaften von Schlacken mit denen natürlicher Gesteine wie Basalt, Diabas, Granodiorit und Grauwacke nahezu übereinstimmen. Ebenso wirken sich die Schlacken weder beeinträchtigend auf die Biologie im Boden noch auf das Pflanzenwachstum aus.

7. Zusammenfassung

Diese Ergebnisse zeigen, dass die hier betrachteten Eisenhüttenschlacken untereinander vergleichbare Eigenschaften aufweisen. Diese Ähnlichkeit erlaubt die gemeinsame Registrierung als UVCB-Stoffe in einer Kategorie. Zusammenfassend aus allen Studienergebnissen kann festgehalten werden, dass die Schlacken nicht als gefährlich im Sinne der CLP Verordnung (EG) Nr. 1272/2008 oder der Stoffrichtlinie 67/548/EWG einzustufen sind.

Es soll hier aber ausdrücklich auf die Selbstverantwortung der Hersteller für ihre registrierten und vermarkteten Schlacken hingewiesen werden. Da bei der Herstellung von Stahl verschiedenste Rohstoffe, auch solche natürlichen Ursprungs, zum Einsatz kommen, ist wie schon oben beschrieben, die Zusammensetzung der dabei erhaltenden Schlacken variabel und muss anhand der durch das RFSC erstellten *Sameness-Kriterien* auf Übereinstimmung geprüft werden.

8. Literatur

[1] CSR 2011. CHEMICAL SAFETY REPORT, Category Approach Ferrous Slag, REACH-Eisenhüttenschlacken-Konsortium, 30.09.2011

[2] ECHA 2007. Guidance for identification and naming of substances under REACH, Version 1; European Chemicals Agency, Juni 2007

[3] ECHA 2012. Leitlinien zur Identifizierung und Bezeichnung von Stoffen gemäß REACH und CLP, Version 1.2; Europäische Chemikalienagentur, http://echa.europa.eu/, März 2012

Planung und Umweltrecht

Planung und Umweltrecht, Band 1
Herausgeber: Karl J. Thomé-Kozmiensky, Andrea Versteyl
Erscheinungsjahr: 2008
ISBN: 978-3-935317-33-7
Gebund. Ausgabe: 199 Seiten
Preis: 25.00 EUR

Planung und Umweltrecht, Band 2
Herausgeber: Karl J. Thomé-Kozmiensky, Andrea Versteyl
Erscheinungsjahr: 2008
ISBN: 978-3-935317-35-1
Gebund. Ausgabe: 187 Seiten
Preis: 25.00 €

Planung und Umweltrecht, Band 3
Herausgeber: Karl J. Thomé-Kozmiensky, Andrea Versteyl
Erscheinungsjahr: 2009
ISBN: 978-3-935317-38-2
Gebund. Ausgabe: 209 Seiten
Preis: 25.00 €

Planung und Umweltrecht, Band 4
Herausgeber: Karl J. Thomé-Kozmiensky, Andrea Versteyl
Erscheinungsjahr: 2010
ISBN: 978-3-935317-47-4
Gebund. Ausgabe: 171 Seiten
Preis: 25.00 €

Planung und Umweltrecht, Band 5
Herausgeber: Karl J. Thomé-Kozmiensky
Erscheinungsjahr: 2011
ISBN: 978-3-935317-62-7
Gebund. Ausgabe: 221 Seiten
Preis: 25.00 €

Planung und Umweltrecht, Band 6
Herausgeber: Karl J. Thomé-Kozmiensky, Andrea Versteyl
Erscheinungsjahr: 2012
ISBN: 978-3-935317-79-5
Gebund. Ausgabe: 170 Seiten
Preis: 25.00 €

80.00 EUR statt 150.00 EUR

Paketpreis
Planung und Umweltrecht, Band 1 • Planung und Umweltrecht, Band 2 • Planung und Umweltrecht, Band 3
Planung und Umweltrecht, Band 4 • Planung und Umweltrecht, Band 5 • Planung und Umweltrecht, Band 6

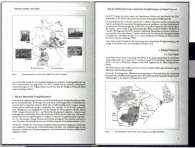

Bestellungen unter www.vivis.de
oder

Dorfstraße 51
D-16816 Nietwerder-Neuruppin
Tel. +49.3391-45.45-0 • Fax +49.3391-45.45-10
E-Mail: tkverlag@vivis.de

TK Verlag Karl Thomé-Kozmiensky

DK 0-Deponie oder Verfüllung?
– Rechtliche Rahmenbedingungen für die Ablagerung mineralischer Abfälle –

Peter Kersandt

1.	Abfallrechtliche Zulassung	60
1.1.	Planfeststellungsverfahren gemäß § 31 Abs. 2 KrW-/AbfG	60
1.2.	Plangenehmigungsverfahren gemäß §§ 31 Abs. 3 KrW-/AbfG	60
2.	Bau- bzw. abgrabungsrechtliche Zulassung am Beispiel der Rechtslage in Bayern	63
3.	Auswirkungen auf bestehende Zulassungen – Anordnungen nach begonnener Verfüllung?	63
4.	Bergrechtliche Zulassung	65
5.	Fazit	66

Für die Verfüllung abgebauter Lagerstätten mineralischer Rohstoffe kommen unterschiedliche Zulassungsinstrumente und -verfahren in Betracht. Das maßgebliche Zulassungsrecht hängt im Wesentlichen von dem vorgesehenen Verfüllmaterial, den zu erwartenden Auswirkungen auf die Umgebung, der Größe und Kapazität der Anlage sowie dem abgebauten Bodenschatz ab. Das Interesse des Antragstellers ist auf eine zügige behördliche Entscheidung und – mit Blick auf mögliche Einwendungen von Nachbarn, Gemeinden sowie Umwelt- und Naturschutzverbänden – auf einen rechtssicheren Zulassungsbescheid gerichtet.

Nachfolgend werden die verfahrensrechtlichen Rahmenbedingungen für die Zulassung der Verfüllung von Abgrabungs- bzw. Abbaustellen mit mineralischen Abfällen dargestellt. Nicht Gegenstand des Beitrags sind die materiell-rechtlichen Anforderungen an die Ablagerung mineralischer Abfälle nach dem Entwurf der Mantelverordnung[1]. Dieser sieht u.a. eine Ergänzung der Bundes-Bodenschutz- und Altlastenverordnung um spezifische Vorgaben für die Verfüllung von Tagebauen und sonstigen Abgrabungen vor. Danach muss das auf- oder eingebrachte Material grundsätzlich den bodenschutzrechtlichen Vorsorgeanforderungen genügen. Diese Anforderungen sollen durch weitgehende Übernahme der Prüfwerte (Schwellenwerte) der Grundwasserverordnung erheblich verschärft werden.[2]

---

[1] Verordnung zur Festlegung von Anforderungen für das Einbringen und das Einleiten von Stoffen in das Grundwasser, an den Einbau von Ersatzbaustoffen und für die Verwendung von Boden und bodenähnlichem Material, Arbeitsentwurf, Stand: 06.01.2011; siehe zu dem Entwurf der Mantelverordnung allgemein *Attendorn*, AbfallR 2011, S. 283 ff.

[2] Näher *Demmich*, Zukünftige rechtliche Rahmenbedingungen für die Verwertung mineralischer Abfälle, in: Thomé-Kozmiensky/Versteyl, Schlacken aus der Metallurgie – Rohstoffpotential und Recycling –, Neuruppin 2011, S. 25 (34 f.).

1. Abfallrechtliche Zulassung

1.1. Planfeststellungsverfahren gemäß § 31 Abs. 2 KrW-/AbfG[3]

Auf Deponien der Klasse 0 kann Inertabfall abgelagert werden, wenn dieser die Zuordnungswerte für DK 0 einhält (§ 6 Abs. 5 Nr. 1 i.V.m. Anhang 3 Nr. 2 DepV[4]). Mineralische Abfälle, die auf Inertabfalldeponien (DK 0-Deponien) verbracht werden, sind Abfälle zur Beseitigung, also zur endgültigen Ablagerung.

Gemäß § 31 Abs. 2 KrW-/AbfG bedürfen die Errichtung und der Betrieb von Deponien der Planfeststellung durch die zuständige Behörde. Für die verfahrensrechtlichen Voraussetzungen gelten gemäß § 34 Abs. 1 Satz 1 KrW-/AbfG die §§ 72 bis 78 VwVfG. Der Verweis führt zur unmittelbaren Anwendbarkeit des Verwaltungsverfahrensgesetzes (VwVfG) des Bundes, das andernfalls wegen seiner Subsidiarität gemäß § 1 Abs. 2 und 3 VwVfG von den entsprechenden landesrechtlichen Regelungen verdrängt würde.[5]

Deklaratorisch ist der Hinweis in § 31 Abs. 2 Satz 2 KrW-/AbfG, wonach im Planfeststellungsverfahren eine Umweltverträglichkeitsprüfung nach den Vorschriften des Gesetzes über die Umweltverträglichkeitsprüfung (UVPG) durchzuführen ist, denn diese Verpflichtung ergibt sich bereits aus § 3 i.V.m. Nr. 12.3 der Anlage 1 UVPG. Danach ist die UVP-Pflicht bei Errichtung und Betrieb einer Inertabfalldeponie von einer allgemeinen Vorprüfung des Einzelfalls abhängig (§ 3 c Satz 1 UVPG).

Das Planfeststellungsverfahren ist durch die Vorschriften zur Beteiligung der Öffentlichkeit (§ 73 VwVfG) geprägt. Die Pflicht zur Auslegung der Pläne sowie das Anhörungs- und Erörterungsverfahren können das Verfahren so aufwändig, zeitintensiv und teuer machen, dass Vorhabenträger mitunter auf das Vorhaben verzichten, wenn die Zulassung nicht auf einfacherem Wege erreicht werden kann. Eine solche Möglichkeit bietet das Plangenehmigungsverfahren nach §§ 31 Abs. 3 i.V.m. § 74 Abs. 6 VwVfG, dessen Voraussetzungen im Folgenden dargestellt werden.

1.2. Plangenehmigungsverfahren gemäß §§ 31 Abs. 3 KrW-/AbfG

Unter bestimmten Voraussetzungen ist statt der Durchführung eines Planfeststellungsverfahrens ein Plangenehmigungsverfahren möglich, bei dem die Öffentlichkeitsbeteiligung ebenso entfällt wie die Beteiligung anerkannter Naturschutzvereinigungen.[6] Am Ende des Verfahrens steht jedoch eine *echte* fachplanerische Entscheidung in Form einer Plangenehmigung. Diese entfaltet gemäß § 74 Abs. 6 Satz 2 Hs. 1 VwVfG die Rechtswirkungen der Planfeststellung mit Ausnahme der enteignungsrechtlichen Vorwirkung.

---

[3] Die nachfolgend zitierten Vorschriften des Kreislaufwirtschafts- und Abfallgesetzes (KrW-/AbfG) werden in das neue Kreislaufwirtschaftsgesetz (KrWG) inhaltlich weitgehend unverändert übernommen. Nachdem der Bundestag und der Bundesrat dem Kreislaufwirtschaftsgesetz am 09. bzw. 10.02.2012 zugestimmt haben, wird es am 01.06.2012 in Kraft treten.

[4] Deponieverordnung vom 27.04.2009 (BGBl. I S. 900), zuletzt geändert durch Art. 1 der Verordnung vom 17.10.2011 (BGBl. I S. 2066).

[5] *Paetow*, in: Kunig/Paetow/Versteyl, KrW-/AbfG, Kommentar, 2. Aufl. 2003, § 31, Rn. 111.

[6] Vgl. § 74 Abs. 6 Satz 2 Hs. 2 VwVfG und § 63 Abs. 2 Nr. 7 BNatSchG i. V. m. der jeweiligen landesrechtlichen Regelung.

Tatbestandsvoraussetzungen

Rechtsgrundlage für die Plangenehmigung der Errichtung und des Betriebs einer Deponie für mineralische Abfälle ist § 31 Abs. 3 Satz 1 Nr. 1 KrW-/AbfG i.V.m. § 74 Abs. 6 Satz 1 VwVfG. Danach kann die zuständige Behörde anstelle des Planfeststellungsbeschlusses auf Antrag oder von Amts wegen eine Plangenehmigung erteilen, wenn die Errichtung und der Betrieb einer unbedeutenden Deponie beantragt wird, soweit die Errichtung und der Betrieb keine erheblichen nachteiligen Auswirkungen auf ein in § 2 Abs. 1 Satz 2 UVPG genanntes Schutzgut haben kann. Die Möglichkeit einer Plangenehmigung entfällt nach § 31 Abs. 3 Satz 3 KrW-AbfG bei Anlagen mit einer Aufnahmekapazität von zehn Tonnen oder mehr pro Tag oder mit einer Gesamtkapazität von 25.000 Tonnen oder mehr; diese Kapazitätsschwelle gilt allerdings gerade nicht für Interabfalldeponien.

Ob es sich im Einzelfall um eine *unbedeutende Deponie* handelt, richtet sich im Wesentlichen nach den zu erwartenden Auswirkungen der Deponie auf die Umgebung. Demnach ist eine Deponie dann unbedeutend, wenn von ihr keine erheblichen nachteiligen Wirkungen zu erwarten sind.[7] Schutzgegenstand sind neben den Schutzgütern des UVPG die inhaltlich weitgehend identischen Rechtsgüter des § 10 Abs. 4 Satz 2 KrW-/AbfG. Die Erheblichkeit kann je nach Standortverhältnissen (Industriegebiet, Nähe eines Wohngebiets) unterschiedlich zu beurteilen sein. Dabei ist nach richtiger Ansicht auch zu berücksichtigen, ob die zu erwartenden Auswirkungen durch Auflagen, Bedingungen oder sonstige Ausgleichsmaßnahmen unter die Erheblichkeitsschwelle gesenkt werden können.[8]

Sofern nicht auszuschließen ist, dass gegen die Anlage von Betroffenen berechtigte Einwendungen vorgebracht werden können oder der Kreis der von der Anlage Betroffenen nicht sicher bestimmbar ist, erscheint eine Einstufung der Anlage als unbedeutend nach Ansicht von *Paetow* ausgeschlossen.[9] Weitere Anhaltspunkte dafür, ob eine Anlage als unbedeutend anzusehen ist, lassen sich aus der Größe und Kapazität der Anlage, aus der relativen Unschädlichkeit der zugelassenen Abfälle (z.B. reine Erdaushubdeponie) oder aus der beabsichtigten Betriebsdauer gewinnen: Je einfacher die Anlage in technischer Hinsicht ist, je weniger Abfallarten auf der Grundlage des zugelassenen Abfallartenkatalogs ablagerungsfähig ist und je geringer der Einzugsbereich der Deponie ist, desto mehr spricht für eine unbedeutende Anlage.[10]

Neben der Einstufung der zu errichtenden Deponie als unbedeutend ist weiterhin erforderlich, dass erhebliche nachteilige Auswirkungen auf die in § 2 Abs. 1 Satz 2 UVPG genannten Schutzgüter nicht zu erwarten sind. In Anlehnung an den allgemeinen Begriff der Erheblichkeit in § 3 Abs. 1 BImSchG sind solche Auswirkungen erheblich, die nach Abwägung der widerstreitenden Interessen dem Betroffenen oder der Allgemeinheit im konkreten Fall nicht zumutbar sind.[11] Es kommt nicht darauf an, ob die zu erwartenden erheblichen Auswirkungen des Vorhabens auf die Umwelt bereits feststehen. Entscheidend

---

[7] OVG Saarlouis, Urteil vom 09.07.2010 - 3 A 482/09 -, zit. nach Juris, Rn. 89 ff.; OVG Münster, Urteil vom 16.07.1991 - 15 A 2054/88 -, zit. nach Juris, Rn. 15 ff.; *Guckelberger*, in: Fluck (Hrsg.), Kreislaufwirtschafts-, Abfall- und Bodenschutzrecht, Kommentar, Band 2/I, Rn. 158 zu § 31 KrW-/AbfG.

[8] Vgl. *Paetow*, in: Kunig/Paetow/Versteyl, KrW-/AbfG, Kommentar, 2. Aufl. 2003, § 31, Rn. 135; a. A. VGH Mannheim, Beschluss vom 17.11.1992 - 10 S 2234/92 -, DVBl. 1993, S. 163.

[9] *Paetow*, in: Kunig/Paetow/Versteyl, KrW-/AbfG, Kommentar, 2. Aufl. 2003, § 31, Rn. 134.

[10] VGH Mannheim, Beschluss vom 17.11.1992 - 10 S 2234/92 -, DVBl 1993, S. 163; *Beckmann*, in: Landmann/Rohmer, Umweltrecht, Kommentar, Band II, Rn. 76 zu § 31 KrW-/AbfG.

[11] VGH München, Beschluss vom 04.07.1995 - 20 CS 95.849 -, NVwZ 1996, S. 1128; *Paetow*, in: Kunig/Paetow/Versteyl, KrW-/AbfG, Kommentar, 2. Aufl. 2003, § 31, Rn. 133.

ist vielmehr, ob infolge der Durchführung des Vorhabens Auswirkungen auf die Schutzgüter hinreichend wahrscheinlich sind. Maßgeblich sind dabei nur solche Auswirkungen, die dauerhaft nach Inbetriebnahme der Deponie zu erwarten sind.

§ 32 Abs. 1 KrW-/AbfG normiert weitere materiell-rechtliche Voraussetzungen für den Erlass einer Plangenehmigung. Dabei kommt es teilweise zu Überschneidungen mit den nach § 31 Abs. 3 Satz 1 Nr. 1 KrW-/AbfG zu prüfenden Voraussetzungen.

Des Weiteren gelten die zwingenden Anforderungen untergesetzlicher Regelungen, insbesondere der Deponieverordnung, sowie die allgemeinen Anforderungen an Planungsentscheidungen, namentlich die Planrechtfertigung und das Abwägungsgebot. Das Erfordernis der Planrechtfertigung ist bei der abfallrechtlichen Zulassung immer dann zu bejahen, wenn die Deponie nach ihrer Konzeption darauf ausgerichtet ist, dem öffentlichen Interesse an einer gemeinwohlverträglichen Abfallbeseitigung zu dienen.[12]

Ermessen

Liegen die Voraussetzungen für die Erteilung der Plangenehmigung vor, dann steht fest, dass das Wohl der Allgemeinheit nicht beeinträchtigt ist und auch ansonsten keine nachteiligen Wirkungen zu erwarten sind. Es stellt sich daher die Frage, welche planerischen Ermessensgründe dem Vorhaben dann noch entgegenstehen können.

Die Entscheidung über die Durchführung des Plangenehmigungsverfahrens hat die zuständige Behörde gemäß § 31 Abs. 3 Satz 1 KrW-/AbfG nach pflichtgemäßem Ermessen zu treffen. Eine bei dieser Ermessensausübung zu beachtende Priorität des Planfeststellungsverfahrens als Regelverfahren gegenüber dem Plangenehmigungsverfahren gibt es nicht.[13]

Zwar ist mit der herrschenden Auffassung davon auszugehen, dass der Vorhabenträger auch bei Vorliegen der Zulassungsvoraussetzungen keinen Genehmigungsanspruch besitzt,[14] praktisch dürfte jedoch eine Versagung der Plangenehmigung in diesem Fall regelmäßig ermessensfehlerhaft sein. Dies gilt insbesondere dann, wenn die Versagung mit einem tatsächlichen oder vermeintlichen Informations- und Erörterungsinteresse der Öffentlichkeit begründet wird. Die Möglichkeit, unter bestimmten Voraussetzungen anstelle des Planfeststellungsverfahrens mit umfassender Öffentlichkeitsbeteiligung das vereinfachte Plangenehmigungsverfahren durchführen zu können, dient der Verfahrensbeschleunigung und -vereinfachung und damit auch dem öffentlichen Interesse, vor allem dann, wenn das Vorhaben die gemeinwohlverträgliche Abfallbeseitigung verbessert.[15]

Die Entscheidung der Behörde, anstelle des Planfeststellungsverfahrens ein Plangenehmigungsverfahren durchzuführen, kann von Drittbetroffenen nicht erfolgreich angefochten werden.[16] Etwas anderes kann für anerkannte Naturschutzvereinigungen (nur) unter dem Gesichtspunkt der Verletzung von Beteiligungsrechten durch eine rechtswidrige Entscheidung über die Verfahrenswahl gelten.[17]

---

[12] *Paetow*, in: Kunig/Paetow/Versteyl, KrW-/AbfG, Kommentar, 2. Aufl. 2003, § 32, Rn. 57.

[13] *Beckmann*, in: Landmann/Rohmer, Umweltrecht, Kommentar, Band II, Rn. 75 zu § 31 KrW-/AbfG.

[14] *Beckmann*, in: Landmann/Rohmer, Umweltrecht, Kommentar, Band II, Rn. 10 zu § 32 KrW-/AbfG.

[15] VG Augsburg, Urteil vom 30.06.2010 - Au 6 K 10.389 -, zit. nach Juris, Rn. 51; *Versteyl/Kersandt*, AbfallR 2011, S. 2 (5) m.w.N.

[16] BayVGH, Beschluss vom 04.07.1995 - 20 CS 95.849 -, NVwZ 1996, S. 1128 (1130); *von Lersner*, in: Hösel/von Lersner, Recht der Abfallbeseitigung, Kommentar, Bd. I, KrW-/AbfG, § 31 Rn. 91; *Versteyl/Kersandt*, AbfallR 2011, S. 2 (5).

[17] Vgl. BVerwG, Urteil vom 31.10.1991 - 4 C 7/88 -, NVwZ 1991, S. 162; OVG Hamburg, Beschluss vom 09.11.1999 - 2 Bs 342/99 -, NuR 2001, S. 51

2. Bau- bzw. abgrabungsrechtliche Zulassung am Beispiel der Rechtslage in Bayern

Des Weiteren kommt eine Zulassung der Verfüllung mit mineralischen Abfällen nach Bau- bzw. Abgrabungsrecht in Betracht. Soweit das betreffende Bundesland, wie etwa Bayern und Nordrhein-Westfalen, über ein Abgrabungsgesetz verfügt, richten sich die Anforderungen nach diesem Gesetz. Andernfalls sind die Landesbauordnungen heranzuziehen.

Das Bayerische Abgrabungsgesetz (BayAbgrG[18]) gilt gemäß seinem § 2 für Abgrabungen zur Gewinnung von nicht dem Bergrecht unterliegenden Bodenschätzen und sonstige Abgrabungen, einschließlich der Aufschüttungen, die unmittelbare Folge von Abgrabungen sind. In Bayern werden Trockenverfüllungen seit dem 14.03.1999 nach Abgrabungsrecht genehmigt, vor diesem Zeitpunkt erfolgten die Genehmigungen nach Bauordnungsrecht.

Gemäß § 6 Abs. 1 BayAbgrG bedarf eine Abgrabung einer Genehmigung, sofern nichts anderes bestimmt ist. In § 6 Abs. 2 BayAbgrG sind Fälle genannt, in denen ausnahmsweise keine Genehmigung erforderlich ist, so etwa bei Abgrabungen mit einer Grundfläche bis 500 m² und einer Tiefe bis 2 m (Satz 1 Nr. 1). Diese Schwellenwerte werden in der Abgrabungspraxis regelmäßig überschritten sein.

Nach § 9 Abs. 1 Satz 1 BayAbgrG ist die Abgrabungsgenehmigung zu erteilen, wenn Anlagen im Sinne des Gesetzes den öffentlich-rechtlichen Vorschriften, die im Abgrabungsverfahren zu prüfen sind, nicht widersprechen. Das Bundes-Bodenschutzgesetz findet insoweit keine unmittelbare Anwendung (vgl. § 3 Abs. 1 Nr. 9 BBodSchG). Die materiellen Vorsorgeanforderungen des Bodenschutzrechts (§ 7 BBodSchG, §§ 9 und 12 BBodSchV) und – soweit nicht ohnehin ein wasserrechtliches Verfahren durchzuführen ist – des Wasserrechts (§ 48 Abs. 2 WHG) sind jedoch bei der Konkretisierung der abgrabungsrechtlichen Generalklausel (Art. 2 Satz 1 BayAbgrG) zu berücksichtigen.

Bei Trockenverfüllungen werden in Bayern bis zum Inkrafttreten der neuen Anforderungen im Rahmen der Mantelverordnung die *Zuordnungswerte Boden – Eluat und Feststoffe* nach Anlage 2 zu dem *Leitfaden zur Verfüllung von Gruben und Brüchen sowie Tagebauen* zugrunde gelegt. Danach ergeben sich je nach Standortvoraussetzung vier Verfüllkategorien (A, B, C1 und C2) mit Verfüllmaterial von Z-0 über Z-1.1 und Z-1.2 bis Z-2. So kann etwa an einem als C1 eingestuften Standort Material bis zu den Zuordnungswerten Z-1.2 (z.B. unbedenklicher Bodenaushub, vorsortierte, gereinigte Gleisschotter, rein mineralischer, vorsortierter Bauschutt, unbelasteter Straßenaufbruch) verfüllt werden. Die Verwendung von Verfüllmaterial, das nicht diesen Anforderungen entspricht, widerspricht im Regelfall bodenschutzrechtlichen Vorsorgeanforderungen und damit dem Gebot der ordnungsgemäßen und schadlosen Verwertung nach § 5 Abs. 3 KrW-/AbfG.

3. Auswirkungen auf bestehende Zulassungen – Anordnungen nach begonnener Verfüllung?

Nach begonnener Verfüllung sind behördliche Anordnungen denkbar, soweit geänderte materiell-rechtliche Vorgaben im Rahmen der Mantelverordnung die Verfüllung nicht mehr zulassen. Hierfür kommen abfallrechtliche und abgrabungsrechtliche Ermächtigungsgrundlagen in Betracht.

---

[18] Bayerisches Abgrabungsgesetz (BayAbgrG) vom 27.12.1999 (GVBl S. 532, BayRS 2132-2-I), geändert durch § 1 des Gesetzes vom 20.12.2007 (GVBl S. 958).

§ 36 Abs. 2 Satz 2 KrW-/AbfG ermächtigt die zuständige Behörde zu Anordnungen zur Erfassung, Untersuchung, Bewertung und Sanierung nach dem Bundes-Bodenschutzgesetz, wenn der Verdacht besteht, dass von einer stillgelegten Deponie[19] schädliche Bodenveränderungen oder sonstige Gefahren für den Einzelnen oder die Allgemeinheit ausgehen. Im Rahmen von § 36 Abs. 2 Satz 2 KrW-/AbfG ist es nach herrschender Auffassung unerheblich, ob die Deponie als solche zugelassen ist, weil diese Vorschrift mit Blick auf die Gefahrenvorsorge auch für illegale Deponien, selbst bei behördlicher Duldung, gilt.[20] Es kommt vielmehr darauf an, ob materiell-rechtlich gesehen eine Deponie vorliegt. Dies ist gemäß § 3 Abs. 10 KrW-/AbfG der Fall, wenn es sich um eine Beseitigungsanlage zur Ablagerung von Abfällen handelt.

Ob eine Beseitigungsanlage in diesem Sinne vorliegt, muss im Einzelfall anhand der Rechtsprechung des Bundesverwaltungsgerichts zur Abgrenzung von Beseitigung und Verwertung entschieden werden: Gemäß § 4 Abs. 3 Satz 1 Alt. 2 KrW-/AbfG liegt eine Verwertung von Abfällen auch in der Nutzung zu ihrem ursprünglichen Zweck, also zum Wiedereinbau zuvor aus- oder abgebauten Materials (Aushub) oder hieraus gewonnener Produkte, wenn der Hauptzweck der Maßnahme auf die Substitution von Rohstoffen gerichtet ist.[21] Eine stoffliche Verwertung setzt damit voraus, dass der Hauptzweck der Maßnahme in der Nutzung des Abfalls, nicht aber in der Beseitigung des Schadstoffpotentials liegt. Ersteres ist dann der Fall, wenn mit der Verfüllung eine abgrabungs- oder auch abfallrechtliche Pflicht zur Wiedernutzbarmachung der Oberfläche erfüllt werden soll.[22]

Eine stoffliche Verwertung liegt nach dieser Rechtsprechung nicht vor, wenn für die Verfüllung eine dem verfolgten Renaturierungsziel entsprechende Berechtigung oder Verpflichtung auf abgrabungs- oder sonstiger rechtlicher Grundlage nicht oder nicht mehr besteht, sondern die Verfüllung den von den (innerhalb der gesetzlichen und fachlichen Grenzen) zuständigen Behörden verfolgten rechtlichen Zielen zuwiderläuft. In diesem Fall liegt der Hauptzweck der Maßnahme in der Beseitigung (schadstoffbehafteten) Verfüllmaterials in einer ausgebeuteten Grube.[23] Folge ist das Vorliegen einer Deponie i.S. von § 36 Abs. 2 Satz 2 KrW-/AbfG.

Diese Rechtsprechung könnte im Falle geänderter materiell-rechtlicher Vorgaben, die eine weitere Verfüllung nicht zulassen, entsprechend herangezogen werden. Die für Anordnungen nach § 36 Abs. 2 Satz 2 KrW-/AbfG erforderliche (endgültige) Stilllegung tritt auch dann ein, wenn sie behördlich erzwungen ist,[24] etwa durch Untersagung oder Einstellung der (weiteren) Verfüllung mit Material, für das die verschärften Vorsorgewerte (Prüfwerte) überschritten sind.

---

[19] In § 40 Abs. 2 Satz 2 KrWG-E wird klargestellt, dass die Vorschriften des Bodenschutzrechts erst nach Abschluss der Stilllegungsphase und nicht bereits mit der Anzeige der beabsichtigten Stilllegung nach Abs. 1 Anwendung finden. Dies wird durch den Verweis auf Abs. 3 anstatt auf Abs. 1 und der Einfügung des Wortes *endgültig* verdeutlicht; vgl. Begründung zum Gesetzentwurf der Bundesregierung, BT-Drs. 17/6052 vom 06.06.2011, S. 95.

[20] *Paetow*, in: Kunig/Paetow/Versteyl, KrW-/AbfG, Kommentar, 2. Aufl. 2003, § 36, Rn. 5; *VG Augsburg*, Beschluss vom 23.01.2011 - Au 6 S 10.1814 -, zit. nach Juris, Rn. 165.

[21] BVerwG, Urteil vom 26.04.2007 - BVerwG 7 C 7.06 -, BVerwGE 129, 1 (3).

[22] BVerwG, Urteil vom 14.04.2005 - BVerwG 7 C 26.03 -, BVerwGE 123, 247 (249 f.).

[23] So jüngst BVerwG, Beschluss vom 12.01.2010 - 7 B 34/09 -, zit. nach Juris, Rn. 6.

[24] *Paetow*, in: Kunig/Paetow/Versteyl, KrW-/AbfG, Kommentar, 2. Aufl. 2003, § 36, Rn. 5.

Denkbar sind in derartigen Fällen auch Anordnungen nach § 4 Abs. 2 Satz 2 BayAbgrG. Danach können Abgrabungsbehörden in Wahrnehmung der Verpflichtung zur Überwachung der öffentlich-rechtlichen Vorschriften die erforderlichen Maßnahmen treffen, zu denen auch die Einstellung der Verfüllung und die (weitere) Verfüllung mit einem bestimmten Material gehören können.

Ob ein Vorgehen nach § 36 Abs. 2 Satz 2 KrW-/AbfG oder Abgrabungsrecht rechtmäßig, insbesondere verhältnismäßig, wäre, hängt wesentlich vom Regelungsinhalt der vorhandenen Zulassungen und den künftigen Vorgaben für die Verfüllung im Rahmen der Mantelverordnung ab. Nach dem aktuellen Verordnungsentwurf sind Übergangsregelungen nicht vorgesehen. Mit Auswirkungen auf bestehende Zulassungsbescheide und begonnene Verfüllungen ist daher zu rechnen. In der Praxis bietet sich möglicherweise die zeitlich versetzte Beantragung und Realisierung von Verfüllabschnitten an.

4. Bergrechtliche Zulassung

Abgrabungen zur Gewinnung von dem Bergrecht unterliegenden Bodenschätzen sind vom Anwendungsbereich des Abgrabungsrechts ausgenommen. Bei nach Bergrecht zugelassenen Gewinnungstätigkeiten wird die Wiedernutzbarmachung durch Verfüllung in einem Sonderbetriebsplan oder Abschlussbetriebsplan geregelt.

Voraussetzung hierfür ist jedoch, dass das Wiedernutzbarmachen auf die Gewinnung bergfreier oder grundeigener Bodenschätze folgt (§ 2 Abs. 1 Nr. 2 BBergG). Dies ist beispielsweise dann nicht der Fall, wenn Ton abgebaut wird, der sich zur Herstellung von *nicht als Ziegeleierzeugnissen anzusehenden keramischen Erzeugnissen* eignet (§ 3 Abs. 4 Nr. 1 BBergG). Das Bundesberggesetz gilt nämlich nicht für Betriebe, in denen bei Inkrafttreten des Gesetzes Ziegeleierzeugnisse auch aus Tonen hergestellt wurden (§ 169 Abs. 2 BBergG), wobei sich der Begriff des *Betriebs* auf den gesamten Betrieb einschließlich der Tongrube erstreckt.[25]

Weil Tongruben wegen dieser Einschränkung häufig nicht dem Anwendungsbereich des Bundesberggesetzes unterfielen, spielte die bergrechtlich erforderliche Wiedernutzbarmachung von Tongruben in den alten Bundesländern eher eine untergeordnete Rolle. Dagegen gibt es in den neuen Bundesländern zahlreiche Tongruben, die ohne Rücksicht darauf, ob sich der Ton zur Herstellung von Ziegeleierzeugnissen eignet, dem Bergrecht unterfallen. Dies ist darauf zurückzuführen, dass tonige Gesteine aller Art zu den Bodenschätzen nach § 3 des Berggesetzes der DDR gehörten und daher nach dem Einigungsvertrag uneingeschränkt als bergfreie Bodenschätze zu qualifizieren waren. Zwar gilt der Katalog der Bodenschätze nach § 3 des Berggesetzes der DDR seit dem Inkrafttreten des Gesetzes zur Vereinheitlichung der Rechtsverhältnisse bei Bodenschätzen vom 15.04.1996[26] nicht mehr, jedoch wurden die zu diesem Zeitpunkt im Beitrittsgebiet bestehenden Bergbauberechtigungen aufrechterhalten. Folge ist, dass in den neuen Bundesländern viele Tongruben existieren, für die ungeachtet des § 169 Abs. 2 BBergG das Bundesberggesetz gilt.

Unterfällt die Gewinnung von Bodenschätzen dem Bergrecht und besteht eine Pflicht zur Wiedernutzbarmachung gemäß §§ 55 Abs. 1 Nr. 7, 4 Abs. 4 BBergG, bedarf die Verfüllung auch keiner Planfeststellung nach § 31 Abs. 2 KrW-/AbfG, weil keine Abfallbeseitigungsanlage errichtet wird, sondern eine stoffliche Verwertung von Abfällen vorliegt. Die bergrechtliche Pflicht zur Wiedernutzbarmachung kann auch dadurch erfüllt werden, dass die

---

[25] *Boldt/Weller*, Bundesberggesetz, Kommentar, 1984, § 169, Rn. 4

[26] BGBl. I S. 602.

Abgrabungs- bzw. Abbaustelle mit Abfällen verfüllt wird.[27] Für die Verfüllung oberhalb wie unterhalb einer durchwurzelbaren Bodenschicht gelten ungeachtet bestandskräftiger Zulassungsentscheidungen grundsätzlich die jeweils aktuellen bodenschutzrechtlichen Vorsorgeanforderungen.[28]

5. Fazit

Die rechtlichen Rahmenbedingungen für die Ablagerung mineralischer Abfälle befinden sich im Wandel. Umso mehr kommt es auf die Wahl des richtigen Zulassungsverfahrens an.

Das Plangenehmigungsverfahren führt bei Vorliegen der Tatbestandsvoraussetzungen sowie zutreffender Subsumtion und Ermessensausübung zu einer zeitnahen und rechtssicheren Entscheidung über die Errichtung einer DK 0-Deponie.

Im Anwendungsbereich des Abgrabungsrechts wie des Bergrechts ist mit Blick auf die künftigen rechtlichen Vorgaben für die Verwertung mineralischer Abfälle im Rahmen der Mantelverordnung die Modifizierung bestandskräftiger Zulassungsentscheidungen durch den Vorrang der unmittelbar geltenden Verordnungsregelungen zu beachten.

Die Erstveröffentlichung des Beitrags erfolgte in der Zeitschrift für das Recht der Abfallwirtschaft (AbfallR) 2012, S. 27 ff.

---

[27] BVerwG, Urteil vom 14.04.2005 - 7 C 26/03 -, zit. nach Juris, Rn. 13 ff.

[28] OVG Koblenz, Urteil vom 12.11.2009 - 1 A 11222/09 -, zit. nach Juris, Rn. 68 ff.; bestätigt durch BVerwG, Beschluss vom 28.07.2010 - 7 B 16/10 -, zit. nach Juris.

Metallurgie und Schlacken

**Holding GmbH**	Holding für alle Gesellschaften der Gruppe	42507 Velbert Postfach 100741 Jupiterstraße 2 42549 Velbert Tel +49 2051 / 6088-0 Fax +49 2051 / 6088-6
**Rohstoffhandels- Gesellschaft mbH**	Internationaler Handel mit Rohstoffen, insbesondere Legierungen und Metalle, für die Stahl-, Gießerei-, Aluminium- und chemische Industrie	42507 Velbert Postfach 100741 Jupiterstraße 2 42549 Velbert Tel +49 2051 / 6088-0 Fax +49 2051 / 6088-6
**Rohstoff - Recycling GmbH**	Internationaler Handel, Schwerpunkt Kupfer und Aluminium. Herstellung von Kupfer- und Aluminiumgranulat, Kupfer- und Aluminiumgrieß	42507 Velbert Postfach 100741 Jupiterstraße 2 42549 Velbert Tel +49 2051 / 6088-0 Fax +49 2051 / 6088-6
	Bearbeitung Aufbereitung recycelter Materialien	Kiebitzkrug 14 30855 Langenhagen Tel +49 511 / 763903 Fax +49 511 / 763351
**Logistic Service Center GmbH**	Perfekte Logistik für unsere Lieferanten und Kunden	42507 Velbert Postfach 100741 Jupiterstraße 2 42549 Velbert Tel +49 2051 / 6088-0 Fax +49 2051 / 6088-6
**Rohstoffhandelsgesellschaft für Carbonprodukte und Legierungen mbH**	Internationaler Handel mit Rohstoffen, insbesondere Kohlenstoffträger, Aufschäumkohlen, Grafitelektroden, Mg - Abschnitte für Gießerei-, Stahl-, Aluminium- und chemische Industrie	42507 Velbert Postfach 100741 Jupiterstraße 2 42549 Velbert Tel +49 2051 / 20736 Fax +49 2051 / 20736
**Alliages et Metaux AG Switzerland**	Holding der L&M Handels AG	CH – 4153 Reinach Postfach 713 Hauptstraße 52 Tel +4161/7152080 Fax +4161/7152088
**Handels AG Switzerland**	Internationaler Handel mit Rohstoffen, insbesondere Ferrolegierungen und Metalle weltweit	CH – 4153 Reinach Postfach 713 Hauptstraße 52 Tel +4161/7152080 Fax +4161/7152088

Stahl und Schlacke – Ein Bund fürs Leben

Dieter Georg Senk und Dennis Hüttenmeister

1.	Natürliche Schlacken	69
2.	Schlacken in der Eisen- und Stahlmetallurgie	70
3.	Hochofenschlacken	71
4.	Konverterschlacken	71
5.	Elektroofenschlacken	71
6.	Sekundärmetallurgische Schlacken	72
7.	Gießschlacken	72
8.	Gießpulver	73
9.	Energetische Vorteile des Einsatzes von Schlacken als sekundäre Rohstoffe	73
10.	Fazit	73
11.	Referenzen	74

Schlacken nehmen in der Metallurgie eine zentrale Position ein. Auch die Herstellung moderner Hochleistungsstähle ist ohne intensive Schlackenarbeit nicht möglich. Schlacken sind jedoch nach der Benutzung kein Abfall, sondern ein wertvoller Rohstoff für die Hoch-, Tief-, Wasser- und Straßenbauindustrie. Sie bergen ein hohes Potential zur Einsparung von Ressourcen und Energieträgern.

1. Natürliche Schlacken

Schlacken kommen nicht nur in vom Menschen erschaffener Form vor, sondern können auch natürlichen Ursprungs sein, wie zum Beispiel Vulkangestein, also glasig oder kristallin erstarrte Lava. Diese besteht zu etwa 40 bis 75 Gew.-% aus SiO_2, dem sogenannten Kies oder Basalt. Dieser Stoff ist ein, aufgrund seines geringen Verschleißes, oft genutzter Stoff für die Bauindustrie, aber auch für Bildhauer und Steinmetze. In antiken Zeiten bereits diese Rohstoffe als Schlackenbildner – Komponenten in der Metallurgie und der Herstellung von Keramik und Glas eingesetzt.

Bild 1:

flüssige Entschwefelungsschlacke

2. Schlacken in der Eisen- und Stahlmetallurgie

In Deutschland fallen jährlich etwa 14 Millionen. Tonnen Schlacke aus der Eisen- und Stahlherstellung an. Hiervon entfallen etwa 8 Millionen Tonnen auf die Hochöfen und 6 Millionen. Tonnen auf die Stahlwerke, inklusiv etwa 1,8 Millionen. Tonnen aus Elektrostahlwerken. Diese Schlacken sind prozesstechnisch unentbehrlich. Ohne sie ist die Produktion moderner Hochleistungsstähle, wie sie hauptsächlich in Deutschland hergestellt werden, undenkbar.

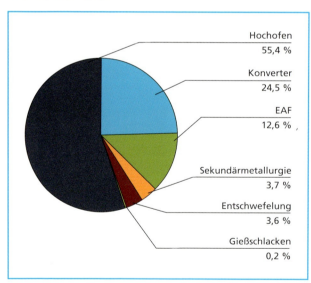

Bild 2:

relative Mengen der Schlacken in der deutschen Eisen- und Stahlindustrie

Die Allokation der Herstellungskosten von Produkten auf der Basis der Schlacken gestaltet sich als sehr schwierig, da die Schlacke im Prozess nicht ihrer selbst wegen, sondern als notwendiger Bestandteil der Stahlherstellung generiert wird. Daher ist es nur sehr begrenzt möglich, bestimmte Rohstoffkosten und eingesetzte Energiemengen explizit den Schlacken zuzurechnen. Es ist jedoch als Fakt zu betrachten, dass eine reduzierte Schlackenmenge pro Tonne erzeugten Produktes eine Kostenersparnis mit sich führen kann. Da Kosteneffizienz in der heutigen Zeit in der Eisen- und Stahlindustrie einen hohen Stellenwert einnimmt, ist es für jeden Produzenten wichtig, teure Metalle wie zum Beispiel Chrom und Eisen, die sich während der Schlackenbehandlung in der flüssigen Schlacke anreichern, aus dieser zurückzugewinnen und die erzeugte Gesamtschlackenmenge zu minimieren. Auf diesem Weg erhält man neben einem optimierten Prozess auch ein – dem natürlichen Rohstoff sehr ähnliches – hochwertiges und unter kontrollierten Bedingungen hergestelltes Schlackenprodukt. Dieses hat einen großen Vorteil gegenüber den *natürlichen Schlacken*: Die Zusammensetzung, und damit auch die mechanischen und chemischen Eigenschaften der Schlacke sind konstant! Somit lässt sich nicht nur garantieren, dass sich die Schlacken sich stets für den späteren Verwendungszweck eignen, es ist auch sichergestellt, dass sie keinen schädlichen Einfluss auf die Natur nehmen. Zusätzlicher Kostenintensiver Abbau in Steinbrüchen entfällt. Im Folgenden sollen nun einige Schlackentypen, geordnet nach ihrem Entstehungsaggregat, genauer betrachtet werden.

3. Hochofenschlacken

Die Aufgabe der Hochofenschlacken im Eisenherstellungsprozess ist neben der Aufnahme der Gangart des Erzes, also seiner Verunreinigungen (größtenteils Tonerde und Sand), auch das Abbinden der Verunreinigungen aus der Kokskohle, wie Schwefel und Alkalien. Die Schlacke kann nach dem Abstich aus dem Hochofen kristallin als sogenannte Hochofenstückschlacke, oder glasig als Hüttensand erstarrt werden; dies geschieht über die Wahl der Abkühlungsgeschwindigkeit und die Größenportionierung. Die Stückschlacke dient als verlässlicher Baustoff für Verfüllungen und Unterbauungen, während der glasartige Hüttensand ein hervorragender Zementrohstoff ist, welcher dem bekannten Portlandzement in nichts nachsteht. Eine typische Zusammensetzung von Hochofenschlacken zeigt Tabelle 1.

Tabelle 1: Typische Zusammensetzung einer Hochofenschlacke für Phosphorarme Erze

SiO_2	Al_2O_3	CaO	MgO	Fe_{total}	Mn_{total}	TiO_2	S_{total}	P_{total}
Gew.-%								
37,0	10,5	40,0	9,5	0,2	0,3	1,0	1,5	0,01

4. Konverterschlacken

Konverterschlacken, die bei der Konvertierung des Hochofen-Roheisens in Rohstahl anfallen, dienen hauptsächlich der Aufnahme und dem Abbinden von Phosphor und Silicium. Aufgrund ihres teilweise freien Kalkanteils eignen sie sich nicht als Zement, sondern werden vornehmlich in stückiger Form als Baustoff für den Wasser- und Straßenbau oder, aufgrund ihres hohen Phosphatgehaltes, in Pulverform als wertvoller Dünger in der Landwirtschaft eingesetzt.

Konverterschlacken bestehen hauptsächlich aus Kalk (40 bis 50 Gew.-%), verschiedenen Eisenoxiden (10 bis 30 Gew.-%), SiO_2 (5 bis 15 Gew.-%), Tonerde (10 bis 15 Gew.-%). Der Rest sind in unterschiedlicher Gewichtung Phosphate und Sulfide.

5. Elektroofenschlacken

Elektroofenschlacken, die beim Einschmelzen des Sekundärrohstoffs Stahlschrott entstehen, ähneln in ihrer Zusammensetzung stark den Konverterschlacken und verfolgen im Prinzip auch die gleichen Ziele. Entsprechend können sie auch zu ähnlichen Produkten weiterverarbeitet werden. Zusätzliche Aufgaben der Schlacke im Elektrolichtbogenofen sind die Bildung einer Schaumschlacke, welche den Lichtbogen umhüllt und so die Lärmbelästigung des Personals und der Umgebung deutlich herabsetzt, gleichzeitig das Ofengefäß vor der extremen Wärmestrahlung des Lichtbogens schützt und die Prozesseffizienz steigert. Die Zusammensetzung der Schlacke ist neben den Schlackenbildnern (Kalk, Kies und Tonerde) stark abhängig von den eingesetzten Eisenträgern. Während der Einsatz von reinem Eisenschwamm zu einem der Konverterschlacke identischen Produkt führt, kann der Einsatz von hochlegierten *Edelstählen* durch Verschlackung von Legierungselementen wie zum Beispiel Chrom die Zusammensetzung stark verändern. Diese Elemente können im nachfolgenden Schritt, der Schlackenreduzierung, wieder aus der Schlacke in die Stahlschmelze zurückgeführt werden. Dies schont die Umwelt und spart Herstellungskosten aufgrund des verminderten Legierungsmittelbedarfs ein.

6. Sekundärmetallurgische Schlacken

Sekundärmetallurgischer Schlacken werden gezielt aus reinen Komponenten wie Kalk, Quarzsand und Tonerde zusammengesetzt, um während der Feineinstellung der gewünschten chemischen Zusammensetzung jeder einzelnen Stahlsorte die individuelle Schlackenarbeit, d.h. die Verteilung gewollter und ungewollter chemischer Elemente für das Stahlprodukt, durchzuführen. Die Hauptaufgabe dieser Schlacken liegt in der Abbindung von Reaktionsprodukten aus Fällungsreaktionen, wie zum Beispiel der Tiefenentschwefelung und der Desoxidation. Dies sind im Allgemeinen Kalziumsulfid und Tonerde. Weitere Aufgaben dieser Schlacken sind der Schutz der Stahlschmelze vor der Atmosphäre, genauer vor der Wiederaufnahme von Stickstoff und Sauerstoff in die Schmelze und der Schutz vor hoher Wärmeabstrahlung. Um eine hohe Entschwefelungskapazität zu besitzen, ist ein hoher Anteil an freiem Kalk notwendig, welcher durch Zugabe von Aluminium gewährleistet wird. Diese Schlacken nehmen auch nichtmetallische Verunreinigungen wie Desoxidationsprodukte auf, um den hohen geforderten Reinheitsgrad der Stahlprodukte zu gewährleisten. Deshalb bestehen sekundärmetallurgische Schlacken zu etwa 50 Gew.-% aus Kalk, zu etwa 40 Gew.-% aus Tonerde und zur Verflüssigung der Schlacke zu etwa 10 Gew.-% aus SiO_2; weiterhin wird etwas MgO zu gemischt, um die Haltbarkeit der feuerfesten Ausmauerung der Stahlwerkspfannen zu steigern.

Eine Möglichkeit der Weiterverwendung von sekundärmetallurgischen Schlacken ist der sogenannte *Rückwärtseinsatz*, also der Einsatz in Prozessschritten, welche der Sekundärmetallurgie vorgelagert sind. Dies sind zum Beispiel der Elektrolichtbogenofen oder der LD-Konverter, wo der Kalkanteil der sekundärmetallurgischen Schlacken sehr erwünscht ist.

7. Gießschlacken

Gießschlacken, die beim Stranggießen des flüssigen Stahls benötigt werden, dienen in einem Zwischengefäß, dem Verteiler, der Aufnahme und dem Abbinden von Ausscheidungen aus der Schmelze, dem Schutz vor der oxidierenden Atmosphäre und dem Schutz vor hohen Wärmeverlusten der Schmelze. Die verwendeten Mengen sind verhältnismäßig klein, eine Weiterverwendung ist deshalb kaum wirtschaftlich sinnvoll. Die Deponierung dieser Schlacken ist auch deshalb sehr unproblematisch, da die Gießschlacken meist Nebenprodukte anderer Industriezweige sind. Hier ist vor allem der Einsatz von Reisschalenasche (reines SiO_2) zu nennen, welcher im Bereich der Abdeckschlacken im Verteilerbereich Stand der Technik ist.

8. Gießpulver

Gießpulver finden ihre Anwendung im Strang- und Blockguss direkt in der Kokille. Sie dienen hier dem Schutz vor Wärmeverlust über die Oberfläche nach oben hin, garantieren zu den Seiten – also im Kontakt mit dem Kupfer der Kokille – eine gleichmäßige Wärmeabfuhr, schmieren den Kontakt zwischen der Kokille und der erstarrten Strangschale, nehmen Ausscheidungen aus dem flüssigen Stahl auf und binden diese stabil ab. Sie verteilen sich über die Strangoberfläche und können somit nicht weiterverwendet werden. Die Gießschlacke vermischt sich mit Kühlwasser und Eisenabbrand. Sie bestehen hauptsächlich aus SiO_2, Kalk und Eisenoxid.

9. Energetische Vorteile des Einsatzes von Schlacken als sekundäre Rohstoffe

Durch den Einsatz von Hochofen- und Stahlwerksschlacken werden natürliche Ressourcen geschont, da Rohstoffe nicht abgebaut und verarbeitet werden müssen. Des Weiteren werden fossile Energieträger eingespart, die zur Aufbereitung der natürlichen Rohstoffe benötigt werden. Dies schlägt sich natürlich auch auf den Treibhauseffekt nieder, da aufgrund der Energieeinsparung weniger CO_2-Emissionen produziert werden. Es ist im Besonderen zu beachten, dass die Eisenhüttenschlacken in jedem Fall produziert werden, da sie prozesstechnisch unentbehrlich sind. Ein weiterer Einsatz der Schlacken als Sekundärrohstoff ist daher nur konsequent.

Bild 3: Schlacke als Baustoff für Gleisbetten

10. Fazit

Schlacken sind leistungsfähige Nebenprodukte aus der Eisen- und Stahlherstellung, unentbehrlich für die Metallurgie. Sie bergen ein hohes Potential zur Schonung natürlicher Ressourcen – ob direkt in Form von vermindertem Abbau in Steinbrüchen oder indirekt in der Einsparung von fossilen Energieträgern durch Einsparung energieintensiver Behandlungsschritte primärer Rohstoffe. Dieses können die Schlacken nur dann voll ausnutzen, wenn gesellschaftliche Aufklärungsarbeit geleistet wird, welche den Wert der Eisenhüttenschlacken vermittelt. Ohne das Verständnis der Tatsache, dass der in Hochofen und Stahlwerk produzierte Sekundärrohstoff Schlacke eine hochwertige und wirtschaftliche Alternative zu primär gewonnenen und verarbeiteten Produkten darstellt, ist die Eisen- und Stahlindustrie gezwungen, die Schlacken auf Deponien zu entsorgen. Dies kann nicht nur das Landschaftsbild beeinträchtigen, sondern auch hohe Vor- und Nachbereitungs-, sowie Betriebskosten verursachen.

11. Referenzen

[1] Schlackenatlas, VDEh: Ausschuss für Metallurgische Grundlagen. Düsseldorf: Verlag Stahleisen, 1981

[2] Slag Atlas, VDEh, Ausschuss für Metallurgische Grundlagen, Düsseldorf: Verlag Stahleisen, 1995

[3] Steel Manual, VDEh, Düssldorf: Verlag Stahleisen, 2008

[4] L. Gmelin; R. Durrer: Metallurgie des Eisens. Bd. 5 a und b, Bd. 6 a und b. Verlag für Chemie, 1978

SERVICE MAKES THE DIFFERENCE

Für einen effizienten Schmelzbetrieb liefern wir unsere Graphitelektroden zusammen mit einem umfangreichen Service-Paket. Ob Senkung des Elektrodenverbrauchs, Verkürzung der Abstichzeiten oder Stabilisierung der Ofenparameter: Wir beraten Sie individuell und bieten kompetente Serviceleistungen rund um die Graphitelektrode.

- Optimierung des Graphitverbrauchs
- Elektrische Ofenmessungen
- Kundenindividuelles Berichtswesen
- Maßgeschneiderte Datenanalyse
- CEDIS® - Online Monitoring von Prozessparametern

Broad Base. Best Solutions. | www.sglgroup.com

SGL GROUP
THE CARBON COMPANY

HAGENBURGER
Feuerfeste Produkte GmbH

WIR GEHEN FÜR SIE DURCH'S FEUER.

HAGENBURGER bietet für anspruchsvolle Anwendungen in der Gießerei- und Stahlindustrie hochwertige Feuerfest-Produkte und kundenspezifische Problemlösungen.

Wir liefern an Stahlwerke:
Pfannensteine, Lochsteine, Ausgüsse, Schiebeausgüsse, Monoblocstopfen, Schattenrohre, Tauchausgüsse, Verteilereinbauten, Abdeckmassen uvm.

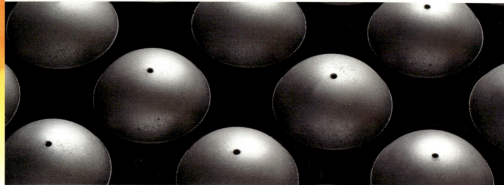

HAGENBURGER
Feuerfeste Produkte GmbH
Obersülzer Str. 16
67269 Grünstadt

Tel. +49 (0) 6359 8006-0
Fax   +49 (0) 6359 8006-29
info@hagenburger.de
www.hagenburger.de

Zertifiziert nach:
DIN EN ISO 9001:2008
DIN EN ISO 14001:2004
OHSAS 18001:2007

Erhöhung der Energie- und Materialeffizienz der Stahlerzeugung im Lichtbogenofen
– optimiertes Wärmemanagement und kontinuierliche dynamische Prozessführung –

Bernd Kleimt, Bernd Dettmer, Vico Haverkamp, Thomas Deinet und Patrick Tassot

1.	Problem- und Aufgabenstellung	77
2.	Ziele des Verbundvorhabens im BMBF-Förderprogramm r²	79
3.	Verringerung der thermischen Verluste durch feuerfeste Zustellung	79
4.	Verbesserung der Energieeffizienz durch Prozesssteuerung und -regelung	83
5.	Modellierung des Lichtbogenofenprozesses der Georgsmarienhütte	88
6.	Optimierung des chemischen Energieeintrags	95
7.	Optimierung des metallischen Ausbringens durch gezielte Sauerstoffzufuhr	98
8.	Zusammenfassung und Ausblick	100
9.	Abschätzung des Ressourceneffizienzpotenzials des Vorhabens	101
10.	Literatur	103

1. Problem- und Aufgabenstellung

Der Elektrolichtbogenofen (LBO) ist mit rund 32 % Anteil an der Weltstahlproduktion neben der Hochofen-Konverter-Route eines der beiden wichtigsten Verfahren zur Stahlerzeugung. Als Einsatzstoff wird nahezu zu 100 % Stahlschrott verwendet. In Deutschland werden zurzeit jährlich etwa 13 Millionen Tonnen Rohstahl über die Elektroofenroute erzeugt. Ein erheblicher Teil der Produktionskosten entsteht durch den Verbrauch an elektrischer Energie (im Mittel 490 kWh/t) [1] und chemischen Energieträgern wie Erdgas, Sauerstoff und Kohlenstoffträgern. Durch die stark gestiegenen Preise für Stahlschrott sowie für Legierungs- und Desoxidationsmittel spielen neben den Energiekosten die Materialkosten für die Einsatzstoffe eine zunehmend größere Rolle.

Drei Drehstrom-Lichtbögen oder ein Gleichstrom-Lichtbogen setzen die elektrische Leistung im Wesentlichen in Strahlung und Konvektion um. Ziel ist es, die Energie möglichst verlustfrei in das Stahlbad einzubringen. Insbesondere die hohen Lichtbogenspannungen gehen mit einer starken thermischen Belastung des Ofengefäßes einher. Da dies bei feuerfest ausgemauerten Gefäßen einen massiven Verschleiß zur Folge hat, werden seit Anfang der achtziger Jahre wassergekühlte Gefäßwände und -deckel verwendet. Diese sind zwar deutlich verschleißfester, weisen jedoch erhebliche thermische Verluste auf. Bei einem Ofen mit 100 MW Schmelzleistung liegen sie in der Größenordnung von 10 MW, verursacht durch das Stahlbad (Strahlungswärme), die Ofenatmosphäre (Konvektion) sowie kurzzeitig bzw. lokal durch die Strahlung frei brennender Lichtbögen.

Neben der elektrischen Energie spielt auch der Eintrag von chemischer Energie über Erdgas-Sauerstoffbrenner und die Zufuhr von Sauerstoff zur Verbrennung von Kohlenstoffträgern und mit dem Schrott eingebrachten organischen Substanzen eine wichtige Rolle. Bei modernen Lichtbogenöfen liegen typische Sauerstoffverbräuche bei 34 Nm³ pro Tonne Rohstahl, Erdgasverbräuche bei 10 Nm³/t. Damit beträgt der chemische Energieeintrag mehr als 30 % des gesamten Energieumsatzes. Er dient dazu, den elektrischen Energiebedarf zu vermindern und somit bei gleicher elektrischer Leistung die Produktivität des Lichtbogenofens zu erhöhen.

Wie die Energiebilanz eines typischen Lichtbogenofens in Bild 1 zeigt, beläuft sich der gesamte Energieeintrag auf etwa 770 kWh/t [2]. Aufgrund der hohen Verluste steht jedoch nur etwa die Hälfte davon als nutzbarer Austrag in Form des flüssigen Stahls zur Verfügung. Ein nicht unerheblicher Teil des Energieeintrags wird an das wassergekühlte Ofengefäß abgegeben. Weiterhin gehen bis zu 30 % des gesamten Energieeintrags im Abgasstrom verloren.

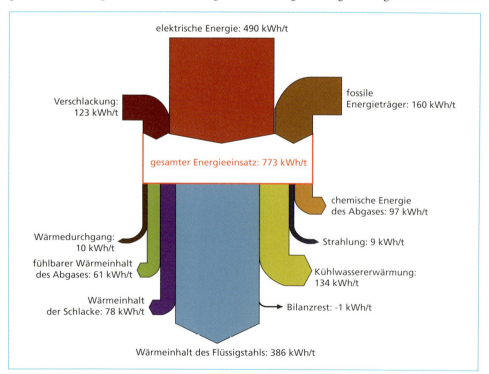

Bild 1: Sankey-Diagramm eines 130 MVA Gleichstrom-Lichtbogenofens

Quelle: Kühn, R.: Untersuchungen zum Energieumsatz in einem Gleichstromlichtbogenofen zur Stahlerzeugung. Diss. Technische Universität Clausthal, 2002, Shaker Verlag

Dieser Energieverlust lässt sich zum großen Teil durch die unvollständige Verbrennung von Kohlenstoff zu CO erklären. Die stark exotherme Nachverbrennung von CO mit Sauerstoff zu CO_2 beinhaltet ein erhebliches Energiepotenzial, das für den Einschmelzprozess genutzt werden kann, wenn die Nachverbrennung nicht im Abgaskanal, sondern noch im Ofenraum stattfindet. Dies kann durch Einblasen von zusätzlichem Sauerstoff erwirkt werden, wobei die Nachverbrennungsreaktionen möglichst nahe an der Oberfläche des Schrotts erfolgen muss, um eine Übertragung der Reaktionsenergie an das Schmelzgut zu gewährleisten. Für eine hohe energetische Effizienz der chemischen Energiezufuhr ist es zielführend, den Eintrag von Sauerstoff auf Basis einer kontinuierlichen Abgasanalyse in Abhängigkeit der vorhandenen CO- und H_2-Anteile zu regeln.

Eine auf der Abgasanalyse basierende Regelung bietet weiterhin den Vorteil, den Sauerstoffeintrag dem aktuellen Zustand im Ofengefäß und in der Schmelze anpassen zu können. Führt man in Relation zu den nicht vollständig nachverbrannten Abgaskomponenten und den zugeführten Kohlenstoffträgern zu viel Sauerstoff zu, so führt dieser zu einer unnötigen Verschlackung von Eisen und wertvoller, mit dem Schrott eingebrachten Legierungselementen wie Chrom, Vanadium oder Molybdän, und damit zu einer Verminderung des metallischen Ausbringens. Darüber hinaus wird bei einer zu hohen Sauerstoffzufuhr die Stahlschmelze überoxidiert. Dies führt zu einem erhöhten Verbrauch an Desoxidationsmitteln, im Wesentlichen Aluminium- und Siliziumträgern, und vermindert zusätzlich das Ausbringen von Legierungsmitteln.

2. Ziele des Verbundvorhabens im BMBF-Förderprogramm r²

Das Verbundvorhaben *Erhöhung der Energie- und Materialeffizienz der Stahlerzeugung im Lichtbogenofen durch optimiertes Wärmemanagement und kontinuierliche dynamische Prozessführung* wird im BMBF-Förderprogramm r² *Innovative Technologien für Ressourceneffizienz – Rohstoffintensive Produktionsprozesse* durchgeführt.

Generelle Zielsetzung des Vorhabens ist es, zum einen durch ein optimiertes Wärmemanagement und eine verbesserte Prozessführung den elektrischen Energiebedarf des Lichtbogenofens über eine Reduzierung der thermischen Verluste und die Nutzung der im Abgas enthaltenen Enthalpie deutlich zu vermindern. Zum anderen soll durch den effektiven Einsatz des chemischen Energieträgers Sauerstoff das metallische Ausbringen des Prozesses erhöht werden.

Die in dem Vorhaben geplanten Maßnahmen zielen somit darauf ab, die Ressourcen- und Energieeffizienz und damit auch die Produktivität des Verfahrens zu erhöhen und somit die Wettbewerbsfähigkeit der deutschen Elektrostahl-Hersteller in dem Umfeld steigender Rohstoff- und Energiekosten durch die Nutzung von innovativen Effizienztechnologien zu erhalten. Die Maßnahmen werden exemplarisch an dem modernen Gleichstrom-Lichtbogenofen der Georgsmarienhütte GmbH (GMH) mit einer Anschlussleistung von 130 MVA und einem Abstichgewicht von 140 t umgesetzt. Im Folgenden werden die innerhalb des Vorhabens bzgl. der einzelnen Teilziele bisher erreichten Ergebnisse im Detail beschrieben.

3. Verringerung der thermischen Verluste durch feuerfeste Zustellung

Der Anstieg der Lichtbogenleistungen und der damit einhergehende steigende Feuerfestverschleiß hat den Übergang zu wassergekühlten Ofengefäßen notwendig gemacht. Moderne Elektrolichtbogenöfen bestehen heute aus einem feuerfest zugestellten Unterofen, einem Oberofen aus wassergekühlten Wandsegmenten (sogenannten Panels) und einem ebenfalls wassergekühlten Ofendeckel. Bild 2 zeigt derartige wassergekühlte Wandelemente im Detail als Kupfer-Flossenwand (links) sowie als vollständige Rohrwand (rechts).

Bild 2: Kupfer-Kühlpanel mit Flossen (links), Rohrwand (rechts)

Quelle: Treppschuh, F.; Bandusch, L.; Fuchs, H.; Schubert, M.; Schaefers, K.: Neue Technologien bei der Elektrostahlerzeugung – Einsatz und Ergebnisse. Stahl und Eisen 123 (2003), Nr. 2, S. 53-56

Diese Wasserkühlung führt zu einem deutlichen Anstieg der thermischen Verluste und des spezifischen Energiebedarfs [4], was jedoch wegen des Vorteils der erhöhten Anlagenverfügbarkeit im Vergleich zum komplett feuerfest zugestellten Ofengefäß akzeptiert wird [5, 6]. Weiterhin konnte dieser Anstieg mit der parallel zur Verfügung stehenden höheren Schmelzleistung und der damit einhergehenden kürzeren Prozesszeit ausgeglichen werden.

Die Kühlpanels werden in Kupfer oder Stahl ausgeführt, wobei insbesondere in thermisch hoch beanspruchten Bereichen wie der Schlackelinie Kupfer zum Einsatz kommt [3]. Zur Reduzierung des Verschleißes der Kühlpanels ist ein Anhaften von Schlacke erwünscht, was konstruktiv durch eine Ausführung mit Flossen (Bild 2) unterstützt wird [3]. Derartige Schlackeanhaftungen wirken in gewissem Umfang auch isolierend, sind jedoch nur temporär einzustellen und fließen in der Überhitzungsphase wieder von der Wand ab. Zur Verminderung der thermischen Verluste soll daher im Rahmen des Vorhabens eine haltbare, feuerfeste Isolationsschicht entwickelt werden, mit der die wassergekühlte Ofenwand versehen werden kann.

Dazu wurde ein Feuerfestmaterial mit geeigneten Eigenschaften ausgewählt, weiterentwickelt und auf den vorgesehenen Einsatzbereich angepasst. Wesentliche Materialeigenschaften waren dabei eine hohe Isolationswirkung (geringe Wärmeleitfähigkeit) bei gleichzeitig hoher thermischer Stabilität, eine sehr gute Beständigkeit gegenüber der Schlackeschmelze sowie exzellente thermomechanische Eigenschaften. Diese sollen eine ausreichend hohe mechanische Stabilität (*Thermoschockbeständigkeit*) der Isolationsschicht während der raschen Temperaturwechsel im Betrieb wie auch innerhalb der Isolationsschicht zwischen heißer Ofeninnenseite und der wassergekühlten Ofenwand gewährleisten. Weiterhin ist ein ausreichend hoher Abrasionswiderstand erforderlich, um nicht von dem nachrutschenden Stahlschrott zerstört zu werden.

Zur Einschätzung der zu erwartenden Kontaktreaktionen zwischen der Feuerfestauskleidung und der Schlacke beim Einschmelzvorgang des Stahls wurden chemische Analysen typischer GMH-Schlacken mittels Röntgen-Fluoreszenz-Analyse (RFA) durchgeführt. Die untersuchten Schlacken haben Eisenoxidgehalte von 20 bis 45 Masse-%. Diese hohen Werte belegen die stark oxidierende Atmosphäre im Elektrolichtbogenofen.

Erhöhung der Energie- und Materialeffizienz der Stahlerzeugung im Lichtbogenofen

Die Materialauswahl fiel auf die Standardmasse Calde MAG CAST K 94 der Firma Calderys. Diese hochwertige MgO-haltige Masse enthält sehr wenig Zement und hat sich in vielen Anwendungen, insbesondere der Roheisen- und Stahlerzeugung, bewährt. Diese basische Referenzmasse wurde im Vergleich mit drei verschiedenen nichtbasischen Gießbetonen untersucht, um das geeignete Werkstoffsystem für die Feuerfestbauteile (FBT) festzulegen. Dazu wurde von der Forschungsgemeinschaft Feuerfest e.V. (FGF) in einem Induktionstiegelofen ein Korrosions- und Verschlackungstest durchgeführt, um das Verschleißverhalten der folgenden vier Materialien gegenüber einer typischen Stahl- und Schlackeschmelze zu ermitteln:

- Calde MAG CAST K 94 (basische Referenzmasse)
- Nichtbasischer Gießbeton Calde ACNV 9002 QD (Rohstoffbasis: Tabulartonerde)
- Nichtbasischer Gießbeton Calde CAST UC 80 (Rohstoffbasis: Normalkorund)
- Nichtbasischer Gießbeton Calde CAST LT 90 SP G8 (Tabulartonerde/Spinell).

Nach dem Einschmelzen von 15 kg Stahl R-St 37-2 und Erreichen der Solltemperatur (1.650 °C), wurde etwa 1,5 kg GMH-Schlacke in den Tiegel gegeben. Nach einer Stunde Standzeit wurde die Schlacke abgezogen und durch frische Schlacke ersetzt. Nach insgesamt zwei Stunden Haltezeit bei 1.650 °C wurden die Schlacke und die Stahlschmelze getrennt voneinander abgestochen. Die Probekörper (Tiegelsegmente) der vier geprüften Materialien wurden nach dem Korrosionstest in Längsrichtung aufgetrennt. In Bild 3 erkennt man deutlich, dass der korrosive Verschleiß der drei nichtbasischen Gießbetone (rechts) sehr viel größer ist als der der basischen Referenzmasse (links). Im Bereich der Schlackenzone hat sich als Folge der chemischen Korrosion bei den nichtbasischen Gießbetonen eine ausgedehnte und tiefe Korrosionszone ausgebildet. Darüber hinaus sind diese auch im Badbereich der Stahlschmelze sehr stark angegriffen.

Bild 3: Längsaufgetrennte Tiegelsegmente nach Korrosionstest (1.650 °C/2 h)

Der basische Gießbeton Calde MAG CAST K 94 verfügt dagegen über einen ausreichenden Korrosionswiderstand gegenüber der Schlacke und ist daher aus verschleißtechnischer Sicht für den Einsatz im Lichtbogenofen der GMH geeignet.

Zur weiteren Charakterisierung des Materials wurde ein Strahl-Verschleißtest bei 1.100 °C durchgeführt und die Wärmeleitfähigkeit von Raumtemperatur bis 1.200 °C untersucht. Bild 4 zeigt einen Prüfkörper nach der Strahl-Verschleißprüfung. Im Vergleich zu korundbasierten Gießbetonen ist der Verschleiß relativ hoch, die Wärmeleitfähigkeit des Materials liegt in einem für Magnesitsteine typischen Wertebereich. Die Materialauswahl ür die vorliegende Aufgabe ist demzufolge ein Kompromiss zwischen günstigen (z.B. Korrosionsbeständigkeit) und weniger günstigen (z.B. Strahl-Verschleiß bei erhöhter Temperatur) Werkstoffeigenschaften.

Bild 4:

Prüfkörper nach Strahl-Verschleißprüfung bei 1.100 °C

Für die Installation der Feuerfestbauteile (FBT) an der wassergekühlten Ofenwand wurden kleinere Formate anstatt einer großflächigen Platte angefertigt, da bekannt ist, dass die basischen Materialien keine besonders gute Temperatur-Wechselbeständigkeit aufweisen. Der erste Betriebsversuch erfolgte an Panelelement 17 im Erkerbereich des Ofens. Dazu wurde dieses Element mit Edelstahlträgern versehen, an denen die feuerfesten Platten aufgehängt wurden (Bild 5).

Bild 5: Befestigung der feuerfesten Verkleidung an Wandelement 17 des Ofens der Georgsmarienhütte

Bild 6 zeigt das Versuchselement nach der ersten Charge. Bereits während der ersten Schmelze sind die beiden unteren Platten im Bereich der Aufhängung gerissen und abgefallen. Die restlichen Platten zeigten zu diesem Zeitpunkt noch keinerlei Beschädigungen oder Anhaftungen, jedoch setzte sich das Reißen und Abfallen der Platten während der folgenden Schmelzen fort. Obwohl das Versuchsfeld nur wenige Chargen hielt, war bereits

Bild 6: Feuerfestbauteile nach der ersten Charge

eine Tendenz bzgl. der Verringerung der thermischen Verluste erkennbar. Der Temperaturverlauf des Kühlwassers wies für das Versuchselement im Vergleich zu den Nachbarelementen bei der ersten Charge einen um 16 °C geringeren Spitzenwert auf. Diese Tendenz verringerte sich zwar wegen der abgefallenen Platten, ließ sich aber dennoch über die folgenden drei Chargen noch feststellen.

Als Konsequenz aus den Ergebnissen dieses ersten Versuchs wird das Feuerfestmaterial weiterentwickelt, um die thermischen Eigenschaften des Materials zu verbessern. Weiterhin wurde das Befestigungskonzept der FBT an den Wandelementen des Lichtbogenofens für weitere Versuchskampagnen überarbeitet.

4. Verbesserung der Energieeffizienz durch Prozesssteuerung und -regelung

Um im Lichtbogenofen elektrische Leistungen von 100 MW und mehr bei eingeschränktem Verschleiß effizient umsetzen zu können, wird üblicherweise die Lichtbogenleistung dem Schmelzprozess angepasst. Solange der Lichtbogen von Schrott eingehüllt ist, kann mit hoher Lichtbogenleistung und langem Lichtbogen geschmolzen werden. Sobald davon auszugehen ist, dass der Lichtbogen nicht mehr von Schrott umgeben ist, muss die Leistung reduziert werden, um hohen thermischen Verlusten und übermäßigem Gefäßverschleiß vorzubeugen [7]. Dabei wird, soweit metallurgisch möglich, versucht den Lichtbogen mit schäumender Schlacke einzuhüllen, die durch das gleichzeitige Einblasen von Kohlenstoff und Sauerstoff aufgebaut wird [8]. Häufig werden zur Leistungsregelung Fahrdiagramme verwendet, welche den elektrischen Arbeitspunkt und damit die Lichtbogenleistung in Abhängigkeit von der eingebrachten Energie vorgeben. Ein entsprechendes Beispiel ist in Bild 7 gezeigt. Diese rigide Steuerung kann den variierenden Einsatz- und Prozessbedingungen des Lichtbogenofens jedoch nur sehr bedingt gerecht werden.

Entsprechend geht der Trend hin zur prozessgeführten Leistungsregelung [9, 10]. Basierend auf dem thermischen Zustand des Ofens passt diese Art der Regelung den elektrischen Arbeitspunkt den Prozessbedingungen an. Bei einem signifikanten Anstieg der Gefäßtemperaturen wird die Lichtbogenspannung und -leistung reduziert (Bild 8). Eine solche thermisch basierte Leistungsregelung wurde vom Institut für Automatisierungstechnik der Helmut-Schmidt-Universität (HSU) in Hamburg in Zusammenarbeit mit GMH an deren Gleichstrom-Lichtbogenofen implementiert [11]. Wesentliches Know-how lag dabei in der Bestimmung der zugehörigen Eingriffsgrenzen.

Eine weitere wesentliche Voraussetzung ist die Beherrschung frei brennender Lichtbögen. Diese geben einen Teil ihrer Leistung in Form von Strahlung ab, die innerhalb kurzer Zeit zu erheblichem Feuerfestverschleiß führt (Bild 9). Wenn es hierzu kommt, wird die Standzeit der für den Einbau im Ofen vorgesehenen Feuerfestbauteile unwirtschaftlich kurz. Ziel

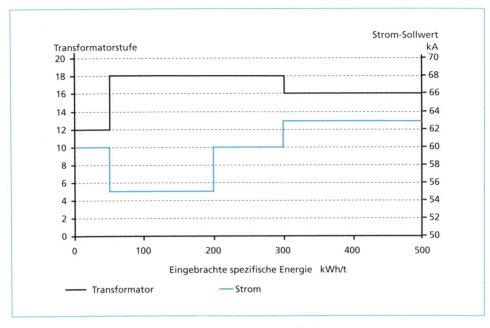

Bild 7: Herkömmliche Leistungssteuerung über ein Fahrdiagramm

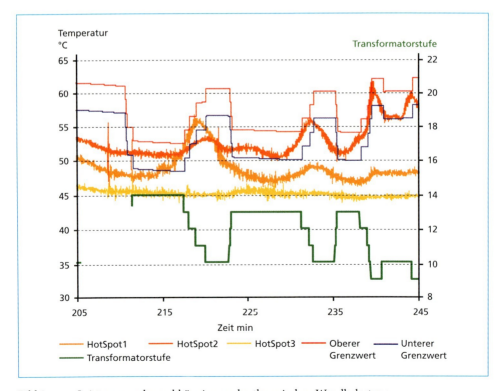

Bild 8: Leistungsregelung abhängig von der thermischen Wandbelastung

muss es daher sein, einen frei brennenden Lichtbogen schnell zu erkennen und geeignet darauf zu reagieren. Prinzipiell können frei brennende Lichtbögen während des gesamten Prozessverlaufes auftreten. Eine geeignete Reaktion auf einen frei brennenden Lichtbogen ist eine deutliche Reduzierung der Lichtbogenspannung und damit der Lichtbogenlänge. Gerade beim Gleichstrom-Lichtbogenofen lässt sich dies schnell und problemlos realisieren.

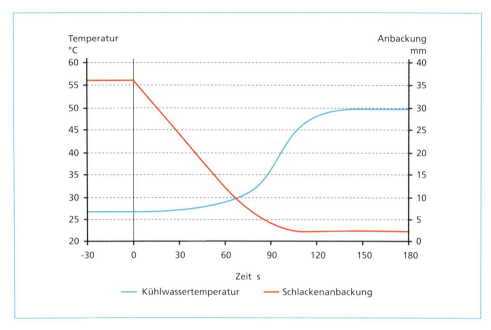

Bild 9: Kühlwassertemperatur und Schlackenanbackung für einen ab dem Zeitpunkt t=0 s frei brennenden Lichtbogen

Die Detektion eines frei brennenden Lichtbogens (fbLB) kann über den Anstieg der Kühlwassertemperatur erfolgen, wobei diese gemäß Bild 9 jedoch deutlich verzögert reagiert. Heutige Regelungskonzepte versuchen, diesem Phänomen über eine Prädiktion zu begegnen, was nur ansatzweise gelingt. Außerdem ist diese Art der Detektion bei Verwendung einer zusätzlichen Feuerfestausmauerung nicht mehr praktikabel. Wie Bild 9 zu entnehmen ist, würde die Lichtbogenstrahlung zunächst das Feuerfestmaterial abschmelzen, erst anschließend käme es zu einem signifikanten Anstieg der Kühlwassertemperatur – die Reaktion würde damit deutlich zu spät erfolgen.

Im Rahmen des Verbundvorhabens wurde daher ein photobasierter Sensor zur schnellen Erkennung eines fbLB entwickelt. Der Lichtbogen weist ein charakteristisches Strahlungsspektrum auf, so dass es möglich ist, einen fbLB über seine Lichtemission zu detektieren und somit einen schnellen Eingriff in die elektrische Regelung zur Leistungsreduzierung zu ermöglichen. Diese sehr schnelle und verschleißfreie Messung stellt jedoch angesichts des geschlossenen Ofengefäßes und der unwirtlichen Ofenatmosphäre eine erhebliche Herausforderung dar.

Zunächst wurde das Spektrum des durch die Ofentür nach außen dringenden Lichtes gemessen, um zu prüfen, ob die Detektion eines frei brennenden Lichtbogens an Hand des aufgezeichneten Spektrums möglich ist. Der Vorteil bei einer Messung durch die Ofentür ist, dass es sich dabei um eine kontaktlose Messung handelt und somit kein Umbau des

Ofens oder Störungen des Ofenbetriebes erforderlich sind. Jedoch beträgt der Abstand zwischen Lichtbogen und Spektrometer bei diesem Messaufbau 16 Meter. Während der Messung wurden wichtige Prozessereignisse protokolliert, um eine gezielte Auswertung der Messdaten zu ermöglichen. Zusätzlich wurde vom Schmelzer zweimal kurzzeitig ein fbLB erzeugt, indem die Einblasung von Kohle am Anfang der Flüssigbadphase für eine Minute unterbrochen wurde.

Die gemessenen Spektren bei fbLB (Bild 10) unterscheiden sich deutlich von solchen, bei denen kein fbLB mit bloßem Auge zu sehen war. Es gibt einen etwas höheren Anteil kurzwelliger Komponenten, wobei entgegen der Erwartungen wenig Strahlung im UV-Bereich auftritt. Eine mögliche Ursache hierfür ist, dass die freie Sicht auf den Lichtbogen durch Staub oder Rauchpartikel im Ofen verdeckt wird und somit nur seine Reflexionen an den Ofenwänden gemessen wurden. Außerdem könnte die Absorption durch Staub- und Rauchpartikel, Sauerstoff mit Ozonbildung bzw. die Selbstabsorption des Lichtbogens eine Rolle spielen. Dabei wird die energiereiche UV-Strahlung der Lichtbogensäule durch die äußeren (kälteren) Plasmaschichten absorbiert.

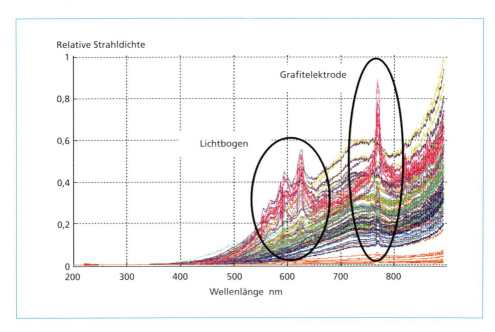

Bild 10: Gemessene Spektren eines frei brennenden Lichtbogens

Der Nachteil bei einer Messung durch die Ofentür besteht darin, dass diese prozessbedingt die meiste Zeit geschlossen sein muss. Falls sie geöffnet ist, wird die Sicht auf den Lichtbogen häufig durch einen Lanzenmanipulator verdeckt. Somit ist freie Sicht durch die Ofentür höchstens bei 10 % der Stromflusszeit gegeben. Daher wurde zur Aufnahme des Spektrometers eine wassergekühlte Box entwickelt und direkt in die Ofenwand eingebaut. Zwei in der Box montierte Spektrometer werden auf den Lichtbogen ausgerichtet, wobei der Bildwinkel jeweils etwa 12° beträgt (Bild 11).

Damit kann der Lichtbogen unabhängig von der Position der Elektrode und der Schmelzbadhöhe während der gesamten Charge erfasst werden. Bild 12 zeigt den Verlauf des berechneten Lichtbogenindex für eine mit diesem Messaufbau beobachtete Charge.

Erhöhung der Energie- und Materialeffizienz der Stahlerzeugung im Lichtbogenofen

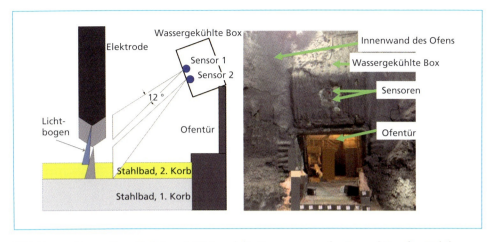

Bild 11: Messaufbau (links) und Blick auf die Sensoren aus der Perspektive des Lichtbogens (rechts)

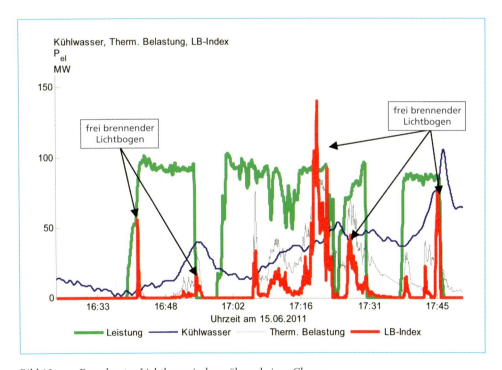

Bild 12: Berechneter Lichtbogenindex während einer Charge

Man sieht, dass der berechnete Lichtbogenindex (rote Kurve) die Peaks der Kühlwassertemperatur (blaue Kurve), verursacht durch einen frei brennenden Lichtbogen (fbLB), voraussagt. Der Zeitvorsprung liegt zwischen 30 Sekunden und 2 Minuten, je nachdem wie dick die Schicht der wärmeisolierenden Schlackenanbackungen an den Ofengefäßwänden ist. Außerdem hat das Signal sehr kurze Reaktionszeiten auf einen fbLB, was sich durch steile Flanken der Kurve äußert. Bild 13 zeigt einige der vom photobasierten Sensor erfassten Spektren des Lichtbogens. Wie erwartet resultiert ein fbLB in einem Linienspektrum mit hoher Intensität im Vergleich zur Hintergrundstrahlung, was die Tauglichkeit des photobasierten Sensors für die schnelle Detektion eines fbLB und somit die Verwendung für eine Leistungsregelung belegt.

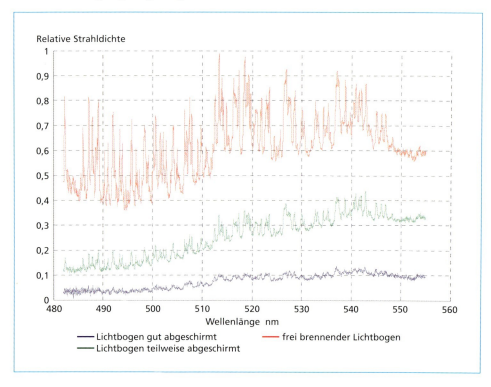

Bild 13: Gemessene Spektren des Ofeninneren

5. Modellierung des Lichtbogenofenprozesses der Georgsmarienhütte

Der Gleichstrom-Lichtbogenofen der GMH zur Herstellung von jährlich etwa 950.000 t Qualitäts- und Edelbaustählen, an dem die Forschungs- und Entwicklungsarbeiten in diesem Vorhaben durchgeführt werden, ist in Bild 14 dargestellt.

Die elektrische Anschlussleistung des Ofens beträgt 130 MVA. Zum Einbringen von chemischer Energie besitzt der Ofen Sauerstoff-Erdgasbrenner, fest in die Ofenwand eingebaute, kombinierte Sauerstoff-Brenner und -Injektoren (Jetbrenner), durch die Ofentür eingebrachte Sauerstofflanzen, sowie Lanzen zum Einblasen von Kohlenstoff. Die Steuerung der chemischen Energiezufuhr über Sauerstoff und Kohlenstoff erfolgt bisher analog zu Bild 7 stufenförmig in Abhängigkeit vom Behandlungsfortschritt, entweder über Fahrdiagramme mit fest vorgegebenen Sollwerten oder über manuelle Eingriffe des Bedieners.

In den Ofen werden in zwei Portionen über Schrottkörbe insgesamt etwa 155 t Schrott chargiert. Das Abstichgewicht beträgt etwa 140 t, die Tap-to-Tap Zeit (Dauer zwischen zwei Abstichen) etwa 60 Minuten. Bei einer Stromflusszeit (Power-on Zeit) von im Mittel 44 Minuten wird elektrische Energie von 450 kWh/t Flüssigstahl eingebracht.

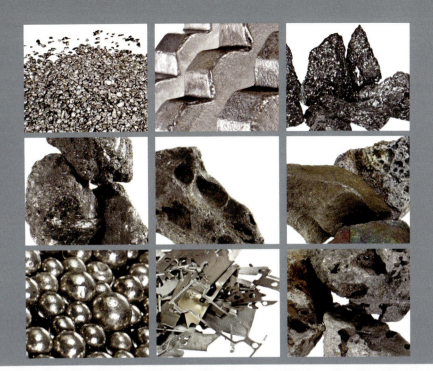

Metallurgie im Zentrum

www.gfm-fesil.de
hifferstr. 200 · D-47059 Duisburg
.: +49 (0) 203 / 30 00 7 - 0
x: +49 (0) 203 / 30 00 7 - 110
ail: info@gfm-fesil.de

Gesellschaft für Metallurgie &
Legierungshandel mbH

Kompetenz im Schrott

Eisen- und Stahlschrotte
Giessereischrotte
Legierte Schrotte
NE-Metall-Schrotte

Scholz Recycling AG & Co. KG
Regionalbereich Süd,
Niederlassung Essingen
Am Bahnhof
D-73457 Essingen

Tel.: 07365 / 84-0
Fax: 07365 / 1481
www.scholz-recycling.de
essingen@scholz-recycling.de

Recycling ist das Prinzip der Natur

Erhöhung der Energie- und Materialeffizienz der Stahlerzeugung im Lichtbogenofen

Bild 14:

Gleichstrom-Lichtbogenofen der Georgsmarienhütte

Zur Untersuchung der energetischen Performance des Lichtbogenofens wurde ein vom VDEh-Betriebsforschungsinstitut (BFI) entwickeltes statistisches Modell zur Bewertung des elektrischen Energiebedarfs von Lichtbogenöfen [12] genutzt. Mit Hilfe dieses Modells kann der elektrische Energieverbrauch eines Ofens im Vergleich zu anderen Öfen bewertet werden, und Veränderungen im elektrischen Energieverbrauch des Ofens können analysiert werden. Die zugrunde liegende Formel zeigt Tabelle 1.

Tabelle 1: Formel zur Berechnung des elektrischen Energiebedarfs von Lichtbogenöfen

$$\frac{W_R}{kWh/t} = 375 + 400 \cdot \left[\frac{G_E}{G_A} - 1\right] + 80 \cdot \frac{G_{DRI/HBI}}{G_A} - 50 \cdot \frac{G_{Shr}}{G_A} - 350 \cdot \frac{G_{HM}}{G_A} + 1.000 \cdot \frac{G_Z}{G_A}$$
$$+ 0,3 \cdot \left[\frac{T_A}{°C} - 1.600\right] + 1 \cdot \frac{t_S + t_N}{min} - 8 \cdot \frac{M_G}{m^3/t} - 4,3 \cdot \frac{M_I}{m^3/t} - 2,8 \cdot \frac{M_N}{m^3/t} + NV \cdot \frac{W_V - W_{Vm}}{kWh/t}$$

G_A	Abstichgewicht	t_S	Power-on Zeit
G_E	Zugabegewicht aller metallischen Einsatzstoffe	t_N	Power-off Zeit
G_{DRI}	Zugabegewicht Direct Reduced Iron	M_G	spezifischer Brenner-Erdgasverbrauch
G_{HBI}	Zugabegewicht Hot Briquetted Iron	$M_{I,LJ}$	spez. Lanzen/Jet-Sauerstoff-Verbrauch
G_{Shr}	Zugabegewicht Shredderschrott	M_N	spez. Nachverbrennungs-Sauerstoffverbr.
G_{HM}	Zugabegewicht flüssiges Roheisen	W_V	Energieverluste (falls gemessen)
G_Z	Zugabegewicht Schlackenbildner	W_{Vm}	Mittelwert der Energieverluste W_V
T_A	Abstichtemperatur	N_V	ofen-spezifischer Faktor (0,2 – 0,4)

Die Formel berücksichtigt die spezifischen Einsatzmengen der gesamten und einiger ausgewählter metallischer Einsatzstoffe sowie der Schlackenbildner. Weiterhin gehen die spezifischen Verbräuche der chemischen Energieträger Brenner-Erdgas und Sauerstoff, sowie die Abstichtemperatur und die Tap-to-Tap-Zeit, unterteilt in Power-on und Power-off Zeit, ein. Alle Verbrauchswerte – einschließlich des elektrischen Energieverbrauchs zum Vergleich mit dem berechneten Bedarf – werden auf das Abstichgewicht bezogen.

Für Berechnungen mit dem statistischen Modell des BFI zur Ermittlung des elektrischen Energiebedarfs wurden Prozessdaten und Verbrauchswerte des Ofens von rund 2.400 Schmelzen, die in einem Zeitraum von sechs Monaten zu Beginn des Vorhabens produziert wurden, ausgewertet. Aus den Daten wurde anhand der Formel aus Tabelle 1 der spezifische elektrische Energiebedarf WR berechnet und mit dem tatsächlichen elektrischen Energieverbrauch WE verglichen, siehe Bild 15. Der Mittelwert der Modellabweichung (Differenz zwischen berechnetem und tatsächlichem elektrischen Energieverbrauch) beträgt -69 kWh/t, was auf eine nicht optimale energetische Performance des Ofens hindeutet. Dies lässt sich im Wesentlichen auf eine geringere energetische Effizienz des über die Injektoren in das Bad eingebrachten Sauerstoffs erklären.

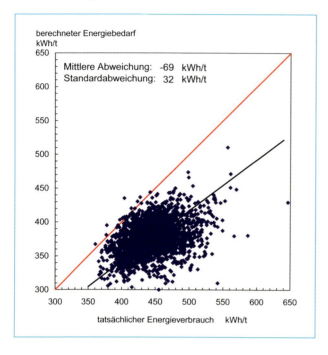

Bild 15:

Vergleich zwischen berechnetem Bedarf und tatsächlichem Verbrauch des elektrischen Energieeintrags für den Ofen der Georgsmarienhütte zu Beginn des Vorhabens

Für eine detailliertere Untersuchung der energetischen Performance des Lichtbogenofens der GMH wurde ein dynamisches Energie- und Massenbilanz-Modell genutzt, welches das BFI im Rahmen eines europäischen EGKS-Vorhabens in Zusammenarbeit mit GMH entwickelt und validiert hat [13, 14]. Dieses Modell soll im Rahmen des Verbundvorhabens auch als Grundlage für die Entwicklung einer dynamischen online Prozessführung und einer optimierten Regelung der chemischen Energiezufuhr dienen. Bild 16 zeigt die Struktur des Prozessmodells mit den wichtigsten Eingangsgrößen, die am Ofen erfasst werden.

Über eine Massenbilanz wird das Gewicht der Schmelze (getrennt für Stahl und Schlacke) aus allen eingesetzten Stoffen (Schrott, Kalk, Kohle, Staub etc.) berechnet. Aus der spezifischen Einschmelzenergie der einzelnen Stoffe wird der gesamte Energiebedarf zum Einschmelzen der Stoffe und zum Aufheizen der Schmelze berechnet. Dabei wird der Einfluss der Restschmelze von der vorangegangenen Behandlung berücksichtigt.

Der Energieeintrag umfasst den elektrischen und den chemischen Energieeintrag über Erdgas und Sauerstoff. Die Nachverbrennung von CO im Ofenraum wird anhand der Abgasanalyse berechnet, die über ein am Ofen installiertes Massenspektrometer erfasst wird [15]. Bild 17 zeigt links den gemessenen Verlauf der Abgaszusammensetzung für eine Beispielschmelze. Über die Komponenten CO und H_2, die im Laufe der Behandlung Gehalte von über 50 % erreichen, geht ein erheblicher Anteil an chemischer Energie über das Abgas verloren. In diesen Phasen besteht somit ein signifikantes Potential an Energie

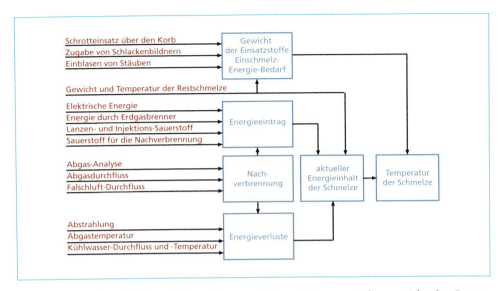

Bild 16: Struktur des dynamischen Prozessmodells mit Eingangsgrößen am Ofen der Georgsmarienhütte

durch die vollständige Verbrennung des Kohlenstoffs, die an den noch nicht vollständig aufgeschmolzenen Schrott übertragen werden könnte, um somit die erforderliche elektrische Einschmelzenergie zu vermindern.

Im rechten Teilbild von Bild 17 sind der Abgasdurchfluss und der Falschluftdurchfluss, d.h. die von außen in den Ofen eindringende Umgebungsluft, dargestellt. Beide Größen lassen sich anhand einer Argon- und Stickstoffbilanz aus den gemessenen Abgaskonzentrationen berechnen und sind für eine dynamische Bilanzierung des Oxidationszustands der Schmelze von Bedeutung. Die zusätzlich dargestellte Abgastemperatur wird über ein Pyrometer gemessen.

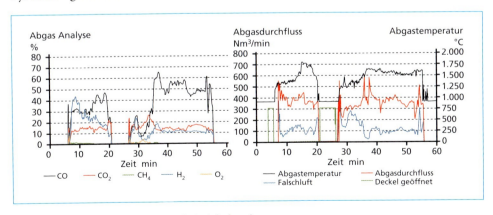

Bild 17: Abgasmesswerte einer Beispielschmelze

Die Energieverluste bestehen aus Verlusten über das Abgas und die Gefäßkühlung sowie durch Abstrahlung und Konvektion. Bei der Berechnung der Abgasverluste wird die Abgastemperatur zur Bestimmung der fühlbaren Wärme, und der CO- bzw. H_2-Gehalt zur

Ermittlung des chemischen Energieinhalts berücksichtigt. Die Wärmeverluste über die Gefäßkühlung (Deckel und Ofenwand) werden aus dem Kühlwasserdurchfluss und der Differenz zwischen Einlauf- und Auslauftemperatur ermittelt. Abstrahlungsverluste werden abhängig von der Prozessphase (Einschmelzen, Chargieren, Überhitzen etc.) zeitabhängig über Modellparameter berechnet.

Die Differenz zwischen Energieeintrag und Energieverlusten definiert den aktuellen Energieinhalt der Schmelze. Dieser wird auf den Einschmelzenergiebedarf der chargierten Materialien, der für eine Referenztemperatur von 1.600 °C definiert ist, bezogen. Daraus ergibt sich die aktuelle Schmelzentemperatur.

Das dynamische Prozessmodell wurde mit zyklischen und azyklischen Prozessdaten von im Lichtbogenofen produzierten Schmelzen validiert. Das Ergebnis der dynamischen Energiebilanzberechnungen ist in Bild 18 für eine Beispielschmelze zusammengestellt. Im linken Teilbild ist der Leistungseintrag über elektrische Energie, Brennergas, Injektor- und Nachverbrennungssauerstoff dargestellt. Der rechte Teil des Bildes zeigt die Verlustleistungen über Abgas und Kühlwasser.

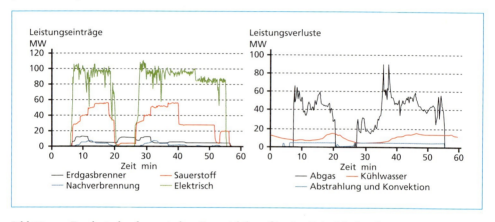

Bild 18: Ergebnis der dynamischen Energiebilanz für eine Beispielschmelze

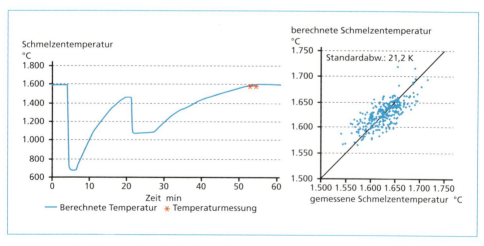

Bild 19: Modellgenauigkeit für die Schmelzentemperatur

Bild 19 zeigt links den Verlauf der theoretischen Schmelzentemperatur. Die Zeitpunkte des Chargierens von Schrott sind klar durch einen Temperaturabfall gekennzeichnet. Die berechnete Schmelzentemperatur wird verglichen mit Messwerten, die kurz vor Abstich durch das Eintauchen einer Thermoelement-Sonde ermittelt wurden. Für diese Schmelze ist die Übereinstimmung zwischen der berechneten Temperatur und den Messwerten sehr gut. Zur Bewertung der Modellgenauigkeit sind im rechten Teilbild von Bild 19 die vom Modell berechneten Schmelzentemperaturen für eine größere Anzahl von Schmelzen gegen die entsprechenden Temperaturmesswerte aufgetragen. In Anbetracht des Energieumsatzes während des Einschmelzprozesses von rund 700 kWh/t ist die Standardabweichung des Modellfehlers von 21 K ein sehr guter Wert. Umgerechnet auf den Energieumsatz beträgt der relative Fehler etwa 1 %.

6. Optimierung des chemischen Energieeintrags

Wie in dem vorangegangenen Abschnitt gezeigt geht ein signifikanter Teil der für den Einschmelzprozess eingebrachten Energie über das Ofenabgas verloren. Ein Ziel des Vorhabens ist es daher, diese Energieverluste über eine Optimierung des chemischen Energieeintrags zu vermindern. Für eine gezielte Zufuhr von Nachverbrennungssauerstoff zur Verminderung der Abgasverluste über nicht vollständig verbranntes CO und H_2 wurden spezielle Diffusoren für den Einbau in der Wand des Ofens entworfen. Insgesamt wurden 15 Diffusoren eingebaut, jeweils fünf zusammengefasst zu einer Linie. Jede Linie kann mit einem Sauerstoffdurchfluss von maximal 600 Nm³/h betrieben werden. Bild 20 zeigt die Verteilung der Diffusoren über den Umfang des Ofengefäßes zusammen mit den anderen Quellen zur chemischen Energie- und Materialzufuhr.

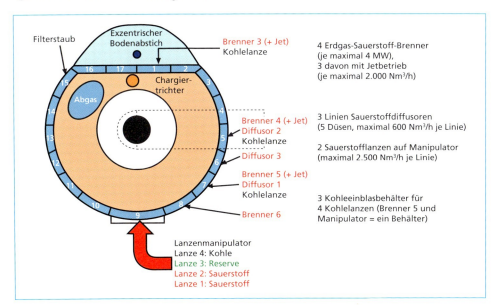

Bild 20: Konfiguration des chemischen Energieeintrags am Lichtbogenofen der Georgsmarienhütte

Die Zufuhr des Nachverbrennungssauerstoffs über die Diffusoren erfolgt nach einer mehrstufigen Regelungsstrategie. Der Übergang der Energie aus der Nachverbrennungsreaktion auf das Schmelzgut ist nur so lange effektiv wie sich ausreichend fester Schrott im Ofeninnenraum befindet. Aus diesem Grund ist die Zufuhr des Nachverbrennungssauerstoffs auf einen Zeitraum direkt nach dem Chargieren der einzelnen Schrottkörbe beschränkt. Die Länge dieses Zeitraums wird über den elektrischen Energieeintrag festgelegt, der auf 12.000 kWh eingestellt ist. Eine weitere Einschränkung wird über die Abgasanalyse definiert. Erst ab einem CO-Gehalt von mindestens 10 % im Abgas wird Nachverbrennungssauerstoff über die Diffusoren in den Ofeninnenraum eingebracht, damit sichergestellt ist, dass ausreichend brennbare Gase zur Verfügung stehen. Das abschließende Abschaltkriterium ist der Beginn des Einblasens von Kohlenstoff zur Bildung einer Schaumschlacke.

In Bild 21 ist der Verlauf der Sauerstoffeinträge über die drei Diffusorlinien und der gemessene CO-Gehalt im Abgas für eine Beispielschmelze aufgetragen. Unmittelbar nach dem Chargieren des ersten Korbs erfolgt der Sauerstoffeintrag zur Nachverbrennung über die drei Diffusoren. Der gemessene CO-Gehalt im Abgas schwankt zwischen 30 und 40 %, und der gleichzeitig aufgetragene Nachverbrennungsgrad, der sich aus dem Verhältnis von CO_2 zu $CO + CO_2$ ergibt, bewegt sich um etwa 30 %. Nach dem Chargieren des zweiten Korbs erfolgt ein weiterer Eintrag von Nachverbrennungssauerstoff. Auch hier ist zu erkennen, dass sich der CO-Gehalt zwar auf einem deutlich geringeren Niveau bewegt, aber trotz der Sauerstoffzufuhr ansteigt. Beendet wird der Eintrag von Nachverbrennungssauerstoff mit dem Beginn des Einblasens von Kohlenstoff zur Bildung einer Schaumschlacke. Zu diesem Zeitpunkt steigt der CO-Gehalt im Abgas zwar stark an, es ist jedoch nicht mehr genügend fester Schrott im Ofeninnenraum vorhanden, der die Energie aus der Nachverbrennungsreaktion aufnehmen könnte.

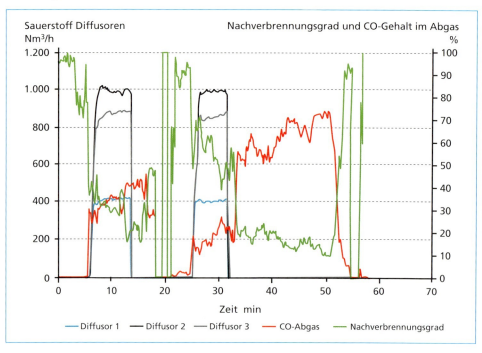

Bild 21: Zufuhr von Nachverbrennungssauerstoff und gemessener CO-Gehalt im Abgas mit dem berechneten Nachverbrennungsgrad für eine Beispielschmelze

Der aus der Abgasanalyse ermittelte Nachverbrennungsgrad ist eine geeignete Größe zur Untersuchung der Nachverbrennungsaktivität und ihrer energetischen Auswirkung beim Einschmelzprozess im Lichtbogenofen. In Bild 22 ist der mittlere Nachverbrennungsgrad

Erhöhung der Energie- und Materialeffizienz der Stahlerzeugung im Lichtbogenofen

für die Einschmelzphasen der einzelnen Schrottkörbe einer jeden Schmelze in Abhängigkeit vom eingebrachten Nachverbrennungssauerstoff über die Diffusoren aufgetragen. Entgegen den Erwartungen nimmt der Nachverbrennungsgrad mit zunehmendem Einsatz von Nachverbrennungssauerstoff ab. Dieser Sachverhalt ist so zu interpretieren, dass die Regelung bei niedrigerem Nachverbrennungsgrad zwar mehr Nachverbrennungssauerstoff fordert, die zugeführte Menge an Nachverbrennungssauerstoff jedoch nicht ausreicht, um den Nachverbrennungsgrad signifikant zu erhöhen.

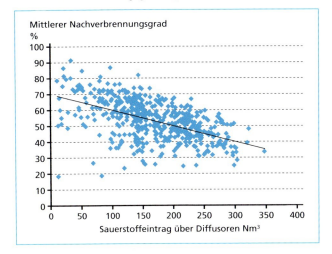

Bild 22: Mittlerer Nachverbrennungsgrad in Abhängigkeit vom Sauerstoffeintrag über die Diffusoren

Die bisher erzielte Verbesserung der energetischen Performance des Lichtbogenofens aufgrund der neu installierten Diffusoren zur gezielten Zufuhr von Nachverbrennungssauerstoff wurde mit dem in Abschnitt 5 beschriebenen statistischen Modell des BFI untersucht. In Tabelle 2 sind die Eingangsgrößen für die Berechnung des elektrischen Energiebedarfs für Schmelzen aus dem 1. Halbjahr 2010 (zu Beginn des Vorhabens) und Ende 2011 (mit Betrieb der Diffusoren zur Nachverbrennung) zusammengefasst. Der elektrische Energieverbrauch W_E konnte in diesem Zeitraum im Mittel um rund 40 kWh/t vermindert werden. Vergleicht man die Differenz zwischen dem berechneten Bedarf und dem tatsächlichen elektrischen Energieverbrauch W_R-W_E, so ergibt sich eine Verminderung um 39 kWh/t. Rund die Hälfte dieser Einsparung lässt sich auf die effizientere Zufuhr

Tabelle 2: Verbrauchskennwerte von Schmelzen der Georgsmarienhütte für 2010 und Ende 2011

Variable	W_R	W_E	$W_R - W_E$	G_A	g_E	g_{Scrap}	g_Z	T_A	t_S
	kWh/t	kWh/t	kWh/t	t	kg/t	kg/t	kg/t	°C	min
2.403 Schmelzen Januar bis Juni 2010	376	445	-69	142	1.123	1.078	47	1.640	44
452 Schmelzen November 2011	374	404	-30	143	1.101	1.076	44	1.632	42

Variable	t_N	M_G	M_{O2G}	$M_{I,L}$	$M_{I,J}$	M_N	M_{Coke}	$M_{O2gesamt}$
	min	m³/t	m³/t	m³/t	m³/t	m³/t	kg/t	m³/t
2.403 Schmelzen Januar bis Juni 2010	18	4,5	14,6	14,3	12,8	5,6	19	32,7
452 Schmelzen November 2011	19	3,1	6,8	12,2	16,6	2,9	18,3	31,7

des Nachverbrennungssauerstoffs über die Diffusoren zurückführen. Der andere Teil der Einsparung lässt sich vermutlich durch eine Modifikation der Brennertechnik und die Optimierung der Primärabgasstrecke erklären. Eine weitere Steigerung der energetischen Performance wäre über eine Erhöhung des Nachverbrennungsgrads durch eine gezielt erhöhte Zufuhr von Nachverbrennungssauerstoff möglich.

7. Optimierung des metallischen Ausbringens durch gezielte Sauerstoffzufuhr

Neben der Energieeinsparung liegt ein weiterer Schwerpunkt dieses Forschungsvorhabens in der Verbesserung der Materialeffizienz. Bei der Georgsmarienhütte werden vornehmlich Qualitätsstähle erzeugt, was den Einsatz von hochwertigen Einsatzmaterialien erfordert. Ziel ist es daher, diese möglichst effektiv einzusetzen. Wesentliche Materialverluste treten durch die Verschlackung der metallischen Einsatzstoffe auf. Bei jeder Schmelze fallen im Lichtbogenofen zwischen 16 und 20 t Schlacke an, die bis zu 40 % aus FeO besteht, was einem Verlust von bis zu 6,5 t Eisen pro Schmelze entspricht. Das Maß der Eisenverschlackung hängt zum großen Teil mit dem Kohlenstoffgehalt der Schmelze zusammen. In Bild 23 ist der Zusammenhang zwischen Kohlenstoff-Konzentration im Stahlbad und FeO-Konzentration in der Schlacke aufgetragen, wie er sich als Momentaufnahme aus der Analyse einer Stahl- und Schlackenprobe ergibt, die am Ofen zu einem sehr frühen Zeitpunkt, etwa bei einem Einschmelzgrad von 80 %, genommen wird.

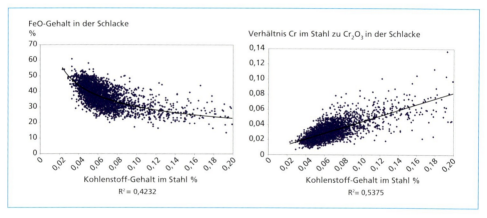

Bild 23: Zusammenhang zwischen Eisen- und Chromverschlackung und Kohlenstoff-Gehalt im Stahlbad

Ein ähnlicher Zusammenhang ist für das Legierungselement Chrom festzustellen. Im rechten Teilbild von Bild 23 ist der Zusammenhang des Verhältnisses von Chrom in der Schlacke und im Stahlbad zu dem Kohlenstoffgehalt der Schmelze dargestellt. Für die überwiegende Anzahl der bei GMH hergestellten Qualitäten ist für den Chromgehalt der Schmelze ein oberer Grenzwert vorgegeben, so dass die Verschlackung des über den Schrott eingebrachten Chroms erwünscht ist. Für einige Edelbaustähle werden jedoch höhere Chromgehalte angestrebt. Werden in diesem Fall gezielt größere Mengen an Chrom über höher legierten Schrott in das Stahlbad eingebracht, so können diese am besten mit einer höheren Kohlenstoffkonzentration vor allzu starker Verschlackung geschützt werden. Diese beiden Beispiele machen deutlich, dass das Unterschreiten der zulässigen Kohlenstoffkonzentration unnötige Materialverluste verursacht.

Um das metallische Ausbringen zu optimieren, ist es somit wichtig, den vorgegebenen Ziel-Kohlenstoffgehalt möglichst genau zu treffen, da je des Unterschreiten der Toleranzgrenze eine höhere Eisenverschlackung und damit eine geringere Materialeffizienz verursachen würde.

Das dynamische Prozessmodell des BFI wurde daher um eine detaillierte Kohlenstoffbilanz zur Ermittlung des Oxidationszustands und zur Berechnung des Kohlenstoffgehalts des Stahlbades erweitert. Kohlenstoff gelangt zum einen über die mit den Körben chargierten Einsatzstoffe in das Stahlbad. Jede einzelne Schrottsorte enthält einen bestimmten Anteil an Kohlenstoff. Zusätzlich wird bei GMH etwa 1 t Kohle mit dem ersten Korb chargiert. Zum anderen wird Kohlenstoff zur Bildung einer Schaumschlacke über vier Lanzen in das Stahlbad eingebracht. Parallel zum Kohlenstoff wird dazu auch Sauerstoff in das Stahlbad eingeblasen, der den Kohlenstoff zu CO verbrennt, was zum Aufbau der Schaumschlacke dient. Der so eingebrachte Sauerstoff trägt jedoch auch zur Verschlackung von Eisen und anderen Begleitelementen bei. Der Anteil des eingebrachten Sauerstoffs, der den Kohlenstoff im Stahlbad verbrennt, wird bei der Berechnung des Oxidationszustands der Schmelze proportional zur Kohlenstoff-Konzentration angesetzt.

Der aktuelle Kohlenstoffgehalt der Stahlschmelze kann bei GMH über zwei unterschiedliche Verfahren messtechnisch erfasst werden. Sobald etwa 80 % des gesamte Schrotteintrags aufgeschmolzen ist, wird eine Stahlprobe entnommen und zur Analyse ins Labor gebracht, deren Ergebnis nach etwa fünf Minuten zur Verfügung steht. Diese Analyse umfasst alle relevanten Elemente, unter anderem auch den Kohlenstoff. Eine weitere Methode zur Ermittlung des Kohlenstoffgehaltes erfolgt über das CELOX-Messsystem. Bei diesem Messverfahren wird die elektromotorische Kraft (EMK) des Sauerstoffs im Stahlbad ermittelt, aus der die Sauerstoff-Konzentration abgeleitet werden kann. Mit Hilfe eines funktionalen Zusammenhanges, der ein Gleichgewicht zwischen dem Sauerstoff- und dem Kohlenstoff-Gehalt voraussetzt, kann der Kohlenstoff-Gehalt ebenfalls ermittelt werden. Eine CELOX-Messung wird ein bis zwei Mal pro Schmelze durchgeführt.

Die von dem Modell berechnete Kohlenstoff-Konzentration und der daraus abgeleitete Oxidationszustand sind für eine Beispielschmelze im linken Teil von Bild 24 dargestellt. Nach dem Setzen des ersten Korbs in den Restsumpf der Vorgängerschmelze steigt der Kohlenstoffgehalt aufgrund der mitchargierten Kohle stark an. Im Laufe der Behandlung, in der ein zweiter Korb in Minute 22 gesetzt wurde, verringert sich die Kohlenstoffmenge durch die Entkohlungswirkung des eingeblasenen Sauerstoffs zunehmend. Die Stahlprobe wurde in Minute 41 entnommen und die notwendige Modelladaption erfolgt nach Eintreffen der Laboranalyse in Minute 48. Nach etwa 45 Minuten kann davon ausgegangen werden, dass der Großteil des eingebrachten Schrottes eingeschmolzen ist. Ab diesem Zeitpunkt kann der ermittelte Sauerstoffgehalt als ein Maß für den Oxidationszustand der Schmelze aufgefasst werden. Ein weiteres Absinken des Kohlenstoffgehaltes ist zu erkennen, das durch das eingestellte Verhältnis von Kohlenstoff zu Sauerstoff der Injektoren verursacht wird. Dieser Effekt wird durch den zusätzlichen Sauerstoffeintrag über die Türlanzen verstärkt. Die Messwerte der drei CELOX-Messungen werden für diese Schmelze durch das Modell sehr gut getroffen.

Die Modellgenauigkeit bezüglich des Kohlenstoffgehalts ist für die untersuchten Schmelzen im rechten Teil von Bild 24 dargestellt. Für die erste Messung einer jeden Schmelze beträgt die Standardabweichung des Modellfehlers für den Kohlenstoffgehalt 0,022 %. Bei der Vielzahl von Unwägbarkeiten, die beim Einschmelzprozess im Lichtbogenofen vorherrschen, ist eine höhere Genauigkeit kaum zu erwarten. Nach Adaption auf die erste Messung kann für die Folgemessungen eine wesentlich höhere Genauigkeit erzielt werden, die durch eine Standardabweichung des Modellfehlers von 0,017 % zum Ausdruck kommt.

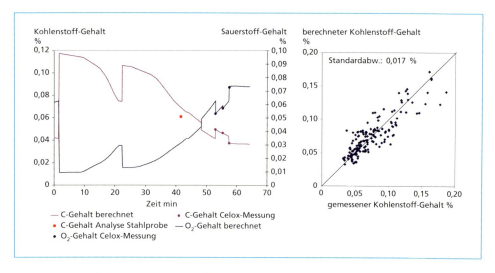

Bild 24: Berechnete Kohlenstoff- und Sauerstoff-Konzentration des Stahlbades

Basierend auf der modellgestützten Kohlenstoff- und Sauerstoffbilanz soll nun eine Regelung für die Sauerstoffzufuhr entworfen werden, so dass eine bedarfsgerechte Zufuhr in Abhängigkeit der chargierten Schrottsorten und der zugeführten Kohlenstoffträger erfolgt. Damit soll der Abbrand von Eisen und wertvollen Legierungselementen vermindert werden, und gleichzeitig eine Überoxidation der Schmelze mit erhöhtem Verbrauch an Desoxidations-Aluminium verhindert werden.

8. Zusammenfassung und Ausblick

Die Forschungsarbeiten des Verbundvorhabens zur Erhöhung der Energie- und Materialeffizienz der Stahlerzeugung im Lichtbogenofen haben bereits folgende Zwischenziele erreicht:

- Ein geeignetes Feuerfestmaterial für die thermische Isolierung der wassergekühlten Wandelemente wurde ausgewählt. Erste Versuche mit einem aus diesem Material hergestellten Feuerfestbauteil haben gezeigt, dass die thermischen Verluste durch die Wasserkühlung vermindert werden können.

- Ein photobasierter Sensor zur verzögerungsfreien Detektion eines frei brennenden Lichtbogens wurde entwickelt und im Betrieb erprobt. Der Einsatz dieses Sensors in einer angepassten elektrischen Leistungsregelung zur Verbesserung der Energieeffizienz ist möglich.

- Zur Verringerung der Energieverluste über das Abgas wurden spezielle Diffusoren für das gezielte Einbringen von Nachverbrennungssauerstoff entwickelt und zusammen mit einer Regelung basierend auf Abgasmesswerten am Ofen der GMH installiert. Dadurch konnte der elektrische Energieverbrauch bereits um rund 20 kWh/t vermindert werden.

- Ein dynamisches Prozessmodell zur online Berechnung der Temperatur, des Kohlenstoffgehalts und des Oxidationszustands der Schmelze wurde entwickelt und innerhalb des Prozessführungssystems am Ofen implementiert. Die kontinuierliche Berechnung des Kohlenstoffgehalts bietet die Möglichkeit, die Sauerstoffzufuhr zur Entkohlung bedarfsgerecht zu regeln. Damit kann die Materialeffizienz durch eine Verminderung des Metallabbrands und der Überoxidation erhöht werden.

9. Abschätzung des Ressourceneffizienzpotenzials des Vorhabens

Die Forschungsarbeiten des Verbundvorhabens zur Erhöhung der thermischen Effizienz des Lichtbogenofens und zur verbesserten Prozessführung haben das Potenzial, die Energie- und auch die Materialeffizienz der Elektrostahlerzeugung signifikant zu verbessern. Die erwartete Steigerung der Energieeffizienz und des metallischen Ausbringens, sowie der Minderverbrauch an Desoxidations- und Legierungsmitteln sind in der folgenden Tabelle zusammengestellt und nachfolgend im Detail erläutert.

Tabelle 3: Verbesserung der Energie- und Materialeffizienz beim Lichtbogenofen-Prozess

Nutzung der Abgasenthalpie	- 20 kWh/t elektrische Energie
Reduzierung der thermischen Verluste der Gefäßwand (rund 5 MW) um 50 %	- 25 kWh/t elektrische Energie
Verkürzung der Behandlungszeit um 5 min durch höheren effektiven Energieeintrag	- 5 kWh/t elektrische Energie
Anpassung des Erdgaseintrages an die Prozessbedingungen	- 1,25 Nm³/t Erdgas
Anpassung des Sauerstoffeintrages an die Prozessbedingungen	- 5,0 Nm³/t Sauerstoff
	+ 1 % metallisches Ausbringen bzgl. Eisen aus dem Schrotteinsatz (1,5 t/Charge)
	+ 10 % Ausbringen von Legierungselementen Cr, Mo, Va) aus dem Schrotteinsatz
	- 10 % Verbrauch an Desoxidations-Aluminium bei Abstich des LBO
	+ 5 % Ausbringen von Legierungsmittelzugaben bei Abstich des LBO

- Durch eine gezielte Zufuhr von chemischer Energie über Nachverbrennungssauerstoff auf Basis einer kontinuierlichen Abgasanalyse lassen sich die Energieverluste über das Ofenabgas um etwa 25 % vermindern. Dies führt zu einer geschätzten Energieeinsparung von etwa 30 kWh/t Rohstahl, die sich in etwa im Verhältnis 2:1 auf die elektrische und die chemische Energiezufuhr über Erdgas und Sauerstoff aufteilt. Dies bedeutet eine Einsparung von etwa 1,25 Nm³/t an Erdgas und von 2,5 Nm³/t an für dessen Verbrennung erforderlichem Sauerstoff. Rund zwei Drittel dieses Einsparpotentials konnten am Ofen bereits realisiert werden.

- Die Abwärmeleistung der wassergekühlten Ofenwand beträgt beim untersuchten Ofen im Mittel rund 5 MW. Durch die mit Hilfe des photobasierten Sensors frühzeitige Erkennung eines fbLB, der die Verschlackung an der Ofeninnenwand abschmelzen würde, und das Einbringen von zusätzlichen Feuerfestbauteilen an den thermisch besonders stark belasteten Elementen der Ofenwand ist eine Verminderung der Abwärmeverluste um 50 % möglich.

- Ein verringerter elektrischer Energiebedarf bedeutet über die bei konstanter Leistung verminderte Stromflusszeit automatisch eine Verkürzung der Behandlungszeiten. Weiterhin wird mit der dynamischen Prozessführung der Behandlungsablauf vergleichmäßigt. Eine Verkürzung der Behandlungsdauer von insgesamt etwa fünf Minuten ist zu erwarten, die in einer zusätzlichen Energieeinsparung von etwa 5 kWh/t und einer Steigerung der Produktivität resultiert. Durch die Verminderung des elektrischen Energieverbrauchs konnte die Stromflusszeit am Ofen bereits um 2 Minuten verringert werden.

- Der Sauerstoffverbrauch beim LBO-Prozess beträgt im Mittel 34 Nm^3/t. Der größte Teil davon wird zur Verbrennung von fossilen Brennstoffen genutzt, führt aber auch zu einer unerwünschten Verschlackung von Eisen und metallischen Legierungselementen wie z.B. Chrom, Molybdän und Mangan aus dem Schrotteinsatz. Durch einen gezielteren Einsatz von Sauerstoff über eine modellgestützte und auf einer Abgasanalyse basierenden Prozessführung kann das metallische Ausbringen von Eisen um etwa 1 % erhöht werden. Bezüglich der erwünschten und wertvollen Legierungselemente Chrom, Molybdän und Vanadium, die mit dem Schrott eingebracht werden, ist, je nach zu erzeugender Qualität, eine Erhöhung des Ausbringens von bis zu 10 % zu erwarten. Weiterhin kann durch eine gezielte Sauerstoffzufuhr der Sauerstoffgehalt der Schmelze besser kontrolliert werden. Dies führt zu einem Minderverbrauch von etwa 10 % von Desoxidations-Aluminium, das bei Abstich des LBO zur Desoxidation der Schmelze zugegeben wird. Weiterhin erhöht sich dadurch das Ausbringen von sauerstoff-affinen Legierungselementen wie Mangan und Chrom, die bei Abstich des LBO durch die Zugabe von Legierungsmitteln eingebracht werden, um etwa 5 %. Alle Maßnahmen gemeinsam führen zu einem geschätzten Minderverbrauch an Sauerstoff von mindestens weiteren 2,5 Nm^3/t.

In Deutschland werden zurzeit jährlich etwa 13,15 Millionen Tonnen Stahl über die Elektroofenroute erzeugt. Alleine an dem Ofen der Georgsmarienhütte beträgt die jährliche Produktion 950.000 t Stahl, wobei dort besonders hochwertige Stahlqualitäten mit zum Teil hohen Legierungsmittelgehalten hergestellt werden.

Der mittlere elektrische Energieverbrauch von zur Zeit 492 kWh/t lässt sich durch die oben genannten Maßnahmen um etwa 10 % oder bezogen auf die gesamte deutsche Elektrostahlproduktion jährlich insgesamt 650.000 MWh vermindern. Weiterhin ist eine Verminderung des Erdgasverbrauchs um etwa 12,5 % und des Sauerstoffverbrauches um etwa 14 % zu erwarten.

Bezüglich der Materialeffizienz ist durch die gezielte Sauerstoffzufuhr eine Erhöhung des metallischen Ausbringens von Eisen um 1 % und eine Erhöhung des Ausbringens hochwertiger Legierungselemente aus dem Schrott um 10 % zu erwarten. Letztere Zahl hängt erheblich von der Schrottgattierung bzw. der produzierten Stahlgüte ab. Bei einem mittleren Ausbringen des Einsatzstoffes Stahlschrott von etwa 90 % bedeutet dies einen jährlichen Minderverbrauch dieses Rohstoffs von rund 200.000 t. Hinzu kommt eine Einsparung an Desoxidations- und Legierungsmitteln von im Mittel etwa 2 kg/t, also rund 25.000 t jährlich. Insbesondere hierbei hängt das Einsparpotential stark von den produzierten Stahlqualitäten und den Legierungselement-Gehalten ab.

Die als Referenzobjekt dienende Demonstrationsinstallation der Verfahren zur Erhöhung der Ressourcen- und Energieeffizienz an dem Gleichstrom-Lichtbogenofen als einem marktführenden Edelstahlproduzenten ist beispielhaft. Ausgehend davon sind im Anschluss an das Vorhaben weitere Schritte zur produktionsstätten- und branchenübergreifenden Nutzung der erzielten Ergebnisse vorgesehen. Ein hohes Anwendungspotenzial ergibt sich dabei naturgemäß im Bereich der Eisen- und Stahlindustrie. Hier werden allein in Deutschland zur Stahlerzeugung mehr als 20 leistungsfähige Gleich- und Wechselstromlichtbogenöfen betrieben.

Weiterhin ist die Übertragung der Ergebnisse des Verbundvorhabens auch auf die zahlreichen kleineren Lichtbogenöfen, die in den überwiegend mittelständischen Gießereien betrieben werden, möglich. Eine branchenübergreifende Verwertung der Ergebnisse des Forschungsvorhabens kommt für weitere energieintensive Prozesse der Metallurgie, z.B. der Erzeugung von Ferrochrom im Lichtbogenofen in Betracht.

10. Literatur

[1] Stahlinstitut VDEh: Zwischenbericht CO_2-Monitoring: Energie- und Ressourceneffizienzsteigerung der Stahlindustrie in der Selbstverpflichtungszeitspanne 1990 bis 2003. September 2004

[2] Kühn, R.: Untersuchungen zum Energieumsatz in einem Gleichstromlichtbogenofen zur Stahlerzeugung. Diss. Technische Universität Clausthal, 2002, Shaker Verlag

[3] Treppschuh, F.; Bandusch, L.; Fuchs, H.; Schubert, M.; Schaefers, K.: Neue Technologien bei der Elektrostahlerzeugung – Einsatz und Ergebnisse. Stahl und Eisen 123 (2003), Nr. 2, S. 53-56

[4] Altfeld, K.: Energiebilanzen von Elektrolichtbogenöfen – Auswirkungen wassergekühlter Ofenelemente. stahl und eisen 102 (1982), Nr. 20, S. 979-984

[5] Huscher, O.: Water-cooled vessels in modern high-performance electric arc furnaces. Metallurgical Plant Technology MPT 19 (1996), Nr. 4, S. 36-40

[6] Kirschen, M.; Kronthaler, A.; Molinari, T.; Rahm, C.: Energiebilanzen von Elektrolichtbogenöfen mit Kühlelementen in der feuerfesten Zustellung. Stahl und Eisen 127 (2007), Nr. 6/7, S. 96-100

[7] Schliephake, H.; Timm, K.; Bandusch, L.: Computer controlled optimisation of the productivity of ISPAT-Hamburger Stahlwerke's AC UHP EAF. 5th European Electric Steel Congress, Paris, 19.-23. Juni 1995

[8] Krüger, K.; Homeyer, K.; Bandusch, L.: Erfassung und Regelung des Schaumschlackenniveaus beim Drehstrom-Lichtbogenofen. stahl und eisen 124 (2004), Nr. 9, S. 51-57

[9] Sesselmann, R.; Wahlers, F.-J.; Zörcher, H.; Poppe, T.: Optimization of the electrode control system with neural network. 5th European Steel Congress, Paris, 19.-23. Juni 1995

[10] Krüger, K.; Timm, K; Schliephake, H.; Bandusch, L.: Leistungsregelung eines Drehstrom-Lichtbogenofens. stahl und eisen 116 (1996), Nr. 8, S. 95-100

[11] Treppschuh, A.; Krüger, K.; Kühn, R.; Schliephake, H.: Verbesserte Spannungsregelung für Gleichstrom-Elektrolichtbogenöfen. stahl und eisen 127 (2007), Nr. 9, S. 51-58

[12] Köhle, S.: Recent improvements in modelling energy consumption of electric arc furnaces. 7th European Electric Steelmaking Conference 2002, S. 1305-1314

[13] Kleimt, B.; Köhle, S.; Kühn, R.; Zisser, S.: Application of models for electrical energy consumption to improve EAF operation and dynamic control. 8th European Electric Steelmaking Conf. 2005, S. 183-197

[14] D. Donato, A. et al.: Development of operating conditions to improve chemical energy yield and performance of dedusting in airtight EAF. EGKS-Projekt, Bericht EUR 22973, 2007

[15] Kühn, R.; Deng, J.: Kontinuierliche Abgasanalyse und Energiebilanz bei der Elektrostahlerzeugung. stahl und eisen 125 (2005), Nr. 4, S. 51-56

Wir bauen Zukunft.

Bayerns einziges Stahlwerk erzeugt jährlich mehr als 1 Million Tonnen Qualitäts- und Edelbaustahl sowie Betonstahl, der vornehmlich in der europäischen Automobil- und Bauindustrie eingesetzt wird. Unser Beitrag zur Gestaltung der Zukunft.

Lech-Stahlwerke GmbH
Industriestraße 1
D-86405 Meitingen

Telefon +49 8271 82-0
Telefax +49 8271 82-377
www.lech-stahlwerke.de

Schlackenkonditionierung im Elektrolichtbogenofen:
– Metallurgie und Energieeffizienz –

Hans Peter Markus, Hartmut Hofmeister und Michael Heußen

1.	Technologie des Elektrolichtbogenofens	106
2.	Grundlagen der Schlackenmetallurgie im Elektrolichtbogenofen	108
2.1.	Metallurgische Arbeit	109
2.2.	Verschleiß der feuerfesten Zustellung durch die Schlacke	110
3.	Schlackenbildung und Schlackenführung	113
3.1.	Entwicklung der Schlackenzusammensetzung	113
3.2.	Auflösung der Schlackenbildner	114
3.3.	Schlackenführung unter Betriebsbedingungen	117
4.	Maßnahmen zur Schlackenkonditionierung bei LSW	120
4.1.	Grundsätzliche Überlegungen	121
4.2.	Betriebsergebnisse	122
5.	Zusammenfassung	125
6.	Literatur	126

Die weltweite Stahlerzeugung von derzeit etwa 1,5 Milliarden Tonnen pro Jahr fußt im wesentlichen auf zwei Technologien, dem Sauerstoffkonverter und dem Elektrolichtbogenofen, die grundsätzlich nach ihren Einsatzstoffen zu unterscheiden sind: Während in Konverterstahlwerken vor allem im Hochofen hergestelltes Roheisen verwendet wird, basiert die Erzeugung von Elektrostahl weitestgehend auf Stahlschrotten. Der Anteil der Produktion von Stahl im Lichtbogenofen liegt global bei etwa dreißig Prozent, in der EU-27 bei über vierzig Prozent – mit steigender Tendenz.

Die Lech-Stahlwerke GmbH (LSW) in Meitingen zählt zu den größeren deutschen Elektrostahlwerken. Ursprünglich für eine Leistung von 300.000 Jahrestonnen Betonstahl konzipiert, verfügt die LSW heute über eine Produktionskapazität von mehr als 1,1 Millionen Tonnen Qualitäts- und Edelbaustahl und ist damit ein gutes Beispiel für die rapide Entwicklung, die das Elektrostahlverfahren in den letzten Jahrzehnten genommen hat, dies insbesondere dank großer Fortschritte in Elektrotechnik und Elektronik.

Voraussetzung für die sichere Beherrschung dieses äußerst energieintensiven Prozesses ist in jedem Fall allerdings auch eine entsprechende abgestimmte Metallurgie der Flüssigphase. Dabei spielt die Steuerung der Zusammensetzung der Elektroofenschlacken eine entscheidende Rolle.

Hans Peter Markus, Hartmut Hofmeister, Michael Heußen

1. Technologie des Elektrolichtbogenofens

Die für das Erschmelzen des Rohstahls nötige Energie wird hauptsächlich über mit Drehstrom (wie im Fall der LSW) oder Gleichstrom beaufschlagte Elektroden eingebracht. Der eigentliche Wärmeübergang erfolgt durch den zwischen Elektrode und Schrott bzw. später auf dem flüssigem Stahlbad brennenden Lichtbogen. Da diese Lichtbögen Punktquellen darstellen und keinen gleichmäßigen Energieeintrag über den Ofenquerschnitt erlauben, sind in modernen Elektroöfen üblicherweise zusätzliche Brennersysteme verschiedenster Bauart installiert. Im Fall der zwei LSW-Lichtbogenöfen handelt es sich um drei 4-MW-Sauerstoff-Erdgasbrenner, in diese sind drei Jetlanzen mit einer maximalen Leistung von insgesamt mehr als 1 Nm³ O_2/s integriert. Hinzu kommen drei Nachverbrennungsdüsen und drei Düsen zur Kohleeinblasung.

Der Ofen ist zudem mit Einblasstellen für Kalk und (versuchsweise) für Dolomit ausgestattet und verfügt über drei Bodenspülelemente. Bild 1 illustriert schematisch die Anordnung von Elektroden, Brennersystemen und anderen wesentlichen Ofenkomponenten.

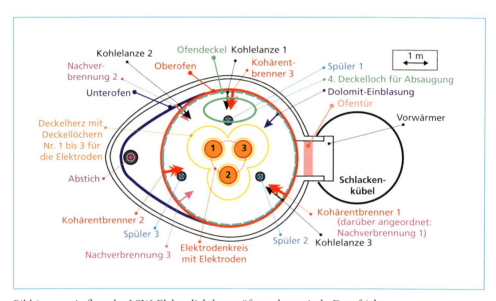

Bild 1:   Aufbau der LSW-Elektrolichtbogenöfen, schematisch, Draufsicht

Bei der Stahlerschmelzung im Lichtbogenofen handelt es sich um einen diskontinuierlichen Prozess, bei dem der Schrott in mehreren Portionen zugegeben wird. Bei LSW erfolgt das Chargieren dabei über Schrottkörbe, mit denen bis zu sechzig Tonnen Schrott in den Ofen eingebracht werden können, wie Bild 2 veranschaulicht.

Der Ablauf einer Charge gliedert sich dementsprechend in die Einschmelzphase bis zur vollständigen Verflüssigung des metallischen Einsatzes und die nachfolgende Überhitzungsphase zur Einstellung der für den Abstich nötigen Temperatur. Am Ende wird der dann flüssige Stahl zur weiteren Behandlung in eine Stahlgießpfanne abgestochen (umgefüllt).

Zu Beginn der Charge ist der Ofeninnenraum vollständig mit Schrott befüllt; der im Ofen verbliebene Stahl- und Schlackensumpf, bei LSW in der Größenordnung von etwa zehn bis zwanzig Tonnen, wird durch den Kontakt mit dem kalten Schrott deutlich unter seine Erstarrungstemperatur abgekühlt.

Schlackenkonditionierung im Elektrolichtbogenofen

Bild 2:

Chargieren von Schrott in den Elektrolichtbogenofen

Mit Beginn der Einschmelzphase wird mit einem relativ kurzen Lichtbogen zum Aufschmelzen der sogenannten Bohrlöcher in der Schrottschüttung angefahren. Anschließend werden die entstandenen Krater mit zunehmend längerem Lichtbogen erweitert, gleichzeitig werden die Brennersysteme zugeschaltet. Bild 3 zeigt einen Blick in den Ofen kurz nach Einschmelzbeginn; deutlich wird, dass im Wirkungsbereich von Lichtbogen und Nachverbrennungsdüsen bereits Temperaturen jenseits von 1.500 °C vorherrschen und der Schrott an diesen Stellen bereits aufgeschmolzen ist. Im Gegensatz dazu ist ein größerer Teil der Schrottschüttung noch kaum erwärmt.

Die Flammen der relativ tief angeordneten Brenner sind zu diesem Zeitpunkt noch nicht sichtbar.

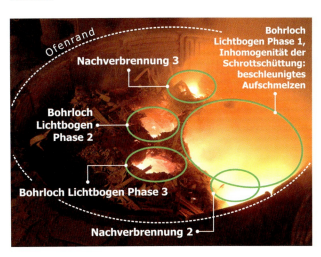

Bild 3:

Schrottschüttung im Lichtbogenofen, Draufsicht, frühes Einschmelzen

Die Bohrlöcher vereinen sich etwa während des ersten Drittels der Einschmelzphase zu einer Grube in der Schrottschüttung, die nach unten erweitert wird, bis der Lichtbogen nicht mehr auf dem Schrott, sondern auf dem neu gebildeten flüssigen Stahlbad brennt. Die verbleibende Schrottschüttung an den Wänden wird deutlich verzögert durch die Wirkung der Brenner, die Wärmestrahlung der Lichtbögen und den Wärmeübergang aus dem steigenden Stahl- und Schlackenbad aufgeschmolzen. Der verflüssigte Stahl und die gleichzeitig gebildete Einschmelzschlacke fließen anfänglich in die Schrottschüttung ab und erwärmen in dieser Reihenfolge Schüttung und Sumpf, bis letzterer wieder vollständig aufgeschmolzen ist. Während des Einschmelzens ggf. nachfolgender Schrottkörbe wiederholt sich dieser Ablauf, allerdings deutlich beschleunigt durch den Wärmeinhalt des bereits aufgeschmolzenen Stahls.

Mit der weitestgehenden Verflüssigung des Schrotteinsatzes ist die Einschmelzphase abgeschlossen. Gleichzeitig ist zu diesem Zeitpunkt die Abschirmung der Ofenwand vor der Wärmestrahlung des Lichtbogens durch den Schrott nicht mehr gegeben. Im Ergebnis würden sich an der Wandung sehr hohe Wärmestromdichten ergeben. Im Fall der LSW-Öfen wären hier Werte von maximal über etwa 600 bis 800 kW/m² zu erwarten, womit die Belastungsgrenzen von feuerfestem (ff) Material wie auch wassergekühlten Elementen deutlich überschritten würden.

Daher wird zum Ende der Einschmelzphase die Lichtbogenlänge reduziert und Kohlenstaub in die eisenreiche Schlacke eingeblasen. Das bei der Reduktion der Eisenoxide entstehende Kohlenmonoxid führt zu einem Aufschäumen bzw. Aufkochen der Schlacke, wodurch im Idealfall eine vollständige Einhüllung des Lichtbogens erreicht wird. Dadurch wird nicht nur die Ofenwand geschützt, sondern auch der Energieübergang auf das Stahlbad und damit der Wirkungsgrad des Ofens deutlich gesteigert. Auf die Besonderheiten dieser sogenannten Schaumschlackenfahrweise wurde an anderer Stelle im Detail eingegangen [1, 2].

Chemische und physikalische Eigenschaften der Elektroofenschlacken sind allerdings auch in anderen Zusammenhängen von Relevanz, wie nachfolgend dargestellt wird.

2. Grundlagen der Schlackenmetallurgie im Elektrolichtbogenofen

Bei der Elektroofenschlacke (EOS) handelt es sich um eine sogenannte Frischschlacke, d.h. um eine Schlacke, die gegenüber dem Stahlbad oxidierend wirkt. Ursächlich ist, dass verfahrensbedingt große Mengen Sauerstoff eingesetzt werden und je nach Schrottqualität zwischen fünf und fünfzehn Prozent des weitestgehend aus Eisen bestehenden metallischen Einsatzes verschlackt (verbrannt) werden; Hauptbestandteil der EOS sind insofern Eisenoxide. Das Sauerstoffpotential wird im Regelfall durch die Gleichgewichte mit Kohlenstoff bestimmt.

Eine Besonderheit des Elektrostahlverfahrens ist dabei, dass die Schlacke nicht zu einem bestimmten Zeitpunkt entfernt (abgeschlackt) wird, sondern über eine längere Zeit quasikontinuierlich ausfließt. Je nach Fahrweise verbleiben nach Chargenende zudem wechselnde Mengen Restschlacke als Sumpf im Ofen, die auch als Vorschlacke bezeichnet werden.

Aufgaben der Schlacke im Elektrolichtbogenofen sind vor allem die Entphosphorung und in gewissem Maß auch die Entschwefelung des Stahls, die auch als metallurgische Arbeit bezeichnet werden. Eine weitere zentrale Forderung ist die Eignung zum bereits erwähnten Schlackenschäumen, ohne das moderne Hochleistungsöfen nicht betrieben werden können.

Schlacken sind gleichermaßen unvermeidliche wie notwendige Begleiter der Elektrostahlerzeugung, die allerdings auch ungewünschte Wirkungen entfalten. Die feuerfeste Zustellung der Öfen kann durch Schlackenkorrosion massiv voreilenden Verschleiß erfahren, dem durch geeignete Maßnahmen begegnet werden muss.

Abschließend müssen in jedem Fall auch die nachgeschalteten Verwertungsprozesse Berücksichtigung finden, hier stehen insbesondere Effekte der Hydratation und Elution im Vordergrund.

2.1. Metallurgische Arbeit

Unter metallurgischer Arbeit sind unter den Bedingungen im Elektrolichtbogenofen im wesentlichen Entphosphorung und Entschwefelung des Stahls durch die Schlacke zu verstehen. Erstere vollzieht sich nach der Molekulartheorie der Schlacken in zwei Schritten:

$$2\,[P] + 8\,(FeO) \leftrightarrow (3\,FeO \cdot P_2O_5) + 5\,[Fe] \text{ und} \tag{1}$$

$$(3\,FeO \cdot P_2O_5) + 3\,(CaO) \leftrightarrow (3\,CaO_3 \cdot P_2O_5) + 3\,(FeO), \tag{2}$$

Die in [eckige Klammern] gesetzten Summenformeln stehen dabei für im Stahl gelöste Elemente, Angaben in (runden Klammern) für Gehalte in der Schlacke.

Dementsprechend vollzieht sich die Reaktion über ein Zwischenprodukt, $3\,FeO \cdot P_2O_5$ (oder nach der Ionentheorie: $2\,(PO_4)^{3-}$), das unter den Bedingungen des Lichtbogenofens allerdings nicht stabil ist. Insofern ist ohne die nachfolgende Bindung des Phosphors an reaktionsfähiges CaO (oder: Ca^{2+}) keine Entphosphorung möglich. Ist in der Schlacke SiO_2 (oder: SiO_4^{4-}) enthalten, ist ein Teil des Kalziums zwingend in Form von Kalziumsilikaten assoziiert; diese Stoffmenge steht nicht für die Entphosphorung zur Verfügung.

Voraussetzung für einen optimalen Ablauf der Entphosphorungsreaktion sind demnach erhöhte FeO- und CaO- sowie möglichst niedrige SiO_2-Gehalte der Schlacke. Da die Beständigkeit des Kalziumphosphats mit steigenden Temperaturen sinkt, findet eine effiziente Entphosphorung bei Temperaturen kleiner etwa 1.550 °C statt; mit der steigenden Überhitzung des Bades kann es zur Rückphosphorung aus der Schlacke in den Stahl kommen.

Gegenteiliges gilt für die Entschwefelungsreaktion, die üblicherweise als Austauschreaktion nach

$$(CaO) + [S] \leftrightarrow (CaS) + [O] \tag{3}$$

oder auch

$$(CaO) + [FeS] \leftrightarrow (CaS) + (FeO) \tag{4}$$

verstanden wird. Im Stahl gelöster Schwefel nimmt zwei Elektronen von Ca^{2+}-Ionen der Schlacke auf, d.h., die Schwefelionen ersetzen den an Kalzium gebundenen Sauerstoff, der in die Schmelze – oder als FeO in die Schlacke – übergeht. Der Übergang des Schwefels aus dem Bad in die Schlacke wird also durch hohe CaO-Gehalte befördert. Gleichzeitig sind niedrige Sauerstoffaktivitäten im Bad bzw. niedrige FeO-Gehalte der Schlacke Voraussetzungen, wobei die beiden letztgenannten Größen in positiver Korrelation stehen.

Im Hinblick auf die zwangsläufig hohen Eisenoxidgehalte der EOS und einen meist recht großen Freiheitsgrad bei der Zugabe von CaO-Trägern kann insofern zusammengefasst werden, dass der Lichtbogenofen relativ hohe Entphosphorungsleistungen ermöglicht, eine Entschwefelung allerdings nur bedingt möglich ist. Bei LSW übliche Werte für die Verteilungsgleichgewichte, meist als Quotient der jeweiligen Gehalte in Schlacke und Stahl angegeben, bewegen sich für Phosphor im Bereich

$$(P)_{Schlacke}/[P]_{Stahl} = 10\ldots 50, \tag{5}$$

für Schwefel liegen die Werte mit

$$(S)_{Schlacke}/[S]_{Stahl} = 0{,}5\ldots 2 \tag{6}$$

um eine Größenordnung niedriger. Dennoch kann es Einzelfällen zweckmäßig sein, die begrenzte Entschwefelungsleistung des Elektrolichtbogenofens zu nutzen, wenn es die Erfordernisse der nachgeschalteten Sekundärmetallurgie erfordern.

2.2. Verschleiß der feuerfesten Zustellung durch die Schlacke

Die Ausmauerung von Lichtbogenöfen ist vielfältigen Beanspruchungen ausgesetzt, wobei neben der thermischen und korrespondierenden mechanischen Belastung chemische Reaktionen mit bzw. in der Zustellung die größte Rolle spielen.

Dominierender Funktionswerkstoff für die Feuerfestzustellung von Elektrolichtbogenöfen sind Steine auf Basis von MgO (Periklas), die zudem bis etwa fünfzehn Prozent Kohlenstoff als Binder enthalten.

Der Verschleiß des meist mit MgO-Massen zugestellten Herdes ist in der Regel unkritisch, so dass hier nur die Angriffsmechanismen an den im Bereich der Ofenwand eingesetzten MgO-C-Steinen betrachtet werden sollen. An dieser Stelle haben sowohl thermische als auch korrosive Effekte Relevanz.

Unter einer thermischen Belastung werden an dieser Stelle Effekte von Temperaturen verstanden, die deutlich über denen des Stahls liegen. Rechnerisch können bei direkter Einwirkung der Lichtbogenstrahlung Werte jenseits von 2.000 °C erreicht werden; in diesem Temperaturbereich gewinnt die Vergasungsreaktion

$$<MgO> + <C> \leftrightarrow \{Mg\} + \{CO\} \qquad (7)$$

an Bedeutung; MgO und Kohlenstoff liegen im Stein unmittelbar nebeneinander vor, nach Informationen aus der Literatur setzt diese Reaktion bereits bei etwa 1.700 °C ein [3]. Diese Angaben verdeutlichen die Bedeutung einer effizienten Abschirmung der Ofenwand gegenüber der Wärmestrahlung des Lichtbogens.

Unter dem Begriff der Korrosion wird die Bildung von heterogen oder homogen flüssigen sowie gasförmigen Produkten einer chemischen Reaktion zwischen ff-Material und Prozessstoffen zusammengefasst. Hauptträger des korrosiven Angriffs an den Ofensteinen ist die Elektroofenschlacke, während das Angriffspotential elementarer Metalle (Eisen, im Stahl gelöste Elemente) gegenüber MgO-C-Steinen vergleichsweise gering ist [4].

Von entscheidender Bedeutung ist in diesem Zusammenhang das Lösungs- und damit auch Auflösungsvermögen der hauptsächlich aus FeO, CaO, SiO_2, MgO und Al_2O_3 bestehenden Ofenschlacken für MgO. Vereinfachend kann formuliert werden, dass steigende CaO-Gehalte zu einer Erniedrigung, steigende SiO_2- und Al_2O_3-Gehalte zu einer Erhöhung des Lösungsvermögens führen, so dass die Basizität

$$B_4 = \frac{(CaO) + (MgO)}{(SiO_2) + (Al_2O_3)} \qquad (8)$$

als grobes Maß für das MgO-Lösungsvermögen der Schlacken herangezogen werden kann. Die gegenseitige Löslichkeit von FeO und MgO spielt dabei keine wesentliche Rolle für den Verschleiß von MgO-C-Zustellungen [5].

Je höher die Gehalte an CaO und MgO, desto geringer ist das Lösungsvermögen und damit auch die Aggressivität der Schlacke gegenüber einer MgO enthaltenden Zustellung; im Vergleich entwickeln erhöhte SiO_2- und Al_2O_3-Gehalte eine gegenteilige Wirkung.

Verschiedene Ansätze erlauben eine näherungsweise Berechnung der Löslichkeit in Abhängigkeit von der Schlackenzusammensetzung. Nicht vernachlässigt werden darf dabei der Einfluss der Schlackentemperatur, die in modernen Elektrolichtbogenöfen während des Überhitzens um etwa fünfzig bis zweihundert K über der jeweiligen Stahltemperatur liegt, sich also in einer Größenordnung von etwa 1.600 bis über 1.900 °C bewegt. Überschlägig erhöht sich die MgO-Löslichkeit mit einer Temperaturerhöhung von hundert K um das 1,3-fache [3-6].

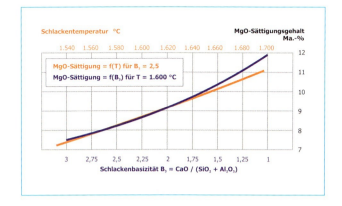

Bild 4:

Veränderung des MgO-Sättigungsgehalts einer CaO-FeO-SiO_2-Al_2O_3-MgO-Schlacke mit der Temperatur und der Schlackenbasizität B_3 = CaO/(SiO_2+Al_2O_3)

In Bild 4 sind diese Zusammenhänge beispielhaft anhand einer betrieblichen Schlacke veranschaulicht, bei der für die Rechnung die jeweiligen CaO-Gehalte – entsprechend einer Verschiebung des Quotienten B_3 = CaO/(SiO_2+Al_2O_3) – variiert sowie verschiedene Temperaturen angenommen wurden. Mit beiden Veränderungen ist eine deutliche Verschiebung der MgO-Löslichkeit und damit der Aggressivität der Schlacke gegenüber einer MgO-basierenden Zustellung verbunden.

Erhöhte Temperaturen entfalten dabei eine über die Anhebung der MgO-Sättigungsgehalte hinausgehende Wirkung. Im Zuge der damit verbundenen Verringerung der Viskosität der Schlacken wird die Penetration des ff-Materials beschleunigt, die Bildung schützender Schlackenschichten auf der ff-Zustellung verhindert und der Stoffaustausch zwischen der Grenzfläche Stein-Schlacke und dem Schlackenvolumen befördert.

Die Änderung des MgO-Gehaltes einer Schlacke durch die ff-Auflösung mit der treibenden Kraft der Untersättigung der Schlacke kann durch den Nernst'schen Ansatz der Form

$$\frac{d(MgO)}{dt} = \frac{D}{d_D} \cdot \frac{F}{V} \cdot \{(MgO)_S - (MgO)\} \qquad (9)$$

beschrieben werden, wobei D für den Diffusionskoeffizienten, d_D für die Diffusionsgrenzschichtdicke, F für die Reaktionsfläche, V für das Schlackenvolumen und MgO_S für die Sättigungskonzentration steht. Nach Substitution

$$A = \frac{D}{d_D} \cdot \frac{F}{V}, \qquad (10)$$

Integration und Umformung der Gleichung ergibt sich für die zeitliche Änderung des (MgO)-Gehalts der Schlacke die Beziehung

$$(MgO) = (MgO)_S + \{(MgO)_{Anfang} - (MgO)_S\} \cdot \exp(-A \cdot t), \qquad (11)$$

die in Bild 5 graphisch veranschaulicht ist [7, 8].

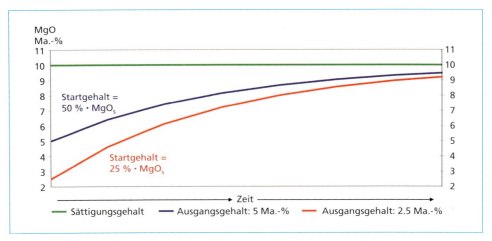

Bild 5: Zeitliche Änderung der (MgO)-Gehalte der Schlacken bei gleichem Sättigungs- und verschiedenem Ausgangsgehalt an (MgO) (schematisch)

Quellen:
nach D., Nolle: Über das Auflösungsverhalten von MgO in der Schlacke beim LD-Verfahren. Dissertation; Fakultät für Bergbau, Hüttenwesen und Maschinenwesen, Technische Universität Clausthal, Clausthal, 1979
M. G., Frohberg: Thermodynamik für Werkstoffingenieure und Metallurgen. 2. Auflage; Leipzig: Deutscher Verlag für Grundstoffindustrie, 1994

Dargestellt ist die zeitliche Entwicklung der MgO-Gehalte einer Schlacke, die jeweils eine Sättigungskonzentration bzw. Löslichkeit von zehn Prozent MgO aufweisen und in Kontakt mit reinem MgO stehen. Beide Schlacken erreichen trotz unterschiedlicher MgO-Ausgangsgehalte von fünfundzwanzig bzw. fünfzig Prozent des MgO-Sättigung einen Wert von über neunzig Prozent der Sättigungskonzentration, die Differenz von 4,4 (Startwert: fünfzig Prozent) bzw. 6,7 Prozent MgO (bei fünfundzwanzig Prozent) speist sich aus der hypothetischen MgO-Quelle, die in der Praxis durch die feuerfeste Zustellung verkörpert wird.

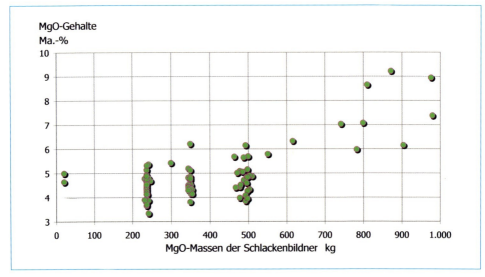

Bild 6: Zusammenhang zwischen den MgO-Massen der Schlackenbildner (je Charge) und den MgO-Gehalten der zugehörigen Elektroofenschlacken (Mittelwert der Überhitzungsschlacken)

Dieser theoretische Befund konnte im Rahmen eigener Untersuchungen bestätigt werden, wie Bild 6 zeigt; auch in der Literatur finden sich entsprechende Feststellungen [9].

Dargestellt sind die MgO-Gehalte von Überhitzungsschlacken in Abhängigkeit von der über die Schlackenbildner zugegebenen MgO-Menge. Bei einem MgO-Einsatz von 0 bis 500 Kilogramm zeigt sich faktisch keine Veränderung der MgO-Gehalte der Schlacke, erst bei Überschreitung eines Werts von etwa 500 bis 600 Kilogramm kommt es zu einem Anstieg. Im Umkehrschluss bedeutet dies, dass in diesem Fall faktisch jede Verringerung der MgO-Zugabe unter diesen Wert eine adäquate Erhöhung der Auflösung von ff-Material bedeutet, die dementsprechend – theoretisch – eine Größenordnung von 0,5 Tonnen je Charge erreichen kann.

Bei größerem Abstand zur Sättigungskonzentration ergibt sich also eine überproportionale Auflösung in die Schlacke, so dass der Quotient zwischen dem tatsächlichen MgO-Gehalt der Schlacke und der errechneten Sättigungskonzentration, der Sättigungsgrad

$$(MgO)_S \% = \frac{(MgO) \, [Ma.-\%]}{(MgO)_S \, [Ma.-\%]}, \qquad (12)$$

als Anhaltswert für die Aggressivität der Schlacke gegenüber einer magnesitischen feuerfesten Zustellung dienen kann.

Abschließend bleibt festzuhalten, dass vor allem zwei Faktoren den Grad des feuerfesten Verschleißes durch Schlackenkorrosion definieren: der Gehalt an CaO, der den größten Einfluss auf die MgO-Sättigung hat, und der Gehalt an MgO, der die Differenz zur MgO-Sättigungskonzentration definiert.

3. Schlackenbildung und Schlackenführung

Schlackenbildner im weiteren Sinne sind alle Stoffe, aus denen sich eine Schlacke zusammensetzt, also auch die feuerfeste Zustellung oder der Schrotteinsatz, der ja teilweise verschlackt wird. Im engeren Sinne versteht man unter diesem Begriff alle Stoffe, die gezielt zur Bildung bzw. Veränderung einer Schlacke in ein metallurgisches Aggregat zugegeben werden. Im Fall der Elektrolichtbogenöfen handelt es sich dabei fast immer um CaO und MgO. CaO – Kalk – dient dabei vor allem der Entphosphorung, vor allem aber auch der Absenkung der MgO-Löslichkeit der Schlacke.

MgO wird zugegeben, um die MgO-Gehalte in der Schlacke auf ein hinsichtlich der ff-Auflösung unkritisches Niveau anzuheben, sich also in einem gewissen Umfang der Sättigungskonzentration anzunähern.

Bei LSW werden zu diesen Zwecken Branntkalk und gebrannter Dolomit eingesetzt. Ersterer wird beginnend mit dem Ende der Einschmelzphase über den Deckel eingeblasen, der Dolomitkalk wird zur Zeit auf die Füllung des ersten Schrottkorbs gefördert und mit diesem chargiert.

3.1. Entwicklung der Schlackenzusammensetzung

Eine Schlackenbildung setzt allerdings unmittelbar mit Beginn des Einschmelzens ein. Insbesondere um den Lichtbogen, aber auch an den Brennerpositionen entstehen entsprechend den Massenverhältnissen im Schrott an erster Stelle größere Mengen FeO, Fe_2O_3 und MnO. Gehalte an metallischem Silizium und Aluminium werden vollständig, Chrom zu etwa dreißig bis fünfzig Prozent oxidiert. Hinzu kommen oxidische Anteile des Schrotts (Schutt u.ä., in der Größenordnung von etwa zwei bis fünf Prozent), größtenteils aus SiO_2, Al_2O_3 und Fe_2O_3 bestehend.

Eine Auflösung des Dolomits, der sich über das obere Drittel der Schrottschüttung verteilt, findet dabei nur in geringem Umfang statt, da er nur bedingt von der Einschmelzschlacke erreicht werden kann; gleiches gilt für den Kalk, der auf den Schrott aufgeblasen wird. Die CaO- und MgO-Einträge dieser beiden Stoffe erreichen ihre volle Wirksamkeit daher erst, wenn der Schrotteinsatz weitestgehend verflüssigt ist und Schlacke und Schlackenbildner in Kontakt kommen.

In Bild 7 ist – auf Grundlage einer umfangreichen Beprobung von Schlacken verschiedener Prozesszustände – beispielhaft dargestellt, wie sich die Zusammensetzung der EOS im ternären System $CaO\text{-}FeO_n\text{-}SiO_2$ über den Chargenverlauf verändert.

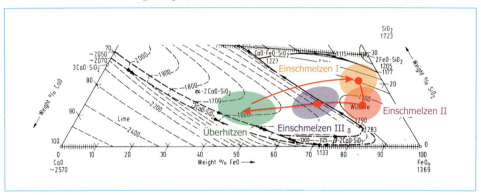

Bild 7: Schlackenweg im Lichtbogenofen, beispielhafte Veranschaulichung im System $CaO'\text{-}FeO_n'\text{-}SiO_2'$

Während des Einschmelzens bilden sich unmittelbar fayalitisch-wüstitische Schlacken geringer Basizität, die niedrige Liquidustemperaturen < 1.300 °C aufweisen (*Einschmelzen I, II*). Diese Schlacken fließen durch die Schrottschüttung nach unten ab und kommen dort mit dem unterkühlten Schlackensumpf in Berührung. Durch das Wiederaufschmelzen bzw. die Auflösung dieser Vorschlacke und von Teilen der zugegebenen Schlackenbildner ergibt sich eine Analyse wie *Einschmelzen III*; mit der fortschreitenden Dolomit- und Kalkauflösung zum Ende des Einschmelzvorgangs verschiebt sich die Zusammensetzung dann zu deutlich höheren CaO-Gehalten (*Überhitzen*), die wiederum die Analyse der Vorschlacke für die nächste Charge bestimmen.

Dabei ist zu berücksichtigen, dass etwa mit Beginn der Überhitzungsphase das Ausfließen von aufschäumender Schlacke aus dem Ofen einsetzt. Dadurch ziehen während der Überhitzungsphase erfolgende Einträge von Schlackenbildnern (hier: Kalk) eine im Vergleich zur Gesamtschlackenmasse der Charge überproportionale Veränderung der chemischen Zusammensetzung nach sich.

3.2. Auflösung der Schlackenbildner

Der eigentliche Auflösungsvorgang von Schlackenbildnern wie Kalk oder Dolomit gliedert sich in die Erwärmung der Kornverbände (Stücke), die Infiltration durch die umgebende Schlacke, die Auflösung und Diffusion der entstehenden schmelzflüssigen Phase und schließlich den Zerfall in die Einzelkristallite und deren nachfolgende Auflösung.

Schlackenkonditionierung im Elektrolichtbogenofen

Voraussetzung ist ein hinreichender Kontakt zwischen Schlackenbildner und Schlacke, der sich – mit Ausnahme der direkt durch die Einschmelzschlacken aufgelösten Anteile – erst nach einem weitgehenden Einschmelzen der Schrottschüttung einstellt. Erwärmung und Auflösung durch die Schlacke werden zudem dadurch behindert, dass die Stahl- und Schlackenschmelze durch das Chargieren weiterer Schrottkörbe wieder abgekühlt wird.

Das Lösungsvermögen der Einschmelzschlacken sowie auch der Mischungen aus Vor- und Einschmelzschlacke gegenüber CaO wie auch MgO ist dabei sehr hoch. Die Auflösung, deren Triebkraft vom Abstand der tatsächlichen zur Sättigungskonzentration – dem Sättigungsgrad – abhängig ist, läuft daher sehr schnell ab. Augenblicklich nach hinreichender Erwärmung und Infiltration der Poren des Stückdolomits bzw. -kalks durch die Schlacke erfolgt die Diffusion des gelösten (CaO) bzw. (MgO) durch eben diese Poren. Die eindringenden Schlackenvolumina sättigen sich dabei schnell mit (MgO) bzw. (CaO), so dass sich die Infiltrations- und Auflösungsgeschwindigkeit entsprechend der verminderten thermodynamischen Triebkraft reduziert. Je nach Zusammensetzung der umgebenden Schlacke und in Abhängigkeit von der Temperatur kann die Löslichkeitsgrenze überschritten werden, so dass sich feste Kalkferrite, Kalksilikate oder Magnesiowüstit-Mischkristalle MgO·FeO$_n$ ausscheiden. Durch diese Versiegelung der Partikeloberfläche wird der Auflösungsvorgang deutlich gehemmt, bis diese Ausscheidungen wieder aufgelöst oder in das Schlackenvolumen abtransportiert wurden [10-12], wie Bild 8 beispielhaft für ein Kalkkorn veranschaulicht. Größe und Verteilung der Poren in den Kornverbunden sind daher von großer Bedeutung für den Ablauf der Auflösungsreaktion.

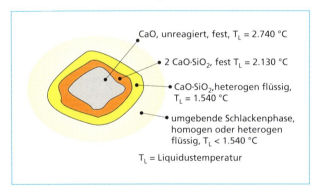

Bild 8:

Fortschreiten der Auflösung in ein Kalkkorn

Quelle: nach E. B., Pretorius; R. C., Nunnington: Stainless Steel Slag Fundamentals – From Furnace to Tundish. Iron and Steel Society (Ed.): 58th Electric Furnace Conference; 12.-15.11.2000; Orlando, ISS, Warrendale, S. 1065-1088

Ein Maßstab für Porenvolumen und damit spezifische Oberfläche ist die Rohdichte (geometrische Dichte), die bei Branntkalk wie auch gebranntem Dolomit von der Brenntemperatur (Kalzinierungstemperatur der verarbeiteten Karbonate) abhängig ist. Bei niedrigen Temperaturen kleiner etwa 900 bis 1.000 °C hergestellte Kalke werden als Weichbrannt, Produkte höherer Temperaturen (oder Brennzeiten) als Mittel- und Hartbrannte bezeichnet. Weichbrannte weisen die kleinste Kristallitgröße, größte Porosität und damit kleinste Rohdichte auf; mit steigenden Brenntemperaturen steigt die Kristallitgröße, die Porosität vermindert sich, die Rohdichte erhöht sich entsprechend.

In Bild 9 ist der Zusammenhang von Rohdichte und Reaktivität von gebranntem Kalk veranschaulicht. Deutlich wird, dass sich die Reaktivität mit Brenntemperaturen jenseits 1.000 °C gravierend verschlechtert.

Im Hinblick auf Reaktivität und Auflösungsverhalten sind Weichbrannte faktisch die einzige Brennstufe, die in der metallurgischen Praxis eingesetzt wird. Unter der Reaktivität eines Stoffes versteht man dabei ein Maß für die Reaktionsfreudigkeit, wobei es sich nicht um eine exakte thermodynamische oder kinetische Maßzahl, sondern um eine halbquantitative Größe handelt.

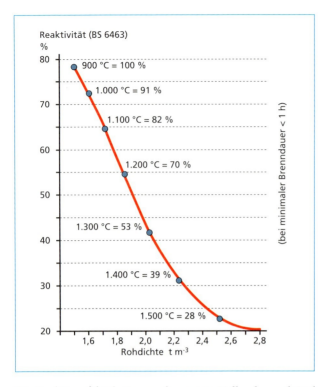

Bild 9:

Veränderung der Rohdichte von Branntkalk mit der Brenntemperatur, korrespondierende Veränderung der Reaktivität des gebrannten Kalks

Quellen:

Ullmann's Encyclopedia of Industrial Chemistry. (elektronische Ressource) 7. Auflage; Wiley-VCH, 2004

BS 6463. Quicklime, hydrated lime and natural calcium carbonate – methods for chemical analysis, Norm, 2001

Die Reaktionsfähigkeit von gebranntem Kalk oder auch Dolomit wird üblicherweise dadurch bestimmt, dass der Stoff mit Wasser oder wässrigen Lösungen in Kontakt gebracht wird und der Fortschritt der Reaktion anhand der Temperaturerhöhung erfasst wird.

Allerdings sind die damit erhaltenen Aussagen nur bedingt auf das Verhalten in Kontakt mit flüssigen Schlacken zu übertragen, bei denen die Porosität im Hinblick auf die deutlich höhere Viskosität der Schlacken eine wesentlich größere Rolle spielt.

Ein nennenswerter Umsatz der konventionell, d.h. auf die Schrottschüttung, zugegebenen Schlackenbildner ist insofern erst gegen Ende des Einschmelzens zu erwarten. Zu dem Zeitpunkt, an dem diese dann noch festen Phasen von der flüssigen Schlacke erreicht werden, dürfte ihre Temperatur einen Wert von etwa 1.300 bis 1.500 °C erreicht haben.

Infolge des damit verbundenen Hartbrannts und der dadurch deutlich reduzierten Reaktivität kann sich der Abschluss der Auflösung von Dolomit und Kalk bis in die Überhitzungsphase hinauszögern, so dass sich die volle metallurgische Wirksamkeit der Schlackenbildner mutmaßlich erst in der zweiten Hälfte der Charge entfaltet. Ein nicht näher bestimmbarer Anteil des Dolomits und auch Kalks wird dabei nicht aufgelöst, sondern durch die im Überhitzen ausfließende Schlacke ausgetragen.

Bild 10: Nicht aufgelöstes Dolomitkorn in einer Schlackenprobe

Funde nicht aufgelöster Dolomit- und auch Kalkkörner in frühen Überhitzungsschlacken, ein Beispiel zeigt Bild 10, stützen diese Annahme.

3.3. Schlackenführung unter Betriebsbedingungen

Wie bereits beschrieben wurde, ist die Ausbildung einer bestimmten Schlackenzusammensetzung nicht nur von Art und Menge der zugegebenen Schlackenbildner, sondern auch von

- Zusammensetzung und Masse der im Ofen verbliebenen Vorschlacke,
- Zusammensetzung und Masse der mit dem Schrott eingebrachten oder
- aus dem Schrott gebildeten Schlackenbestandteile,
- dem Grad der Reduktion von Schlackenbestandteilen durch die Einblaskohle,
- dem Grad des Verschleißes der Feuerfestzustellung und
- verschiedenen vernachlässigbaren Einträgen (u.a. dem Aschenanteil der Einblaskohlen)

abhängig. Relevante Oxide sind an dieser Stelle FeO, SiO_2 und Al_2O_3 sowie die zum größeren Teil gezielt zugegebenen Mengen an CaO und MgO.

Die FeO-Gehalte sind in erster Linie von der Qualität des Schrottes abhängig, der das Ausmaß der Eisenverschlackung bestimmt. Relevant sind diese vor allem für das Schlackenschäumen: hohe Eisengehalte der Schlacke vermindern die Viskosität in einem Maße, dass die Schlacken nicht mehr aufschäumen, sondern lediglich aufkochen, geringe Eisengehalte bedingen eine entsprechend geringe Reduzierbarkeit und vermindern die zur Verfügung stehenden Volumina an CO.

Während der Überhitzungsphase kann der FeO-Gehalt durch die gezielte Einblasung von Kohlen und die Anpassung der Sauerstoffeinträge allerdings sehr schnell in großem Umfang verändert werden. Im Fall der LSW wird die Kohleneinblasung und damit auch der FeO-Gehalt der Schlacken im Überhitzen durch eine Auswertung von Körperschallmessungen und Daten aus dem Hochstromsystem automatisch gesteuert [1].

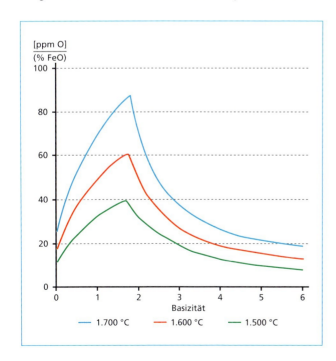

Bild 11:

Gleichgewicht [O]/(FeO) einer Frischschlacke in Abhängigkeit von der Basizität CaO/SiO_2 und der Temperatur

Quellen:

E. T., Turkdogan: Equilibrium and non-equilibrium states of reactions in steelmaking. The Iron and Steel Society of AIME (Ed.): Ethem T. Turkdogan Symposium, Steelmaking Technologies 15.-17.05.1994; Warrendale, S. 253-269

R. J., Fruehan (Hrsg.): The Making, Shaping and Treating of Steel. Steelmaking and Refining Volume. 11. Auflage; The AISE Steel Foundation, Pittsburgh, 1998

Zu beachten ist in diesem Zusammenhang allerdings, dass die Gleichgewichte zwischen FeO in der Schlacke und dem im Stahl gelösten Sauerstoff in sehr starkem Maß von der jeweiligen Zusammensetzung der Schlacke abhängig sind, wie Bild 11 zeigt.

Bei unverändertem Sauerstoff- und Kohlenstoffeintrag können insofern bereits vergleichsweise geringe Veränderungen der Gehalte an CaO, SiO_2 und bedingt auch Al_2O_3 eine merkliche Verschiebung der resultierenden Eisenoxidgehalte der EOS bedingen.

Die Gehalte an Al_2O_3 und SiO_2 werden dabei grundsätzlich durch die jeweilige Schrottqualität bestimmt; in der Praxis kann diese Abhängigkeit allerdings nicht beobachtet werden, wie Bild 12 zeigt.

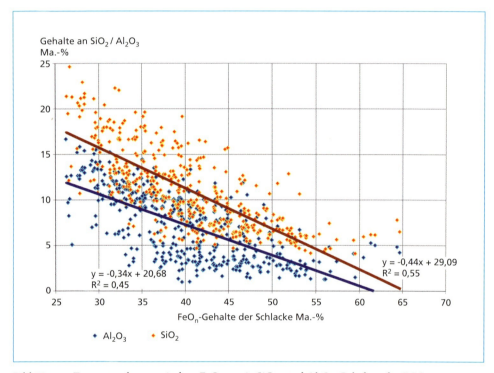

Bild 12: Zusammenhang zwischen FeO- sowie SiO_2- und Al_2O_3-Gehalten der EOS

Dargestellt sind die Gehalte an SiO_2 und Al_2O_3 über dem jeweiligen FeO-Gehalt der Schlacke. Steigende FeO-Gehalte indizieren eine schlechtere Qualität des Schrottes, so dass auch die Gehalte von SiO_2 und Al_2O_3 ansteigen sollen; tatsächlich ist in beiden Fällen eine Verringerung zu verzeichnen.

Ursächlich ist die Verdünnungswirkung der zusätzlich gebildeten FeO-Massen, die den gleichzeitig tatsächlich erhöhten Eintrag an Kieselsäure und Tonerde bei weitem überlagert.

Dieser Effekt ist auch bei den CaO-Gehalten der Schlacken zu beobachten, wie Bild 13 illustriert.

Mit steigenden FeO-Gehalten kommt es bei konstantem Kalksatz zwangsläufig zu einer entsprechenden Verdünnung der CaO-Gehalte. Ebenfalls aufgetragen ist der rechnerische MgO-Sättigungsgrad der Schlacken, berechnet aus dem (MgO)-Gehalt der Schlacken und dem errechneten Sättigungsgehalt (siehe Punkt 2.2).

Schlackenkonditionierung im Elektrolichtbogenofen

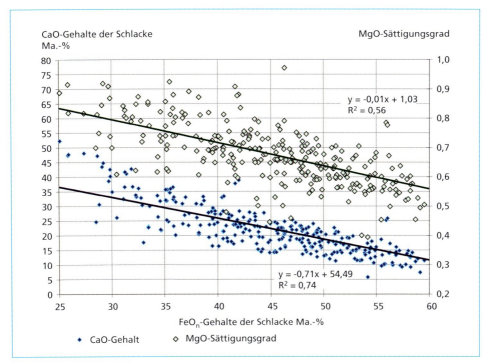

Bild 13: Zusammenhang zwischen Eisenverschlackung bzw. Eisenoxidgehalten sowie CaO-Gehalten und dem rechnerischem MgO-Sättigungsgrad

Der MgO-Sättigungsgehalt wird durch FeO nur in geringem Umfang beeinflusst, vermindert sich mit sinkenden CaO-Gehalten allerdings deutlich. Mit der Verringerung der CaO-Gehalte durch eine zunehmende Eisenverschlackung ergibt sich also auch eine merkliche Verringerung des MgO-Sättigungsgrades, die wiederum eine entsprechende Erhöhung des Angriffspotentials gegenüber der feuerfesten Zustellung nach sich zieht.

Bild 14 verdeutlicht diesen Effekt; trotzdem auch MgO dem Verdünnungseffekt durch FeO unterliegt, verändern sich die MgO-Gehalte in wesentlichem geringerem Grad als die CaO-Gehalte und liegen mit weitgehender Konstanz im Bereich zwischen vier und sechs Ma.-Prozent.

Grundsätzlich kann also festgestellt werden, dass die Zusammensetzung der im Prozess gebildeten Schlacke maßgeblich durch den Umfang der Eisenverschlackung bzw. FeO-Bildung bestimmt wird.

Der Verdünnungseffekt der Eisenoxide hat dabei wesentlichen Einfluss auf die Wirksamkeit der zugebenen Mengen an CaO und MgO.

Während der FeO-Gehalt in der Überhitzungsphase gut kontrolliert werden kann, ist er während des Einschmelzens von einer Vielfalt nur bedingt kontrollierbarer Faktoren abhängig, zu nennen wären explizit Analyse, Metallisierungs- und Oxidationsgrad, Schuttanteil und sonstige Verunreinigungen sowie die Stückgröße des Schrottes.

Da auch andere Wirkungen der Schlacke im Elektrolichtbogenofen von einer hinreichenden Präsenz von CaO in der Schlacke abhängig sind, besteht die Aufgabenstellung für den Metallurgen daher grundsätzlich darin, in jedem Fall und zu jedem Zeitpunkt des

Prozesses durch eine geeignete Zugabe hinreichende CaO- und in diesem Kontext auch MgO-Konzentrationen in der Schlacke zu sichern. Im Fall der LSW-Öfen wäre in diesem Kontext bereits zur Absicherung der normalen Schwankungsbreite (Konfidenzkoeffizient = 0,95) eine Erhöhung der Zugabemenge von Kalk bzw. Dolomit um etwa das Doppelte notwendig.

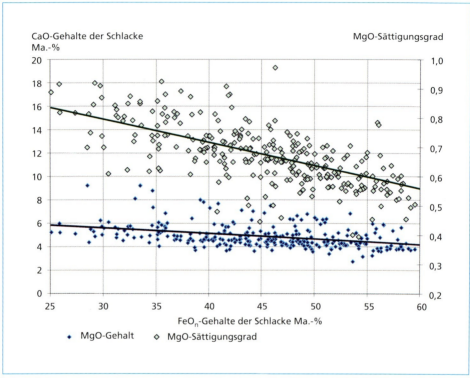

Bild 14: Zusammenhang zwischen Eisenverschlackung bzw. Eisenoxidgehalten sowie MgO-Gehalten und dem rechnerischem MgO-Sättigungsgrad

Nun können CaO und auch MgO grundsätzlich in jedem gewünschten Umfang zugegeben werden, jede Erhöhung der Zugabemenge ist allerdings mit zusätzlichen Kosten verbunden. Dabei ist auch zu berücksichtigen, dass ein Großteil der Energie, die für die Erwärmung der Schlackenbildner aufgewandt wurde, mit dem Ausfließen der Schlacke aus dem Ofen für den Prozess verloren geht. Im Fall der LSW-Öfen kann für eine zusätzliche Zugabe von einer Tonne Schlackenbildner mit einer Erhöhung der spezifischen Energieverbräuche um etwa zehn bis zwanzig kWh/t Rohstahl gerechnet werden.

4. Maßnahmen zur Schlackenkonditionierung bei LSW

Der Schwerpunkt der Arbeiten an den Elektrolichtbogenöfen der Lech-Stahlwerke GmbH liegt derzeit auf der Steigerung der Haltbarkeit der feuerfesten Zustellung. Eine pauschale Erhöhung der über den Schrottkorb zugegebenen Mengen an Dolomit bzw. des Einblaskalks ist hier nicht statthaft, wie bereits ausgeführt wurde. Statt dessen wird versucht, die metallurgische Wirksamkeit von CaO und MgO zu steigern.

4.1. Grundsätzliche Überlegungen

Aus dem Schrifttum, den Verschleißbildern der feuerfesten Zustellungen der LSW-Elektrolichtbogenöfen und den vorstehenden Überlegungen kann abgeleitet werden, dass der Hauptträger des ff-Verschleißes der korrosive Angriff durch die Ofenschlacken ist. Die Aggressivität der Schlacken gegenüber der feuerfesten Zustellung ist wiederum von der Differenz zwischen dem Sättigungs- und dem tatsächlichen MgO-Gehalt der Schlacken (Sättigungsgrad, Lösungsvermögen) abhängig.

Das MgO-Lösungsvermögen der Schlacken wird im Fall der Einschmelz- und frühen Überhitzungsschlacken maßgeblich von der chemischen Zusammensetzung, zum Chargenende aber vor allem von der Temperatur bestimmt.

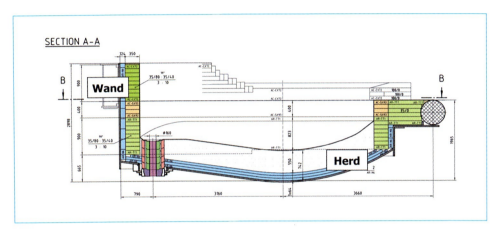

Bild 15: Querschnitt durch das LSW-Ofengefäß mit feuerfester Zustellung

Bild 15 zeigt einen Querschnitt der feuerfesten Zustellung der LSW-Öfen, die grob in den Herd, also den Abschluss des Ofenbodens zum Stahlbad, und die Wand, also den mit Steinen zugestellten Bereich bis zur Höhe der wassergekühlten Paneele, eingeteilt werden. Dargestellt ist ein Längsschnitt durch den Unterteil des Wechselgefäß (Unterofen) vom Vorwärmer (rechts) zum Erkerbereich (links). Durch eine rote Tönung herausgehoben ist der Bereich der Schlackenzone, darunter befindet sich die Stahlzone, etwa an der Grenze zwischen beiden ist der Spiegel des Stahlbades nach dem vollständigen Aufschmelzen des Schrottes anzusiedeln.

Bei einem Verschleißbild wie in Bild 16 kann nun davon ausgegangen werden, dass der ff-Angriff vor allem im späten Überhitzen stattgefunden hat, da sich der voreilende Verschleiß auf einen Bereich oberhalb des finalen Badspiegels beschränkt.

Bild 16:

Horizontal eng begrenzte Zone voreilenden Verschleißes in der Schlackenzone

Im Regelfall sind allerdings auch tiefer liegende Steinlagen betroffen, die Korrosion durch die mit dem Badspiegel aufsteigende Einschmelz- und frühe Überhitzungsschlacke erfahren haben. Ein Beispiel für sehr stark voreilenden Verschleiß bei unsachgemäßer Schlackenfahrweise zeigt Bild 17; es wird deutlich, dass der Schlackenangriff bereits deutlich unterhalb der eigentlichen Schlackenzone einsetzt. Ursächlich ist die korrosive Wirkung sowohl der Einschmelz- als auch Überhitzungsschlacken, die in diesem Fall nicht hinreichend durch eine Zugabe von CaO und/oder MgO gepuffert werden konnte.

Bild 17:

Stark voreilender Verschleiß von Schlacken- und Teilen der Stahlzone

Zielstellung muss daher sein, eine metallurgische Verfügbarkeit des eingesetzten CaO und MgO zu einem deutlichen früheren Zeitpunkt im Chargenverlauf zu realisieren.

Nachdem sich die Auflösung der konventionell zugegebenen Schlackenbildner in vielen Fällen offensichtlich deutlich zu langsam vollzieht, um dem ff-Verschleiß entgegen zusteuern, stehen an dieser Stelle ausschließlich die CaO- und MgO-Gehalte der Vorschlacke zur Verfügung.

Insofern sollte durch ein direktes Einbringen von Dolomit in den Schlackensumpf, unmittelbar vor dem Chargieren des ersten Schrottkorbes, eine verbesserte, frühere Verfügbarkeit von CaO- und MgO-Massen erreicht werden. Der Wärmeinhalt des Sumpfs sichert dabei gute Bedingungen für eine schnelle und vollständige Erwärmung und Auflösung der Zugabemassen.

4.2. Betriebsergebnisse

Um die Vorschlacke mit MgO und CaO anreichern zu können, muss der Dolomit entgegen der bisherigen Verfahrweise eingeblasen werden. Bild 18 veranschaulicht die Lage der Einblasstellen, zur Zeit erfolgt die Einblasung ausschließlich über die Einblasstelle 2.

Für das Einblasen steht nur das kleine Zeitfenster zwischen dem Verschließen des Abstichlochs und dem Chargieren zur Verfügung, so dass eine Einblasrate von 800 bis 1.000 Kilogramm je Minute notwendig ist, um Verzögerungen im Chargenablauf zu vermeiden. Dabei war in allen Fällen festzustellen, dass das Einblasmittel gut von der Schlacke aufgenommen wurde, wie Bild 19 zeigt.

Die Menge des zugegebenen Dolomits wurde unverändert bei 1.000 kg belassen. Im Vorfeld der Einblasversuche wurden zudem Versuche zu einer Erhöhung der Menge des konventionell zugegebenen Dolomits (Satzdolomit) unternommen, siehe auch Bild 6.

Schlackenkonditionierung im Elektrolichtbogenofen

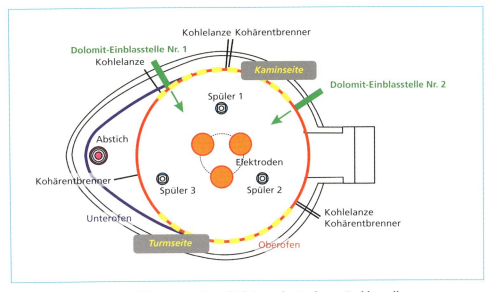

Bild 18:   Ansicht des LSW-Ofens 1 (Draufsicht) mit den Dolomit-Einblasstellen

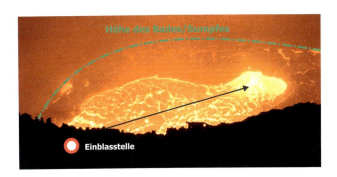

Bild 19:

Blick in den Ofen/auf den Sumpf nach dem Dolomiteinblasen

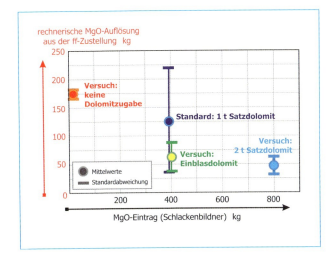

Bild 20:

Rechnerische MgO-Auflösung aus der ff-Zustellung bei verschiedenen Fahrweisen

Um eine Quantifizierung der Versuchsergebnisse zu ermöglichen, wurde auf Grundlage der analysierten MgO-Gehalte der Schlacke, einer Berechnung der jeweiligen Schlackenmasse und der Zugabemenge an MgO eine Massenbilanzierung unternommen. Der Differenzbetrag zwischen der MgO-Masse in der Schlacke und dem MgO-Einbringen durch die Schlackenbildner entspricht dann der Menge des aufgelösten feuerfesten Materials. Bild 20 zeigt die Ergebnisse dieser Rechnung. Im Hinblick auf die vereinfachenden Grundannahmen ist die Aussagekraft der Rechenwerte begrenzt, eine Eignung für vergleichende Wertungen ist allerdings gegeben.

Es wird deutlich, dass sich der Fehlbetrag für den Satzdolomit mit erhöhten Zugabemengen reduziert. Allerdings ist die rechnerische ff-Auflösung bei einer MgO-Zugabe von vierhundert Kilogramm (entsprechend eine Tonne Dolomit) gegenüber einem völligen Verzicht auf eine Dolomitzugabe nur in geringem Umfang reduziert, eine wirkliche Verbesserung ist erst mit einer Erhöhung auf achthundert Kilogramm (zwei Tonnen Dolomit) zu konstatieren.

Gleichzeitig zeigt sich für den Einblasbetrieb bei gleichem Mitteleinsatz eine deutliche Verminderung der ff-Auflösung, die sich etwa auf dem Niveau des Dolomitsatzes von zwei Tonnen bewegt, die für eine erhebliche Steigerung der Effizienz des Dolomiteinsatzes steht.

Diese Feststellung wird durch die Auswertung des Feuerfestverschleißes im Ofen bestätigt, die sich auf die Protokollierung der Reststeinstärken stützt. Dabei wird jeweils die minimale verbliebene Dicke der ff-Ausmauerung in den verschiedenen Bereichen der Wandzustellung erfasst. Von besonderem Interesse sind dabei die besonders von voreilendem Verschleiß betroffene Turm- bzw. Kaminseite, siehe Bild 18.

Für diese beiden Bereiche sind in Bild 21 die mittleren Reststärken der Steine in der Stahlzone (Lagen 8 bis 11) und der darüber liegenden Schlackenzone (Bereich permanenten Schlackenkontakts: Lagen 4 bis 7) dargestellt, wobei die Ergebnisse bei konventioneller Fahrweise (rot) denen der Versuche (grün) gegenübergestellt sind.

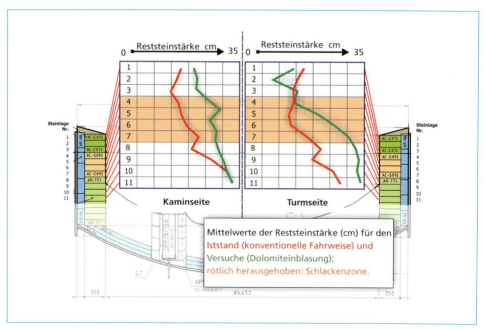

Bild 21: Verschleißbilder bei konventioneller Fahrweise (nur Satzdolomit) und im Fall der Einblasversuche

Das Verschleißbild zeigt sowohl im Bereich der Schlackenzone als auch in der Stahlzone eine deutliche Verbesserung. Insofern kann festgestellt werden, dass das Dolomiteinblasen in den Sumpf vor Chargenbeginn gegenüber der bisherigen Verfahrensweise offensichtlich eine beträchtliche Erhöhung der Effizienz des Mitteleinsatzes bedingt.

5. Zusammenfassung

Die Stahlerzeugung im Elektrolichtbogenofen ist zwingend mit der Bildung einer Schlacke aus den Einsatzstoffen des Verfahrens verbunden, die im Regelfall durch gezielte Zugaben von Kalk (CaO) und Dolomit (CaO·MgO) sowie das Einblasen von Kohlenstoffträgern entsprechend der jeweiligen prozessualen Erfordernisse konditioniert wird.

Maßgebliche metallurgische Aufgaben der Schlacke sind Entphosphorung und bedingt auch die Entschwefelung des Stahls. Hinzu kommt, dass eine gute Eignung zur sogenannten Schaumschlackenfahrweise gegeben sein muss, bei der die Schlacke durch die Bildung von gasförmigen Kohlenoxiden eine beträchtliche Volumenvergrößerung erfährt, die wiederum der Einhüllung des Lichtbogens dient.

Von besonderer Relevanz sind auch die Reaktionen zwischen Schlacke und der feuerfesten Zustellung. Der korrosive Angriff durch die Schlacken steht für den größten Teil des ff-Verschleißes; eine maximierte Feuerfesthaltbarkeit setzt daher eine entsprechend abgestimmte Einstellung der Schlackenzusammensetzung zu möglichst jedem Zeitpunkt des Verfahrens voraus.

Zentralen Einfluss auf alle genannten Vorgänge hat der Eisenoxidgehalt der Schlacken. Im Überhitzen, zum Abschluss des Prozesses, werden die Gehalte an FeO in relativ engen Grenzen durch ein automatisch arbeitendes System kontrolliert. Während des vorangehenden Einschmelzens des Schrottes ist die Bildung von FeO allerdings in sehr großer Schwankungsbreite von der jeweiligen Schrottqualität abhängig.

Um den verdünnenden Einfluss der stark veränderlichen Eisenoxidgehalte während des Einschmelzens zu kompensieren, d.h. in jedem Fall eine ausreichende Menge an CaO und MgO bereitzustellen, müssten die derzeitigen Zugabemengen von Kalk und Dolomit mindestens verdoppelt werden.

Gleichzeitig ist zu berücksichtigen, dass diese beiden Stoffe teilweise erst sehr spät im Prozess zur Wirksamkeit gelangen, da ihre Auflösung in die Schlacke stark verzögert ist. Ursächlich ist vor allem, dass infolge jetziger Zugabeweise ein Kontakt zwischen dem Großteil dieser Einsatzstoffe und der auflösenden Schlacke erst nach dem weitestgehenden Einschmelzen des Schrottes erfolgen kann.

Um eine erhöhte stoffliche Effizienz zu sichern, wurde Dolomit in die nach dem Abstich verbliebene Restschmelze eingeblasen, um eine Auflösung des Schlackenbildners vor der Zugabe des Schrottes sicherzustellen. Im Ergebnis dieser Versuche konnte die Haltbarkeit der feuerfesten Zustellung bei gleichem Mitteleinsatz beträchtlich gesteigert werden.

In diesem Zusammenhang ergeben sich zudem beträchtliche energetische Einsparpotentiale. Allein der verringerte Verbrauch feuerfester Materialien entspricht einer Verminderung des zugehörigen Primärenergieaufwandes von mehr als 500 MWh; die sich aus der Steigerung der Ofenverfügbarkeit und besseren Ausnutzung der Schlackenbildner ergebende Reduzierung der Elektroenergieverbräuche summiert sich auf etwa 2,5 GWh jährlich.

Eine weitere Zielsetzung war die Verbesserung der Eigenschaften der Elektroofenschlacke im Hinblick auf die nachfolgende Verwendung als Baugrundstoff und Gesteinskörnung für

Asphalte. Durch die deutlich beschleunigte Auflösung der zugegebenen Dolomitmengen kann ein Ausschwemmen von Dolomitkörner aus dem Ofen vermieden werden; das MgO der Schlackenbildner wird nahezu vollständig aufgelöst, wodurch sich die Hydratationsbeständigkeit und damit die Produktqualität der Schlacke deutlich erhöhen.

6. Literatur

[1] D., Ameling; J., Petry; M., Sittard; W., Ullrich; J., Wolf: Untersuchungen zur Schaumschlackenbildung im Elektrolichtbogenofen. Stahl und Eisen 106, 1986, S. 625 – 630;

[2] H. P., Markus; H., Hofmeister; M., Heußen: Die Lech-Stahlwerke – ein modernes Elektrostahlwerk und seine Schlackemetallurgie. K. J., Thomé-Kozmiensky; A., Versteyl (Hrsg.): Schlacken aus der Metallurgie. Neuruppin: TK Verlag Karl Thomé-Kozmiensky, 2011

[3] Y., Hoshiyma; Y., Ishihara: Refractory use and wear in electric arc furnaces (EAF). Journal of the Technical Association of Refractories, Japan, 2001, S. 247 – 251

[4] H., Jansen: Feuerfestverschleiß durch Korrosion und Oxidation in Stahlwerksprozessen. Stahl und Eisen, 2005, S. 45 – 50

[5] E., Schürmann; I., Kolm: Mathematische Beschreibung der MgO-Sättigung in komplexen Stahlwerksschlacken beim Gleichgewicht mit flüssigem Eisen. Steel Research, 1986, S. 7 – 12

[6] M., Peter: Untersuchungen zum Schäumverhalten von Schlacken des Elektrolichtbogenofen-Prozesses. Dissertation; Fakultät für Bergbau, Hüttenwesen und Maschinenwesen, Technische Universität Clausthal, Clausthal, 1999

[7] D., Nolle: Über das Auflösungsverhalten von MgO in der Schlacke beim LD-Verfahren. Dissertation; Fakultät für Bergbau, Hüttenwesen und Maschinenwesen, Technische Universität Clausthal, Clausthal, 1979

[8] M. G., Frohberg: Thermodynamik für Werkstoffingenieure und Metallurgen. 2. Auflage; Leipzig: Deutscher Verlag für Grundstoffindustrie, 1994

[9] Y., Hoshiyma; Y., Ishihara: Refractory use and wear in electric arc furnaces (EAF). Journal of the Technical Association of Refractories, Japan, 2001, S. 247 – 251

[10] L., Hachtel; W., Fix; G., Trömel: Untersuchung zur Auflösung von Kalkeinkristallen in FeO_n-SiO_2-Schmelzen. Archiv für das Eisenhüttenwesen, 1972, S. 361 – 369

[11] M., Peter: Untersuchungen zum Schäumverhalten von Schlacken des Elektrolichtbogenofen-Prozesses. Dissertation; Fakultät für Bergbau, Hüttenwesen und Maschinenwesen, Technische Universität Clausthal, Clausthal, 1999

[12] R. J., Fruehan: Y., Li; L., Brabie: Dissolution of Magnesite and Dolomite in Simulated EAF Slags. Iron and Steel Society (Ed.): Iron & Steel Society International Technology Conference and Exposition (ISSTECH), 27.-30.04.2003, Indianapolis; S. 799 – 812

[13] E. B., Pretorius; R. C., Nunnington: Stainless Steel Slag Fundamentals – From Furnace to Tundish. Iron and Steel Society (Ed.): 58th Electric Furnace Conference; 12.-15.11.2000; Orlando, ISS, Warrendale, S. 1065 – 1088

[14] Ullmann's Encyclopedia of Industrial Chemistry. (elektronische Ressource) 7. Auflage; Wiley-VCH, 2004

[15] BS 6463. Quicklime, hydrated lime and natural calcium carbonate – methods for chemical analysis, Norm, 2001

[16] E. T., Turkdogan: Equilibrium and non-equilibrium states of reactions in steelmaking. The Iron and Steel Society of AIME (Ed.): Ethem T. Turkdogan Symposium, Steelmaking Technologies 15.-17.05.1994; Warrendale, S. 253 – 269

[17] R. J., Fruehan (Hrsg.): The Making, Shaping and Treating of Steel. Steelmaking and Refining Volume. 11. Auflage; The AISE Steel Foundation, Pittsburgh, 1998

WHF Feuerfesttechnik
Walter Hetsch e.K
Pfrimmerhof 2 a, 67729 Sippersfeld
Tel.: 06357-975351 Fax: 975370
Email: WalterHetsch.WHF@t-online.de

Hetsch Feuerfesttechnik GmbH
Hans Walter Hetsch
Pfrimmerhof 3, 67729 Sippersfeld
Tel.: 06357-975352 Fax: 975370
Email: H-Hetsch@t-online.de

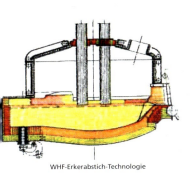

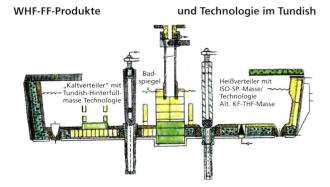

WHF Feuerfesttechnik der zuverlässige Partner seit über 30 Jahren zur Lieferung von qualitativ hochwertigen Feuerfestprodukten und Technologie für LSW.

Wenn es um die erfolgreiche Entwicklung von Feuerfestprodukten sowie Recycling und Technologie geht, werden nach vorheriger gemeinsamer Abstimmung der Betriebsbedingungen und Anwendungstechniken die für den jeweiligen Einsatzbereich wirtschaftlich und qualitativ geeigneten Feuerfestprodukte entwickelt und geliefert.

Ein Auszug aus unserem Produktprogramm und Dienstleistungen:
Geeignete Feuerfestprodukte inklusive der Reparaturtechnik
Beispiel Erkerabstich – Produkte inklusive Reperaturmassen, incl. EA Wechsel-Set, mit der WHF Technologie wird der EAF in wenigen Minuten repariert und das Personal für die Reparatur hat weniger Stress,

im Bereich Umweltschutz sind wir mit LSW fast 30 Jahre Partner und leisten gemeinsam wichtige Aufgaben zur Reduzierung des Verbrauches von Rohstoffen,

bestimmte Feuerfestprodukte wie z.B. Mgo – Steine werden als Recycling Feuerfestprodukte verwertet und kostengünstig als Rep. Massen zum Wiedereinsatz an LSW rückgeliefert und mit Erfolg eingesetzt.

Für den Bereich Schlackenwirtschaft liefern wir für die Schlackencontainer geeignete FF-Produkte zur FF Auskleidung sowie Recycling Reparatur und Spritzmassen.

Aufgrund des Generationswechsels bleibt die WHF Feuerfestprodukte Walter Hetsch bestehen und wurde durch die Hetsch Feuerfesttechnik GmbH als zuverlässigen Partner ergänzt.

SERVICE MAKES THE DIFFERENCE

Für einen effizienten Schmelzbetrieb liefern wir unsere Graphitelektroden zusammen mit einem umfangreichen Service-Paket. Ob Senkung des Elektrodenverbrauchs, Verkürzung der Abstichzeiten oder Stabilisierung der Ofenparameter: Wir beraten Sie individuell und bieten kompetente Serviceleistungen rund um die Graphitelektrode.

- Optimierung des Graphitverbrauchs
- Elektrische Ofenmessungen
- Kundenindividuelles Berichtswesen
- Maßgeschneiderte Datenanalyse
- CEDIS® - Online Monitoring von Prozessparametern

Broad Base. Best Solutions. | www.sglgroup.com

SGL GROUP
THE CARBON COMPANY

Neue Aufbereitungstechnologie von Stahlwerksschlacken bei der AG der Dillinger Hüttenwerke

Klaus-Jürgen Arlt und Michael Joost

1. Bau der neuen Mineralstoffaufbereitungsanlage 129

2. Das technologische Konzept
   der neuen Mineralstoffaufbereitungsanlage MSG 134

3. Erzeugte Produkte, Abnehmer
   und Aussicht auf Produktentwicklungen.. 136

Die Aktien-Gesellschaft der Dillinger Hüttenwerke (Dillinger Hütte) bildet zusammen mit der Roheisengesellschaft Saar mbH (ROGESA) und der Zentralkokerei Saar GmbH (ZKS) im Verbund ein integriertes Hüttenwerk in Dillingen/Saar.

Bei der Eisen- und Stahlerzeugung werden neben den Hauptprodukten Eisen und Stahl auch Eisenhüttenschlacken als mineralische Nebenprodukte erzeugt. Diese werden im Wesentlichen nach einer klassischen mineralstofftypischen Aufbereitung, bestehend aus Zerkleinerung, Klassierung, Sortierung - als Produkte für die Zementindustrie, für den Straßen- und Wegebau sowie als Kalk-Düngemittel für die Landwirtschaft verkauft. Am Hüttenstandort Dillingen werden etwa 1,2 Mio. t/a Hochofenschlacke, etwa 320.000 t/a Konverterschlacke (LD-Schlacke) und etwa 40.000 Gießpfannenschlacken (auch als Pfannenschlacke/Sekundärmetallurgische Schlacke bezeichnet) erzeugt.

Die in Dillingen vorhandene Mineralstoffaufbereitungsanlage hat neben der Aufbereitung von Stahlwerksschlacken auch die Aufgabe, eisenhaltige Kreislaufstoffe wie u.a. sogenanntes Feineisen und Oxyde sowie Flämmschlacken zu separieren. Jedoch war die zum einen aus den fünfziger/sechziger Jahren stammende Anlage nicht mehr in der Lage die erzeugten Mineralstoffströme vom Hüttenstandort vollständig aufzubereiten und zum anderen sollten zukünftig auch aus den Stahlwerksschlacken neben den Recyclingprodukten für die interne metallurgische Erzeugungskette neue Produkte für den externen Markt entwickelt und hergestellt werden können. Zur Erfüllung dieser Aufgabe war es notwendig, ein neues Konzept insbesondere zur Aufbereitung der Stahlwerksschlacke zu erarbeiten und eine neue Aufbereitungsanlage auf *Grüner Wiese* zu errichten. Zu diesem Zweck wurde die MSG Mineralstoffgesellschaft Saar mbH (MSG), eine 100prozentige Tochter der Dillinger Hütte, gegründet.

1. Bau der neuen Mineralstoffaufbereitungsanlage

Ab dem Jahr 2009 investierte die MSG in den Bau einer neuen Mineralstoffaufbereitungsanlage (Bild 1) mit zugehöriger Infrastruktur als *Green Field-Projekt* auf einem rund acht Hektar großen Areal.

Die Hälfte der Fläche steht als Außenlagerfläche an der Anlage zur Verfügung. Die gesamte Freilagerfläche ist basisabgedichtet und mit einem Drainagesystem ausgestattet, welches in ein Betonbecken mündet. Beim Bau der Freilagerfläche wurde eine Teilfläche mit einem innovativen Basisabdichtungssystem unter Verwendung der im Stahlwerk erzeugten Gießpfannenschlacke als Substitution natürlicher Tonmineralien als Dichtungsbaustoff angewendet (Bild 2).

Bild 1: Verschiedene Bauphasen der Mineralstoffaufbereitungsanlage der MSG auf *Grüner Wiese*

Bild 2: Bau der Basisabdichtung mit Gießpfannenschlacke und Nutzung von LD-Schlacke als Drainagematerial

Aufbereitungstechnologie von Stahlwerksschlacken

Das Drainagesystem wurde aus LD-Schlacke hergestellt. Die Flächen im direkten Anlagenumfeld sind asphaltiert oder gepflastert. Beim Bau wurde soweit möglich auf eigene Baustoffe, wie im (Bild 3) Pflasterbettungsmaterial und Asphalt mit LD-Schlacke und Pflastersteine mit Hochofenstückschlacke zurückgegriffen.

Bild 3: Nutzung eigener mineralischer Produkte beim Bau der Anlage

Das aufgefangene Niederschlagswasser von der Freilagerfläche und von den Dach- und Asphaltflächen werden im Betonbecken gesammelt.

Die aufgefangenen Niederschlagswässer werden als Prozesswasser zur Berieselung auf den Abkühlflächen und auf dem Freilager verwendet. Die Asphaltflächen und Straßen werden bei trockener Witterung mit Drainschläuchen und Wasserwagen feucht gehalten. Das Freilager kann zusätzlich mit vierzehn fest installierten und drei mobilen Kanonen beregnet werden (Bild 4).

Bild 4: Berieselungskanonen, welche entweder mit Niederschlags- oder Frischwasser gespeist werden können

Regelmäßig reinigen Kehrmaschinen den befestigten Anlagenbereich.

Die Aufbereitungsanlage ist im Januar 2011 nach über einjähriger Bau- und Inbetriebnahmephase in Betrieb gegangen (Bild 5). In der Anlage können material- und produktspezifisch bis zu 400 Tonnen pro Stunde durchgesetzt werden.

Bild 5: Ansicht des Geländes der Mineralstoffaufbereitungsanlage MSG mit Infrastruktur

Die eigentliche Mineralstoffaufbereitungsanlage MSG ist vollständig eingehaust und mit zwei Entstaubungsanlagen mit Absaugvolumen von 150.000 m³ bzw. 80.000 m³/h ausgestattet (Bild 6).

Bild 6: Teilansicht der Mineralstoffaufbereitungsanlage MSG mit Aufgabehalle, Magnetturm, Bunkersystem und Hauptsiebhalle während der Bauphase

Das Grundkonzept für die Errichtung der Mineralstoffaufbereitungsanlage bestand darin, das Hauptsiebgebäude unmittelbar auf das Bunkersystem zu installieren. Dabei wurde aus Gründen eines optimierten Lärmschutzes die Außenfassaden der Gebäudeeinhausungen grundsätzlich an Holzbalken befestigt (Bild 7).

Bild 7:

Teilansicht der Mineralstoffaufbereitungsanlage MSG, Bau der Hauptsiebhalle

In den Materialabwürfen in die Mineralstoffboxen können die Produkte bei Bedarf zwecks Staubniederhaltung oder Einstellung der erforderlichen Produktfeuchte bewässert und benetzt werden. (Bild 8) zeigt die Ansicht der fertig installierten Hauptsiebhalle mit einer Teilreihe der Betonlagerboxen für jeweils etwa 1.500 Tonnen Lagerkapazität für die verschiedenen Schlackeprodukte sowie das kleinere Gebäude der Eisenabsiebung mit Betonlagerboxen.

Bild 8: Teilansicht der Hauptsiebhalle mit Betonlagerboxen für Schlackeprodukte und das Gebäude der Eisenabsiebung mit Betonlagerboxen

2. Das technologische Konzept der neuen Mineralstoffaufbereitungsanlage MSG

Während die eingesetzte Aufbereitungstechnologie weitestgehend auf etablierte Komponenten zurückgreift, ist die MSG in der Summe mit den einzelnen konstruktiv umgesetzten Umweltschutzmaßnahmen für Anlagen zur Aufbereitung von Mineralstoffen und Eisenhüttenschlacken teilweise neue Wege gegangen.

Die im Stahlwerksprozess erzeugten Mineralstoffe, vor allem LD- und Gießpfannenschlacken, werden, wie bereits erwähnt, zu verschiedenen mineralischen Produkten wie Baustoffen für den externen Markt und Kalk-/Eisenträgern sowohl für den internen Einsatz als Sekundärrohstoff für den Hochofen- und Stahlwerksprozess als auch für den externen Markt, z.B. als Düngemittel bzw. als S-Legierungsmittel, aufbereitet.

Die LD- bzw. Gießpfannenschlacke wird im Stahlwerk selektiv in Schlackebeete erfasst und mittels speziellem Heißbagger auf Lkws verladen (Bild 9) und zum Vorlager gebracht. Vom Vorlager wird die Schlacke mittels Radlader auf LKW's verladen.

Bild 9: Selektive Erfassung der LD- und Gießpfannenschlacke in der Schlackenhalle/Stahlwerk.

Das Fließschema der Aufbereitungsanlage für Mineralstoffe ist im (Bild 10) wiedergegeben.

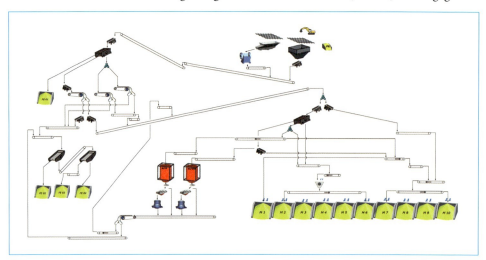

Bild 10: Vereinfachte Fließschema der Aufbereitungsanlage für Mineralstoffe

Aufbereitungstechnologie von Stahlwerksschlacken

Die nachfolgende Mineralstoffaufbereitung gliedert sich im Wesentlichen auf die Prozessschritte

- Materialaufgabe,
- Materialverteilung, Beschickung der Magnetscheider, Magnetscheidung,
- Klassierung der Eisenprodukte,
- Zerkleinerung und Klassierung der Mineralstoffprodukte.

Im Folgenden soll die installierte Aufbereitungstechnologie näher erläutert werden:

Die Mineralstoffgemische und Schlacken werden vom Vorlager mittels LKW's in die Aufgabehalle der Mineralstoffaufbereitungsanlage transportiert und der Muldeninhalt auf das Rost der mit einer Rostweite von 200 mm in die Bunker abgekippt.

Übergroße Stücke werden vom Rostbagger in den parallel zur Hauptlinie angeordneten Backenbrecher gegeben. Bären, d.h. größere Stahlstücke, werden zum Wiedereinsatz im Stahlwerk aussortiert.

Das gesamte Material der Körnung 0/200 mm gelangt zunächst zum Magnetturm. Dort erzeugt das Vorsieb zusätzlich zur weiteren Schutzsiebung bei 200 mm die Körnungen 0/40 mm und 40/200 mm. Dadurch können die nachfolgenden drei Elektromagnet-Bandtrommelscheider der Eisenseparation optimal mit jeweils etwa einem Drittel des Materialstromes bedient werden (Bild 11).

Bild 11:

Blick auf zwei von drei installierten Elektro-Bandscheidertrommeln während der Bauphase im Magnetturm

Die Magnetscheidung kann durch Einstellungen der magnetischen Feldstärke, der Stellung des Magneten in der Trommel sowie der Einstellung des Splitters im Abwurfschacht beeinflusst werden. In der täglichen Praxis beeinflussen insbesondere bei den Feinkornscheidern die Feuchte des Mineralstoffgutes sowie die eingestellte magnetische Feldstärke den Trennerfolg.

Das separierte Eisen wird über zwei nachgeschaltete Siebe in die von den Sinteranlagen und Hochöfen der ROGESA sowie vom Stahlwerk gewünschten Körnungen 0/10 mm, 10/60 mm sowie 60/200 mm klassiert.

Der *taube* Mineralstoffanteil gelangt in die Sieb- und Brechanlage, wo bedarfsorientiert verschiedene Körnungen hergestellt und dann über Verteiler und Reversierbänder in die darunter befindlichen Betonboxen mit einem Fassungsvermögen von jeweils rund 1.500 Tonnen abgeworfen werden können. Typische in dieser Anlage erzeugte Mineralstoffprodukte sind die Körnungen 0/8 mm, 0/16 mm und 0/32 mm. Radlader entnehmen die Produkte aus den Boxen und beladen wiederum die Lkws für die Kunden.

Die Brechanlage arbeitet mit einem Steilkegelbrecher als Vorbrecher und einem Flachkegelbrecher als Feinbrecher (Bild 12).

Bild 12:

Blick auf den Steilkegelbrecher und Flachkegelbrecher während der Bauphase

Nach der Zerkleinerung erfolgt eine weitere Magnetscheidung, um die in den Brechern aufgeschlossene Eisenpartikel aus dem Mineralstoffstrom zu entfernen. Dieses Eisen wird ebenfalls der Eisenabsiebung zugeführt.

Die Mineralstoffabsiebung erfolgt aufgrund der Materialeigenschaften, insbesondere der Feuchte, mit einer Doppeldeck-Spezialsiebmaschine mit beweglichen Siebmatten.

3. Erzeugte Produkte, Abnehmer und Aussicht auf Produktentwicklungen

Unter dem Handelsnamen SCODILL erzeugt und vertreibt die MSG Baustoffe für den Straßen- und Wegebau aus LD-Schlacke (Bild 13). Im Bild 13 sind zwei Anwendungsbeispiele für den Einsatz von SCODILL im Waldwegebau und als Bankettmaterial wiedergegeben.

Bild 13: Einsatz von SCODILL im Waldwegebau/Dillinger Hüttenwald und für die Herstellung von Straßenbanketten

Aufbereitungstechnologie von Stahlwerksschlacken

Ein weiteres Produkt ist ein selbstentwickelter und zugelassener Dichtungsbaustoff aus Gießpfannenschlacke der Körnung 0/8 mm z.B. für die betriebseigene eisenhüttenmännische Halde. Zur Zeit wird die gesamte Gießpfannenschlackenproduktion zur Herstellung der Flankenabdichtung auf der Deponie eingesetzt. Die Stahlwerksschlacken werden darüber hinaus nach einer weiteren Siebstufe als Konverterkalk entsprechend der Düngemittelverordnung vermarktet (Bild 14).

Bild 14: Einsatz von Konverterkalk gemäß Düngemittelverordnung in der Landwirtschaft

Hüttenintern wird die LD-Schlacke zudem als Kalkträger in der Sinteranlage eingesetzt. Die separierten eisenhaltigen Bestandteile aus den Stahlwerksschlacken werden dem Hüttenprozess am Standort zugeführt.

Im (Bild 15) ist eine Gesamtübersicht der erzeugten Schlackeprodukten und deren Einsatzgebiete wiedergegeben.

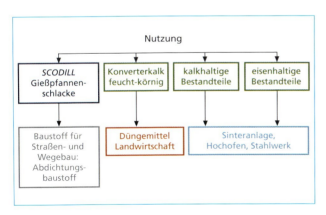

Bild 15: Verwendungsfelder der Dillinger Stahlwerksschlacken

Aufgrund der geografischen Lage des Hüttenstandortes Dillingen und der geologischen Rahmenbedingungen in der Saar-Lor-Lux-Region liegen die Abnehmer der Schlackenprodukte nicht nur in Deutschland, sondern vor allem auch in Frankreich und Luxemburg. Hierzu werden besonders neue Schlackeprodukte in der Kombination Hochofen- und LD-Schlacke hergestellt (COMBIDILL), welche insbesondere im Straßenbau in Frankreich eingesetzt werden. Ein weiteres Einsatzgebiet für spezifische LD-Schlackeprodukte wird für die Zukunft vor allem im Einsatz in Asphalttrag- und -deckschichten gesehen.

Die Herstellung der Schlackenprodukten unterliegt den einschlägigen allgemein gültigen Anforderungen an die Güteüberwachung entsprechend den europäischen und nationalen Normen und anderen Regelungen (z.B. der Werkseigene Produktionskontrolle – WPK) sowie bei ausschließlich intern eingesetzten Produkten eigenen Vorgaben in Anlehnung an Maßgaben aus der werkseigene Produktionskontrolle. Zur Absicherung der jeweils spezifisch, geforderten Qualitätsanforderungen an die unterschiedlichen Schlackeprodukten in den verschiedenen internen und externen Einsatzgebieten wurde ein betriebsinternes Qualitätssicherungssystem aufgebaut. Dieses stellt sicher, dass das durch Normen geforderte System der Werkseigene Produktionskontrolle umgesetzt ist und auch für das interne Recycling die Qualitätsparameter eingehalten werden.

Entphosphorung von Abwässern im Festbett auf Basis von Elektroofen- und Konverterschlacke
– Ein Pilotprojekt –

Heribert Rustige

1.	Notwendigkeit der Phosphatentfernung und herkömmliche Bedingungen	139
2.	Phosphatentfernung im Festbettreaktor	140
3.	Versuchsaufbau	141
4.	Charakterisierung der verwendeten Schlacken	142
5.	Hydraulik	143
6.	Ergebnisse zur Phosphatrückhaltung auf der Kläranlage Kappe	144
7.	Potenziale und Restriktionen des Schlackeeinsatzes für die Phosphatentfernung	148
8.	Schlussfolgerungen	149
9.	Literatur	150

Auf einer kleinen Kläranlage wurde Konverterschlacke und Elektroofenschlacke eingesetzt, um Phosphat aus dem Ablauf des biologischen Reaktors zu entfernen. Sechs parallele Festbettreaktoren mit einem Inhalt von je 500 Kilogramm Schlacke wurden batchweise mit dem Abwasser beschickt. Die Reaktionszeit im Festbett betrug 8 oder 24 Stunden. Ziel der Untersuchung war die Optimierung der Durchströmung, um maximale Reinigungsleistung zu erzielen und die Schlacke vollständig auszunutzen. Die Zulaufkonzentrationen lagen im Mittel bei 11,8 (6 bis 31) mg/l·P_{ges}. Während mit der untersuchten Konverterschlacke Ablaufwerte von 4 mg/l·P_{ges} erreichbar waren, wurden mit Hilfe der eingesetzten Elektroofenschlacke Ablaufwerte unter 2 mg/l·P_{ges} erzielt. Für die Elektroofenschlacke wurde eine Phosphorkapazität von 800 g·P/m³ Festbettvolumen bzw. 0,4 g·P/kg Schlacke bis zum Erreichen der Durchbruchkonzentration von 2 mg/l P ermittelt.

1. Notwendigkeit der Phosphatentfernung und herkömmliche Bedingungen

Die Entfernung von Phosphat aus Abwasser ist in Europa vorgeschrieben für Einleitungen aus kommunalen Abwasserbehandlungsanlagen in empfindlichen Gebieten, in denen es zur Eutrophierung kommt.[1] Für Anlagen ab 10.000 Einwohner gilt ein anlagenbezogener

---
[1] Richtlinie 91/271/EWG des Rates vom 21. Mai 1991 über die Behandlung von kommunalem Abwasser

Grenzwert für Gesamtphosphor (P_{ges}) von zwei mg/Liter und ab 100.000 Einwohner von ein mg/Liter oder eine Reduzierung um mindestens 80 Prozent.

Im Einzugsgebiet von besonders empfindlichen Gewässern wird in Deutschland vielfach schon für kleinste Kläranlagen die Einhaltung eines Grenzwertes von 2 oder 4 mg/l·P_{ges} gefordert. Die Zulaufkonzentrationen liegen dabei zwischen 5 und 20 mg/l, je nach dem, welcher spezifische Wasserverbrauch oder Fremdwasseranteil vorliegt. In Deutschland wird mit einem durchschnittlichen Phosphoreintrag von 1,8 g/E/d gerechnet und der spezifische Wasserverbrauch schwankt von 80 bis 150 l/E/d zwischen ländlichem Raum und städtischer Umgebung. Die Begrenzung von Phosphat im Ablauf der Kläranlage soll ein übermäßiges Algenwachstum in langsam fließenden Gewässern verhindern. Aus gesamtökologischer Sicht ist es darüber hinaus erstrebenswert, Verfahren zu entwickeln, die dazu geeignet sind, das aus dem Wasser entfernte Phosphat für eine Verwertung zurück zu gewinnen.

Die Phosphatelimination auf größeren Kläranlagen erfolgt heute zumeist als Kombination aus biologischer P-Bindung im Belebtschlamm in Verbindung mit einer chemischen Fällung, z.B. durch Fe(III)-Cl. Die biologische Elimination bedarf einer geregelten Prozessführung, die in der Regel nur auf großen Kläranlagen wirtschaftlich ist. Teilweise läuft diese aber auch ungeregelt bei schlechterem Wirkungsgrad ab. Grundsätzlich wird dem Abwasser mit dem Überschussschlamm immer auch Phosphat entzogen. Die Fällung mit Eisen- bzw. Aluminiumsalzen oder Kalkhydraten wird in kleinen Anlagen meist simultan ausgeführt.

Für die P-Fällung wird ein Molverhältnis von $\beta = 1,2$, bezogen auf den Fällmittel-Einsatz je mol zu entfernendes Phosphat, veranschlagt.[2] Allerdings steigt der β-Wert, wenn niedrigere Ablaufkonzentrationen angestrebt werden oder wenn Abwasser mit geringerem Phosphatgehalt behandelt werden soll. In einer nachgeschalteten Stufe kann ein β-Wert von 2,5 erforderlich sein, also eine mehrfache stöchiometrische Überdosierung. Darüber hinaus ist die Effizienz der Fällung stark vom pH-Wert abhängig, so dass je nach Pufferkapazität des Wassers andere Fällmittel in Frage kommen. Um den Fällmittelbedarf zu minimieren, muss das Fällmittel mit einem erheblichen Energieeintrag von mehr als 100 bis 150 W/m³ in das Abwasser eingemischt werden. Ist der Energieeintrag zu hoch, werden die Flocken wieder zerstört bzw. sie erreichen nicht die für die Abtrennung erforderliche Größe. Zur Verbesserung der Bildung von Makroflocken kann die zusätzliche Dosierung von Polymerverbindungen in einer weiteren Behandlungsstufe erforderlich sein.

Durch den Einsatz von Fällmitteln steigt das zu entwässernde Schlammvolumen auf den Kläranlagen an, so dass zusätzlicher Energie- und Kostenaufwand für die Entsorgung entsteht. Die Pflanzenverfügbarkeit des gebundenen Phosphates bei der landwirtschaftlichen Verwertung kann abhängig von pH und Fällmittel sehr gering sein.

2. Phosphatentfernung im Festbettreaktor

Da die gezielte Elimination von Phosphaten bei minimalem Rohstoffeinsatz nur mit erheblichem Regelungsaufwand und entsprechendem Beckenvolumen somit nur auf großen Kläranlagen möglich ist, stellt sich die Frage nach Alternativen für den Einsatz in kleinen Kläranlagen, die häufig gerade in kleine und empfindlichere Vorfluter einleiten.

Im Rahmen des laufenden deutsch-französischen Verbund-Forschungsvorhabens SLASORB[3] wird deshalb der Einsatz von Stahlschlacken zur Entphosphorung von Wasser

---

[2] ATV-DVWK-A 202 (2011): Chemisch-physikalische Verfahren zur Elimination von Phosphor aus Abwasser

[3] SLASORB - using SLAg as SORBant to remove phosphorus from wastewater. Project carried out with a financial grant of the Research Programme of the Research Fund for Coal and Steel. RFSP-CT-2009-00028, Laufzeit bis 12/2012; http://www.emn.fr/z-ener/slasorb/

im Pilotmaßstab auf Kläranlagen untersucht. Eine vorangegangene Literaturstudie [1] hatte von zahlreichen Laborversuchen zum Einsatz verschiedener industrieller Beiprodukte mit dem Ziel der Phosphatsorption berichtet. Allerdings mangelt es bisher an Versuchen in der Praxis. Als bestverfügbares und potentiell geeignetes Beiprodukt wurde Stahlschlacke identifiziert.

Die Schlacke könnte in pulverisierter oder granulierter Form dem Abwasser zugegeben werden oder bei gröberer Körnung als durchströmtes Festbett Verwendung finden. Letzteres ist grundsätzliche die weitaus einfachere Lösung. Wie bei anderen Sorptionsverfahren, wird das Medium so lange benutzt, bis sich die Aufnahmekapazität für den jeweiligen Stoff erschöpft hat. Ein solches auswechselbares Festbett wird sinnvollerweise als eine getrennte und zusätzliche Stufe nach der biologischen Reinigung betrieben.

Ziel der Untersuchungen ist die Auswahl und gegebenenfalls Mischung von Filtermedien mit den besten Eigenschaften in der Praxis. Dabei geht es neben der guten Phosphatbindung um die Vermeidung von Verstopfungen durch Filtration und Fällprodukte und um die Vermeidung der Überschreitung von zulässigen pH-Werten. Gleichzeitig sollte die Kapazität der Filtermedien durch Optimierung der hydraulischen Verhältnisse gesteigert werden. In parallelen Laborversuchen an der Ecole des Mines de Nantes und am FEhS in Duisburg wurden die Prozesse und Schlackeeigenschaften untersucht. Am Ende steht die Untersuchung der Düngewirkung der Schlacken durch den ggf. erfolgten Zuwachs an Phosphat.

3. Versuchsaufbau

Die Praxisversuche wurden auf einer kleinen dezentralen Kläranlage in Kappe (Brandenburg) durchgeführt. Die Kläranlage hat eine Kapazität von 190 Einwohnern und besteht aus einer sehr einfachen, ungeregelten Belebtschlammanlage (SBR) in Verbindung mit einem nachgeschalteten bepflanzten Bodenfilter. Der nachgeschaltete Bodenfilter erhöht die Nitrifikationsleistung der Kläranlage und stellt auch im Störfall der technischen Stufe eine ausreichende Ablaufqualität sicher (Ausfall der Belüftung, Schlammabtrieb usw.). Eine

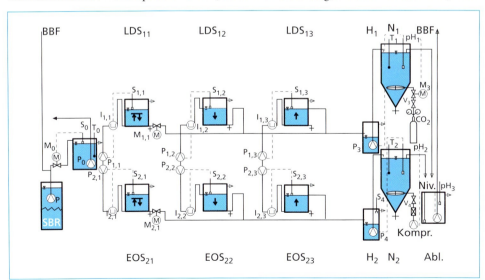

Bild 1: Versuchsaufbau mit 6 Festbettreaktoren für Konverterschlacke (LDS) und Elektroofenschlacke (EOS) mit je drei verschiedenen Beschickungsweisen sowie zwei nachgeschalteten Blasenreaktoren zur Neutralisation mit CO_2

Phosphatelimination findet nicht gezielt statt. In Abhängigkeit der tatsächlichen hydraulischen Belastung (stark abhängig von Fremdwasseranfall) und der aktuellen Nährstoffverhältnisse im Reinigungszyklus kann aber mehr oder weniger Phosphat in der Biomasse gebunden werden.

Für den Versuchsaufbau wurde ein Teilstrom aus dem Ablauf des SBR in einen Vorlagebehälter überführt. Dieses Wasser diente der Beschickung von 6 parallelen Festbettreaktoren, die mit Schlacke gefüllt waren. Jeweils drei Reaktoren wurden mit Elektroofenschlacke (EOS bzw. EAF) und mit Konverterschlacke (LDS bzw. BOF) betrieben. In einem Reaktor wurden zwei Schlacken gemischt.

Jeder Schlackereaktor hat ein Festbettvolumen von etwa 0,31 m³ bzw. einen Inhalt von 500 Kilogramm Schlacke. Das entspricht einem Zylinder von 0,75 m Durchmesser und einer Füllhöhe von etwa 0,7 m. Reaktor x1 wird jeweils von unten beschickt und nach unten entleert. Dadurch wird ein vollständiger Austausch des entwässerbaren Porenvolumens mit jedem Batch erreicht. Reaktor x2 wird von oben beschickt und nach unten entleert. Reaktor x3 umgekehrt von unten beschickt und nach oben entleert. Während die Reaktoren x2 und x3 dauerhaft eingestaut betrieben werden, findet bei Reaktor x1 bei jedem Füll- und Entleerungsvorgang eine Belüftung statt, so dass Kohlendioxid eingetragen wird, das mit der Schlacke reagieren kann. (Bild 1)

Die zwei nachgeschalteten Blasenreaktoren dienen der Neutralisation. Die Säulen haben einen Durchmesser von 0,56 m und eine nutzbare Wassersäule von 1,5 m. Durch die große Wassertiefe und durch die Nutzung von feinen Blasen kann ein hoher Stoffübergang erzielt werden. Die Neutralisation mit Kohlendioxid dient der Sicherung von pH-Werten < 9 im Ablauf der Versuchsanlage. Gleichzeitig sollten Notwendigkeit und Verfahren zur Neutralisation getestet werden.

Die Beschickung der Reaktoren erfolgte batchweise. Zum einen entspricht dies der Arbeitsweise des vorgeschalteten biologischen Reaktors der Kläranlage, zum anderen erleichtert das die Bilanzierung der Versuche. Mit Hilfe einer PLC wurden die Behälter im Abstand von 24 Stunden bzw. 8 Stunden mit einer definierten Wassermenge beschickt. Die Menge wurde so bemessen, dass jedes Mal ein vollständiger Austausch von Porenvolumen plus Wasserüberstand (20 cm) erfolgte.

Der Ablauf der Versuchsanlage wurde nach der Neutralisation in den nachgeschalteten bewachsenen Bodenfilter (BBF) der Kläranlage eingeleitet.

4. Charakterisierung der verwendeten Schlacken

Die verwendeten Schlacken wurden in big bags angeliefert und per Hand eingebaut und gewogen. Die Konverterschlacke hatte eine Korngrößenverteilung von 8/32 mm. Die Elektroofenschlacke reichte von 5/15 mm. Die Zusammensetzung der Schlacken wurde vom FEhS bestimmt (siehe Tabelle 1).

Bild 2: Schlackeproben

Tabelle 1: Chemisch physikalische Eigenschaften der untersuchten Schlacken

	Einheit	LDS	EOS
Materialdichte, trocken	kg/m³	3.495	3.378
Schüttdichte, trocken	kg/m³	1.960	1.834
Schüttdichte feucht, abgetropft	kg/m³	1.975	1.865
Wassergehalt feucht (Bezug auf m feucht)	Ma.-%	0,8	1,7
Wasserkapazität (Poren und Oberfläche) im Schüttvol.	Vol.-%	1,5	3,2
Lückengrad im Schüttvol., feucht, gesättigt (= entwässerbares Porenvol.)	Vol.-%	43,9	45,7
CaO_{free} Gehalt	Ma.-%	9,8	< 0,2
CaO_{tot} Gehalt	Ma.-%	50,3	27,1
SiO_2 Gehalt	Ma.-%	12,6	18,4
Fe_{tot} Gehalt	Ma.-%	20,6	19,0
MnO Gehalt	Ma.-%	4,3	5,8
Al_2O_3 Gehalt	Ma.-%	1,6	7,1
MgO Gehalt	Ma.-%	2,3	11,6

5. Hydraulik

Ein wesentlicher Inhalt der praktischen Versuche bestand im Vergleich der eingesetzten Schlacken hinsichtlich der mechanischen Eigenschaften und die daraus resultierende Durchströmung des Festbetts. Ein wesentlicher Unterschied zwischen Laborversuchen und dem technischem Maßstab bei der Übertragung von Laborergebnissen besteht nämlich in der veränderten Hydraulik. In der Praxis werden meist nur geringere Anteile durchströmt als im Laborversuch. Der Aufwand zur Herstellung einer idealen Verteilung ist in der Praxis normalerweise zu groß. Die Ergebnisse von zwei durchgeführten Tracer Versuchen sind in nachfolgender Tabelle dargestellt. Als Tracer wurde Uranin verwendet. Ein Farbstoff, der mit der Fluoreszenzspektroskopie nachgewiesen werden kann.

Zum einen wurde gemessen, wie viel Tracer mit der ersten von zwei hintereinander durchgeführten Beschickungen nach der Tracer Zugabe aus dem Reaktor wieder freigegeben wurde. Unter der Voraussetzung, dass der Tracer nicht signifikant an der Schlacke adsorbiert wird, kann daraus errechnet werden, wieviel Prozent des Füll- und Porenvolumens in jedem Versuch ausgetauscht wurde. Bei den beiden dauerhaft eingestauten Reaktoren x2 und x3 wurde anhand der Verteilungskurven des Tracers die hydraulische Effizienz bestimmt (siehe Tabelle 2). Die Werte in den aufwärts durchströmten Reaktoren zeigten jeweils kurze hohe Peaks, die Kurzschlüsse signalisierten. Dies konnte auch visuell anhand der optischen Verteilung des Tracers nachvollzogen werden. Die Ursache liegt in dem vergleichsweise hohen Druckverlust bei der Beschickung mit dem Pumpendruck und der Freispülung von bevorzugten Strömungskanälen. Dies wirkt sich besonders gravierend aus, wenn gleichzeitig Schlamm im Festbett angereichert ist. Bei den von oben angeströmten Filtern war dieser hydraulische Effekt nicht zu beobachten. Offenbar sorgt die Verteilung des Wassers im Filterüberstand für einen Druckausgleich. Hier wurden jedenfalls im Tracerversuch die besten hydraulischen Wirkungsgrade gemessen. Bei den Reaktoren, die jeweils vollständig befüllt und entleert wurden, hätte sich theoretisch ein 100 prozentiger Wirkungsgrad einstellen müssen. Das dies nicht der Fall ist, deutet auch hier auf Toträume oder Porenräume hin, die nur langsam entwässerbar sind. Dies kann hier auch auf die Zunahme der Verschlammung zurück zu führen sein.

Ein wesentliches Ergebnis dieser Versuche besteht darin, dass in der Praxis beim Einsatz von solchen *Phosphatfiltern* mit möglichem, zeitweisen Schlammaustrag gerechnet werden muss. Die aufwärts durchströmten Reaktoren (x3) mussten später aus dem Betrieb genommen und die Ergebnisse wegen der beobachteten Kurzschlussströme verworfen werden.

Die vertikale Beschickung des eingestauten Festbettes von oben kann hier als optimal angesehen werden. Trotz Verschlammung konnte die hydraulische Funktion aufrecht erhalten werden.

Tabelle 2: Tracerversuche zur Ermittlung der hydraulischen Effizienz

Parameter	Einheit	LDS 11		LDS 12		LDS 13	
		Woche 14	Woche 32	Woche 14	Woche 32	Woche 14	Woche 32
1. Batch Tracer	%	87	87	61	67	78	90
Austauschvolumen (L)		166	165	172	155	128	75
hydraulische Effizienz	%	87	87	91	81	67	39
Parameter		EOS 21		EOS 22		EOS 23	
		Woche 14	Woche 32	Woche 14	Woche 32	Woche 14	Woche 32
1. Batch Tracer	%	92	81	58	57	69	80
Austauschvolumen (L)		175	153	184	185	155	125
hydraulische Effizienz	%	92	81	97	97	82	66

6. Ergebnisse zur Phosphatrückhaltung auf der Kläranlage Kappe

Die Versuche auf der Kläranlage Kappe dienten der Untersuchung der Phosphatrückhaltung in der Praxis. Dazu wurden wegen der stark schwankenden Zulaufkonzentrationen (aus dem SBR) Tagesmischproben bzw. Wochenmischproben mit Hilfe eines automatischen Probenehmers aus dem Vorlagebehälter entnommen. Die Proben wurden in der Regel photometrisch auf die Standard-Abwasserparameter untersucht. Gelegentliche parallele Untersuchungen mit der ICP zeigten gute Übereinstimmung.

Die folgenden Grafiken zeigen die Ergebnisse zur Phosphatrückhaltung in den Reaktoren 12 und 22 (vertikal von oben beschickt). Hier sind sowohl die gemessenen Konzentrationen als auch die zurückgehaltenen Phosphormengen über die Filterbelastung mit Phosphor aufgetragen. Dem liegt die Annahme zugrunde, dass der Wirkungsgrad eine Adsorptionsfilters Grundsätzlich von der Vorbeladung des Filters abhängt, da die freien Plätze zur P Bindung endlich sind. Darüber hinaus spielt die Reaktionszeit eine Rolle. Im Verlauf des Untersuchungszeitraumes wurde einmal für die Dauer von drei Monaten die Reaktionsdauer von 24 Stunden auf 8 Stunden verkürzt (Januar bis März 2012).

Die Ablaufkonzentrationen hängen deutlich von der Zulaufkonzentration ab. Dies zeigt an, dass keine schnell verfügbaren Bindungsplätze etwa zur Adsorption mehr vorhanden sind. Korreliert man die gemessenen Wirkungsgrade an den jeweiligen Stichtagen mit Leitfähigkeit, pH und Temperatur, so weisen vor allem bei der Konverterschlacke Temperatur und dann der pH-Wert auf einen Zusammenhang hin. Trägt man den zeitlichen Verlauf der Wassertemperaturen und pH-Werte auf (siehe Bild 5), so zeigt sich, dass a) die pH-Wert Entwicklung der Elektroofenschlacke wenig mit dem Temperaturverlauf zu tun hat und b) die pH-Werte der Konverterschlacke dem Temperaturmuster folgen, wobei die pH-Änderung dem Temperaturverlauf scheinbar erst zwei bis vier Wochen später folgt.

Entphosphorung von Abwässern im Festbett

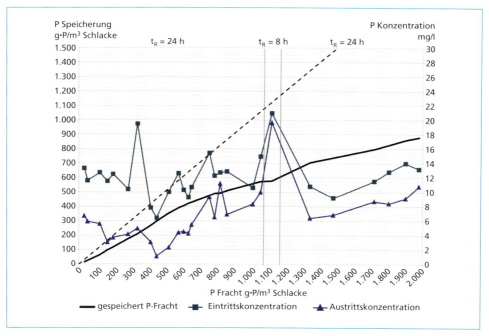

Bild 3: LDS Reaktor 12: Zu- und Ablaufkonzentrationen sowie die zurückgehaltene P Fracht je Kubikmeter Schlacke-Bettvolumen bezogen auf die beschickte P Fracht je Kubikmeter Schlacke-Bettvolumen

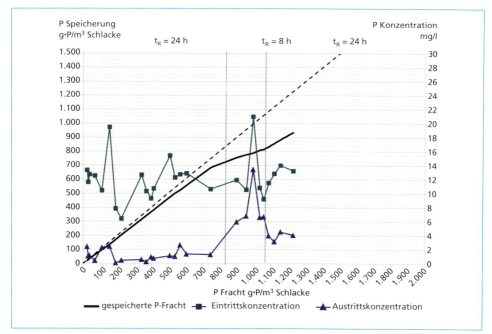

Bild 4: EOS Reaktor 22: Zu- und Ablaufkonzentrationen sowie die zurückgehaltene P Fracht je Kubikmeter Schlacke-Bettvolumen bezogen auf die beschickte P Fracht je Kubikmeter Schlacke-Bettvolumen

Obwohl eigene parallele Laborversuche mit den hier untersuchten Schlacken und mit dem selben realen Abwasser nahe gelegt hatten, dass eigentlich eine Aufenthaltsdauer von acht Stunden ausreichen würde, um 2 mg/l Phosphor im Ablauf der Reaktoren einhalten zu können, zeigen die oben in Bild 3 und Bild 4 dargestellten Bereiche mit entsprechend verkürzter Aufenthaltsdauer, dass diese Reaktionszeit bei weitem nicht ausreichend ist. Um zu überprüfen, ob dies auch für noch unbeladene Schlacke mit freien Adsoptionskapazitäten gilt, wurde das Festbett in den Reaktoren x1 erneuert und von vornherein mit 8 Stunden betrieben. Aber auch hier zeigte sich ganz deutlich, dass in der Praxis mit 24 Stunden gerechnet werden muss, um sicher die geforderten Ablaufwerte bzw. eine 80 prozentige Reduktion zu erzielen (siehe Bild 6 und Bild 7).

Gleichzeitig wird hier der Vorteil der Elektroofenschlacke gegenüber der Konverterschlacke deutlich. Sie reagierte schneller und weitergehender. Diese Ergebnisse stehen im Widerspruch zu parallelen Versuchen, die im Rahmen dieses Verbundforschungsvorhabens in Südfrankreich im Ablauf einer Pflanzenkläranlage durchgeführt werden. Die Gründe für dieses unterschiedliche Verhalten sind noch nicht eindeutig geklärt. Insbesondere konnte dort das Phänomen beobachtet werden, dass die eingesetzte Konverterschlacke erst nach einem Betriebszeitraum von mehr als einem Jahr plötzlich ihr Verhalten änderte und wesentlich geringere P-Ablaufwerte erzeugte.

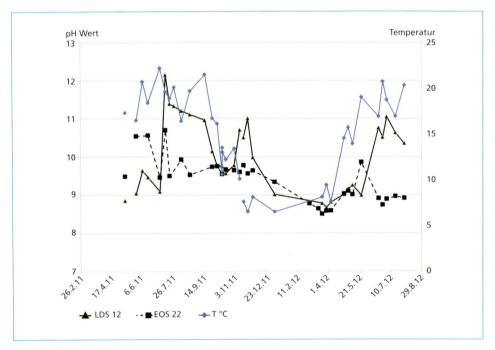

Bild 5: Temperaturverlauf und pH für die Reaktoren x2

Möglicherweise hängt dies mit der hier im getauchten Zustand nur langsam einsetzenden Witterung des Materials und der Freisetzung von Kalziumoxiden und dadurch verstärkten Mitfällung von Phosphaten zusammen. Auch in den Versuchen in Kappe konnte nach etwa einjährigem Betrieb ein weißer Niederschlag im Ablaufwasser der LDS Reaktoren beobachtet werden.

Entphosphorung von Abwässern im Festbett

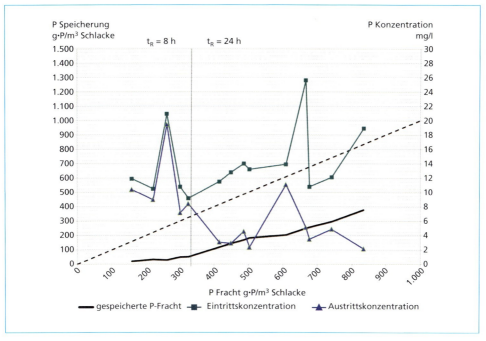

Bild 6: LDS 11: Vergleich P-Rückhaltung nach 8 Stunden und 24 Stunden Retentionszeit, neue Schlacke

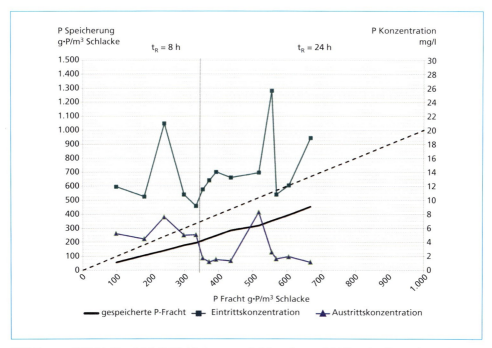

Bild 7: EOS 21: Vergleich P-Rückhaltung nach 8 Stunden und 24 Stunden Retentionszeit, neue Schlacke

Unter den in Kappe getesteten Bedingungen konnte eine Phosphorkapazität von etwa 800 g·P/m³ Festbett bis zur Durchbruchskonzentration von 2 mg/l·P mit Elektroofenschlacke erzielt werden (siehe Bild 4). Die getestete Konverterschlacke erreichte in der Praxis bestenfalls 4 mg/l·P im Ablauf der Kläranlage.

7. Potenziale und Restriktionen des Schlackeeinsatzes für die Phosphatentfernung

Offensichtlich sind höhere pH-Werte der Phosphatrückhaltung förderlich. Dies gilt besonders für den Einsatz von Konverterschlacke. PH-Werte oberhalb von neun können jedoch bei Vorhandensein von Ammonium zu einer erhöhten Fischtoxizität des Abwassers führen. Aus diesem Grund sind ggf. Maßnahmen zu treffen. In diesem Fall wurde die Begasung mit Kohlensäure und eine Belüftung getestet. Theoretisch würde der in der Luft enthaltene Kohlensäureanteil bei der nur schwächer basisch reagierenden Elektroofenschlacke ausreichen, um etwa pH 9 zu erreichen. Darüber hinaus würde bei gleichzeitiger Belüftung ggf. entstandenes Ammoniak ausgetrieben. In der Praxis zeigte sich aber, dass dabei große Mengen Schaum entstehen, die nicht mehr zu handeln sind. Die Neutralisation mit technischer Kohlensäure funktionierte dagegen zuverlässig und äußerst schnell. Die Gefahr besteht hier eher in einer Überdosierung. Es ist eine Regelung mit Hilfe einer Messkette erforderlich. Folgt dem Schlackereaktor jedoch eine Nitrifikationsstufe, z.B. ein vertikal durchströmter bepflanzter Bodenfilter oder wird über diese rezirkuliert, kann auf die Neutralisation in der Regel verzichtet werden, da hier Säurekapazität abgebaut wird.

Von besonderem Interesse ist die potenzielle Belastung des im Festbett behandelten Abwassers mit Spurenstoffen, die aus der Schlacke ausgewaschen werden könnten (siehe Tabelle 3). Es wurde in Stichproben geprüft, für welche Metalle ggf. relevante Auswaschungen vorliegen. Die einzigen Metalle, die hier einen signifikanten Anstieg nach Durchlaufen des Festbettes anzeigten, waren Barium und Vanadium. Nach einem Durchlauf des 272-fachen Porenvolumens war die Konzentration allerdings deutlich gesunken und betrug bei 24 Stunden Reaktionszeit noch 5 µg/l. Bei einer Aufenthaltszeit von acht Stunden und nach 244 Durchläufen mit einem Wasser-Feststoff Verhältnis (WF) von jeweils nur 0,3 l/kg war Vanadium hier nicht mehr nachweisbar.

Tabelle 3: Relevante Konzentrationsänderungen von Begleitstoffen im Eluat

a) Vanadium: Konzentrationen im Zu- und Ablauf der Reaktoren					
V	Zulauf	TR	LDS 12	EOS 22	
Monat	mg/l	h	mg/l	mg/l	Anz. Poren Vol.
September 11	< 0,005	24	0,025	0,077	42
März 12	< 0,002	8	n.b.	< 0,002	244
Mai 12	< 0,002	24	n.b.	0,005	272
b) Barium: Konzentrationen im Zu und Ablauf der Reaktoren					
Ba	Zulauf	TR	LDS 12	EOS 22	
Monat	mg/l	h	mg/l	mg/l	Anz. Poren Vol.
September 11	0,011	24	0,029	0,144	42
März 12	0,015	8	n.b.	0,033	244
Mai 12	0,018	24	n.b.	0,038	272

Der Bariumgehalt der Schlacke sank innerhalb der Versuchslaufzeit um etwa 17 Prozent in der LDS und um 15 Prozent in der EOS. Für das Vanadium gilt eine Elution von 12 Prozent aus der LDS und 9,4 Prozent aus der EOS. Zu berücksichtigen ist die große Streubreite bei Feststoffanalysen, so dass die Werte nur als Anhaltspunkt dienen können.

Da auch bei handelsüblichen Fällmitteln stets mit Schwermetallbelastungen zu rechnen ist, die stetig mit dem Fällmittel ins Wasser und schließlich in den Klärschlamm eingebracht werden, wurden im DWA Regelwerk A-202 Richtwerte festgelegt, die sich auf ein mol Wirksubstanz (Al/Fe) beziehen und die eine 90-prozentige Adsorptionsrate im Klärschlamm berücksichtigen. D.h. die Modellrechnungen zielen auf die Einhaltung der Klärschlammverordnung ab. Solche Richtwerte können aber für ein Festbettverfahren nicht verwendet werden. Für Vanadium liegen keine Richt- oder Vergleichswerte vor. Generell gilt aber, dass der Eintrag von Schadstoffen so gering wie möglich gehalten werden soll.

Für die Metalle Barium und Mangan als Bestandteil von eisenhaltigen Fällmitteln gibt es keine Festlegungen in der Klärschlammverordnung. Allerdings können bei dem Einsatz von Fällmitteln dadurch Betriebsprobleme an Pumpen und Dosieranlagen entstehen. Dies ist von dem Festbettverfahren nicht zu erwarten.

8. Schlussfolgerungen

Die Ergebnisse der Verwendung von Stahlschlacken zur Phosphatelimination weichen in der Praxis stark von den Laborergebnissen ab. Das Potential der Schlacke für die Phosphorbindung wird offenbar durch die Zusammensetzung des Abwassers und durch geringere Temperaturen verringert. Neben organischen Belastungen wie Schlammaustrag aus einem biologischen Reaktor kann auch das schwankende Kalklösevermögen des Abwassers eine Rolle spielen. Es ist noch zu untersuchen, warum die Schlacke in den parallelen Versuchen in Südfrankreich anders reagierte. Dort zeigte sich auf längere Sicht eine bessere Leistung der Konverterschlacke. Auch die Körnung ist entscheidend. Die spezifische Oberfläche der in Kappe eingesetzten EOS war doppelt so groß, wie die Oberfläche der LDS.

Die Ergebnisse der Pilotanlage in Kappe legen nahe, dass hier nur der Einsatz von Elektroofenschlacke in Frage kommt. Allerdings ist die hier ermittelte Kapazität von 800 g·P/m³ Schlacke eher gering. Dies entspricht etwa 0,4 g·P/kg Schlacke. Nach Literaturrecherchen [1] wurden in Laborversuchen Kapazitäten von 0,3 bis 4 g/kg ermittelt. Dabei ist aber zu beachten, dass sich das Ergebnis der Pilotanlage auf die angegebene Durchbruchskonzentration bezieht. In Schüttelversuchen oder Säulenversuchen mit hohen Phosphatkonzentrationen kann absolut natürlich mehr Phosphor angereichert werden.

Auch, wenn mit Hilfe der Konverterschlacke nur ein Zielwert von 4 bis 5 mg/l Phosphor im Ablauf kleiner Kläranlagen sicher erreicht wird, so könnte im Falle einer anschließenden landwirtschaftlichen Verwendung der angereicherte Phosphor zumindest wieder in den Produktionskreislauf zurückgeführt werden. Mit vergleichsweise einfachen Mitteln könnte die Phosphatentfernung auf kleinen Kläranlagen somit zumindest gesteigert werden und es wäre ein zusätzlicher Nutzen gegeben.

Im Rahmen des Verbundforschungsvorhabens werden deshalb noch Untersuchungen des Marktes an Hand von Standortanalysen vorgenommen. Nur, wo die Transportentfernungen gering und die Anwendungsbedingungen günstig sind, ist mit einem Gesamtnutzen zu rechnen.

9. Literatur

[1] Chazarenc, F.; Kacem, M.; Gérente, C.; Andrès, Y.: *Active* filters: a mini-review on the use of industrial by-products for upgrading phosphorus removal from treatment wetlands. Ecole des Mines de Nantes (florent.chazarenc@emn.fr), 2009

Zukunftstechnologien für Energie- und Bauwirtschaft
– am Beispiel der Schlacken aus der Elektrostahlerzeugung –

Dirk Mudersbach und Heribert Motz

1.	Stand der Technik bei der Produktion und -Nutzung von Elektroofenschlacken	152
1.1.	Produktion und Aufbereitung	152
1.2.	Heutige Nutzung der Elektroofenschlacke	153
1.3.	Umweltverhalten der Elektroofenschlacke	154
2.	Alternative Produktion und Nutzung von Schlacken aus der Elektrostahlherstellung	155
2.1.	Behandlung der flüssigen Elektroofenschlacke aus der Herstellung von nichtrostendem Stahl (FACTOR SP) und aus der Qualitätsstahlherstellung (SLACON) zur verbesserten Wertstoffrückgewinnung	155
2.2.	Umwandlung der Elektroofenschlacke in einen Portlandzementklinker (KLINKEOS)	157
2.3.	Alternative Erstarrung der Elektroofenschlacke aus der Qualitätsstahlherstellung gekoppelt mit einer Wärmerückgewinnung (DEWEOS)	160
2.4.	Wiedereinsatz von sekundärmetallurgischen Schlacken in dem Elektrolichtbogenofenprozess zur Substitution von Kalk (WIPEOS-RECYCEOS)	163
3.	Zusammenfassung und Ausblick	165
4.	Literatur	166

Im Jahr 2011 wurden in Deutschland rund zwei Millionen Tonnen Elektroofenschlacke aus der Qualitäts- und Edelstahlproduktion hergestellt [1]. Weltweit soll die jährliche Produktion von Elektroofenschlacke bei mehr als zweihundert Millionen Tonnen liegen und dies mit einem angenommenen Wert von über eine Milliarde US-Dollar [2]. Hierdurch ergibt sich weltweit ein großes Potenzial für die Nutzung der Elektroofenschlacke für die Bauwirtschaft. Elektroofenschlacke ist schon seit Jahrzehnten ein anerkanntes Produkt und wird heute nicht nur in Deutschland und Europa, sondern auch weltweit erfolgreich als Straßenbaustoff, als Wasserbaustein, zur Bodenstabilisierung, als Strahlmittel oder als Gesteinskörnung im Beton eingesetzt. Diese Vielzahl an Anwendungen kann einerseits nur durch eine geeignete Auswahl der Einsatzstoffe und eine gezielte Prozessführung im Elektroofen sowie andererseits durch eine adäquate Abkühlung, Behandlung und Aufbereitung gewährleistet werden.

Unabhängig davon forschen die deutschen Stahlwerke und das FEhS-Institut nach alternativen Prozessschritten und Nutzungsmöglichkeiten von Elektroofenschlacken. Beispiele hierfür sind die Umwandlung der flüssigen Elektroofenschlacke in einen Stoff mit vergleichbaren Eigenschaften zu dem eines Portlandzementklinkers oder die gezielte trockene Erstarrung, gekoppelt mit einer Wärmerückgewinnung zur Nutzung des Energiepotenzials der Schlacken bei der Abkühlung, verbunden mit der Herstellung eines normgemäßen Baustoffes.

Bei der Entwicklung von Zukunftstechnologien muss aber die gesamte Prozesskette der Elektrostahlherstellung betrachtet werden. So werden aktuell im FEhS-Institut zwei Forschungsprojekte bearbeitet, um den Wiedereinsatz von sekundärmetallurgischen Schlacken – auch Gießpfannenschlacken genannt – im Elektrolichtbogenofen zu ermöglichen. Dies betrifft sowohl die zerfallenen als auch die stabilisierten Gießpfannenschlacken. Hierbei stehen Möglichkeiten der Stabilisierung – in Zukunft auch durchaus mit einer Wärmerückgewinnung gekoppelt – sowie der Wiedereinsatz im Elektroofen im Mittelpunkt der Forschung. Dies wäre ein weiterer Schritt, eine vollständige Kreislaufwirtschaft in der Stahlindustrie zu erreichen.

1. Stand der Technik bei der Produktion und -Nutzung von Elektroofenschlacken

1.1. Produktion und Aufbereitung

Die Förderung des Umweltschutzes ist seit jeher ein erklärtes Ziel der Politik. Ein Aspekt des Umweltschutzes ist es aber auch, natürliche Ressourcen zu schonen, wozu z.B. die Nutzung von Eisenhüttenschlacken für den Verkehrswegebau seit langem beiträgt und Stand der Technik ist.

Bis in die sechziger Jahre war die Verwendung von Stahlwerksschlacken auf die Nutzung als Düngemittel oder als Kreislaufstoff, also als Kalk- und Eisenträger bei der Eisen- und Stahlherstellung, fokussiert [4]. In den letzten Jahrzehnten ist es durch die Umstellung metallurgischer Prozesse, wie die Einführung des Elektrolichtbogenofenverfahrens, auch zu veränderten Schlackentypen mit besonderen Eigenschaften gekommen, so dass z.B. Elektroofenschlacken heute in Deutschland etwa zu achtzig Prozent in der Bauwirtschaft eingesetzt werden können [1] (Bild 1).

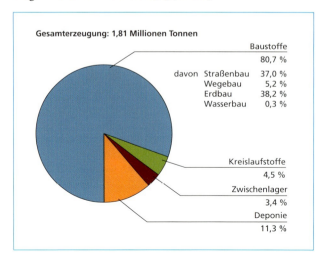

Bild 1:

Nutzung von Elektroofenschlacke in Deutschland im Jahr 2011

Voraussetzung hierfür ist, dass diese Schlacken nach bewusst eingestellter Produktion und Abkühlung im Stahlwerk in speziellen Aggregaten aufbereitet werden. Wie natürliche Gesteine werden auch diese gebrochen und abgesiebt, um vorgegebene Gesteinskörnungen und Baustoffgemische nach nationalen und europäischen Normen zu erzeugen.

Die in den genannten Normen festgelegten Anforderungen betreffen hauptsächlich die Korngrößenverteilung, die Festigkeit, die Kornform und den Widerstand gegen Verwitterung. Stahlwerksschlacken müssen zusätzliche Anforderungen an die Raumbeständigkeit erfüllen, basierend auf Untersuchungen mit dem Dampfversuch. Im Fall der Elektroofenschlacken wird die Raumbeständigkeit hauptsächlich vom Gehalt an freiem Magnesiumoxid beeinflusst. Viele Untersuchungen der letzten dreißig Jahre haben sich mit der Optimierung der Produktion und Aufbereitung der Elektroofenschlacken beschäftigt, um eine Raumbeständigkeit des Produktes zu gewährleisten, die den Anforderungen genügt [4].

1.2. Heutige Nutzung der Elektroofenschlacke

Die statistischen Daten in Bild 1 zeigen, dass eines der heutigen Hauptnutzungsgebiete für die Elektroofenschlacke der Straßenbau ist, wie z.B. der Einsatz als Körnung für ungebundene Schichten (Bild 2) oder für Asphaltschichten. Die Elektroofenschlacke ist für diese Anwendungen besonders gut geeignet, da sie gegenüber dem Naturstein vergleichbare und teilweise sogar bessere Eigenschaften aufweist, wie z.B. eine besonders rauhe Oberfläche der Einzelkörner. In Verbindung mit der Porosität wird eine Oberflächenstruktur der Elektroofenschlacke erzielt, durch die eine hohe innere Stabilität der daran hergestellten Baustoffgemische erreicht wird. Weiterhin ist die hohe Festigkeit der Elektroofenschlacken zu nennen, ermittelt z.B. durch den Schlagzertrümmerungswert. Oberflächeneigenschaften und Festigkeit in Verbindung mit einem sehr guten PSV (Polished Stone Value) und einem Benetzungsverhalten zwischen Gestein und Bitumen von über neunzig Prozent machen den Einsatz der Elektroofenschlacke im Asphalt bei besonders hoch belasteten Straßen vorteilhaft.

Bild 2:

Elektroofenschlacke als Gesteinskörnung für die ungebundene Tragschicht

Aus diesen Gründen wurde in den letzten dreißig Jahren eine Vielzahl von Straßen unter Nutzung von Elektroofenschlacken in den unterschiedlichsten Schichten gebaut, insbesondere als Gesteinskörnung für Asphaltdeckschichten (Bild 3). Die Untersuchungsergebnisse der unterschiedlichsten europäischen Behörden und Institutionen bestätigen die gute Qualität der Elektroofenschlacke für diese Anwendung über lange Jahre [5].

Zusammenfassend kann gesagt werden, dass Asphaltschichten durch die Verwendung der Elektroofenschlacke verformungsbeständiger werden und die Griffigkeit der Oberflächen über einen langen Nutzungszeitraum erhalten bleibt. Gesteinskörnungen aus Elektroofenschlacke sind daher insbesondere für die Herstellung von dünnen Deckschichten geeignet.

Das Gleiche gilt für den Bau von offenporigen Asphaltschichten (OPA), welche in letzter Zeit immer häufiger zur Minimierung der Abrollgeräusche und der Sprühfahnenbildung verwendet werden [6].

Bild 3:

Elektroofenschlacke für bituminös gebundene Deckschichten

Es konnte somit durch intensive Forschung und parallele Baumaßnahmen nachgewiesen werden, dass Elektroofenschlacke durch ihre gezielte Herstellung und aufwendige Aufbereitung in Deutschland einen Qualitätsstandard vergleichbar mit hochwertigen natürlichen Gesteinen erreicht hat.

Allerdings ist der Einsatz der Elektroofenschlacke als Straßenbaustoff nicht das einzige Einsatzgebiet. Die hohe Dichte der Elektroofenschlacke von mehr als 3,5 g/cm³ hat dieses Material auch für die Verwendung im Wasserbau qualifiziert. In Deutschland und in den Niederlanden wurden in der Vergangenheit insgesamt fast eine halbe Million Tonnen Elektroofenschlacke jährlich als Wasserbausteine eingesetzt. Wasserbausteine werden im Vergleich zu Straßenbaukörnungen in wesentlich größere Korngrößenklassen aufbereitet. Sie dienen dem Schutz und der Regulierung von Flüssen und anderen Wasserstraßen, werden aber auch im Küstenschutz und im Offshore-Bereich eingesetzt [7]. Eine typische Korngrößenklasse, in der die Elektroofenschlacke im Wasserbau verwendet wird, ist 45 bis 125 mm. Auch für diesen Einsatzbereich wurden die Elektroofenschlacken intensiv in begleitenden Laborprüfungen untersucht. So konnte z.B. in einem speziellen Verfahren, bei dem die Abriebbeständigkeit in einer rotierenden Trommel überprüft wird, nachgewiesen werden, dass die Elektroofenschlacke hier bessere Untersuchungsergebnisse erzielt als z.B. Basalt oder Diabas.

1.3. Umweltverhalten der Elektroofenschlacke

Die zuvor vorgestellten guten technischen Eigenschaften der Elektroofenschlacke sind allerdings nur eine Voraussetzung für die nachhaltige Nutzung dieser industriell hergestellten Gesteinskörnung. Heutzutage müssen industrielle Nebenprodukte allgemein auch höchsten Umweltanforderungen genügen, wenn sie auf dem Markt gegenüber den Konkurrenzprodukten bestehen möchten. Dies gilt sowohl auf europäischer Ebene [8, 9] als auch für nationale Gesetze und Regelungen, wie z.B. für die zukünftige Ersatzbaustoffverordnung [10].

Bereits in den sechziger Jahren wurden durch die deutsche Stahlindustrie Auslaugeverfahren erarbeitet, die speziell für industrielle Gesteinskörnungen geeignet sind [11], denn das Umweltverhalten von Baustoffen wird durch das Auslaugeverhalten definiert, indem die Konzentrationen von umweltrelevanten Elementen im Eluat bestimmt werden und nicht die Gehalte im Feststoff. Um die Effekte auf das Grundwasser und den Boden zu bestimmen, ist es heute europaweit üblich, verschiedenste Auslaugeverfahren einzusetzen. Die Ergebnisse dieser unterschiedlichsten Verfahren zeigen, dass für die Elektroofenschlacken die meisten Elemente keine Relevanz bezüglich des Umweltverhaltens besitzen.

Sollte jedoch in Zukunft in Deutschland die geplante Ersatzbaustoffverordnung [10] in der Form des Entwurfes aus dem Jahr 2011 in Kraft treten, würden weite Bereiche von traditionellen Anwendungen der Elektroofenschlacken nicht mehr zugelassen sein. Ziel der Stahlindustrie in Deutschland ist dagegen, einen Ausgleich zwischen den unterschiedlichen Umweltaspekten des Gewässer- und Bodenschutzes einerseits und denen des Ressourcenschutzes andererseits herbeizuführen. In intensiven Diskussionen mit den Umweltbehörden wird versucht, einen tragfähigen Kompromiss zu finden, der sämtliche Aspekte des Umweltschutzes angemessen berücksichtigt und dennoch die traditionellen Einsatzgebiete für Elektroofenschlacken sicherstellt.

2. Alternative Produktion und Nutzung von Schlacken aus der Elektrostahlherstellung

Die Ausführungen in Kapitel 1 zeigen, dass die Elektroofenschlacke bereits heute weltweit ein auf dem Markt der Gesteinskörnungen akzeptiertes Produkt ist, welches teilweise bessere Eigenschaften aufweist, als vergleichbare natürliche Gesteinskörnungen. Dennoch sind insbesondere die Elektrostahlwerke in Deutschland, wie z.B. die Georgsmarienhütte GmbH und Benteler Steel/Tube GmbH in Niedersachsen, die B.E.S. Brandenburger Elektrostahlwerke GmbH und die LSW Lech-Stahlwerke GmbH in Bayern, gemeinsam mit dem FEhS-Institut bemüht, die Herstellungsprozesse und die Qualität der Elektroofenschlacken weiter zu verbessern, um auch in Zukunft ein hochwertiges Produkt auf den Markt bringen zu können, welches weiterhin gegen die heutige Konkurrenz besteht oder auf noch höherwertigem Niveau (z.B. als Portlandzementklinkersubstitut) vermarktet werden kann. Nachfolgend werden sechs Beispiele für Forschungsprojekte mit den Kurznamen FACTOR SP, SLACON, KLINKEOS, DEWEOS, WIPEOS und RECYCEOS beschrieben. Diese haben zum Ziel, in Zukunft Konditionierungs- und Behandlungsmethoden in die Prozesskette zu integrieren, die es ermöglichen, noch höherwertige Produkte aus der Elektroofenschlacke zu generieren, eine Wärmerückgewinnung während der Abkühlung der Elektroofenschlacken zu ermöglichen und das interne Recycling und die externe Nutzungsrate zu steigern.

2.1. Behandlung der flüssigen Elektroofenschlacke aus der Herstellung von nichtrostendem Stahl (FACTOR SP) und aus der Qualitätsstahlherstellung (SLACON) zur verbesserten Wertstoffrückgewinnung

Schon während des Aufschmelzens von hochlegiertem Schrott im Elektrolichtbogenofen können bei der Herstellung von nichtrostendem Stahl größere Mengen an Chrom oxidieren und sich in Form des dreiwertigen Cr_2O_3 in der Elektroofenschlacke anreichern. Dies führt zu einem erheblichen Wertstoffverlust. Dementsprechend erfolgt im Allgemeinen eine nachgeschaltete Reduktion der flüssigen Schlacke im Aggregat, um auf der einen Seite nicht das teure Legierungselement Chrom zu verlieren und andererseits die

Umweltverträglichkeit der Elektroofenschlacke zu verbessern. Da aber eine vollständige Reduktion aus metallurgischen und wirtschaftlichen Gründen nicht möglich ist, kann es angebracht sein, das restliche Chrom in der Schlacke in Mineralphasen zu binden, die die Auslaugung reduzieren und die Umweltverträglichkeit der so behandelten Elektroofenschlacke deutlich verbessern. Dieses Ziel kann durch eine Konditionierung der schmelzflüssigen Schlacke mit Zusätzen, wie Bauxit oder MgO- oder Al_2O_3-haltigen Reststoffen, die eine Spinellbildung bei der Erstarrung der Schlacken begünstigen, erreicht werden. Im Rahmen zweier abgeschlossener europäischer RFCS (Research Fund for Coal and Steel) Forschungsvorhaben konnte das FEhS-Institut zusammen mit vier europäischen Edelstahlwerken den sogenannten FACTOR SP entwickeln [12].

Eine Vielzahl von Laborversuchen zum Wiederaufschmelzen und Konditionieren der Edelstahlschlacken aus dem Elektrolichtbogenofen hat gezeigt, dass eine sehr starke Abhängigkeit der Konzentration des Chroms im Eluat von der Bindungsform des Cr_2O_3 in der Schlacke besteht. Es zeigte sich zum Beispiel, dass Elektroofenschlacken mit hohen Chromgehalten im Feststoff durchaus niedrige Chromkonzentrationen im Eluat aufweisen können. Systematische Untersuchungen konnten dann nachweisen, dass die Konditionierung der schmelzflüssigen Elektroofenschlacken aus der Herstellung von nichtrostendem Stahl mit Al_2O_3-, MgO- und FeO_n-haltigen Materialien die Bildung von Spinellen, in denen das Chrom fest eingebunden wird, verursacht. Spinelle sind nicht wasserlöslich und verhindern somit die Auslaugung des eingebundenen Chroms, oder einfach gesagt, wenn das Chrom in Spinellen gebunden ist, laugt es nicht aus und dies mehr oder weniger unabhängig vom Feststoffgehalt. Um diesen Zusammenhang mathematisch darstellen zu können, wurde der FACTOR SP entwickelt, der anhand der chemischen Zusammensetzung eine Voraussage des Umweltverhaltens der Elektroofenschlacken aus der Herstellung von nichtrostendem Stahl ermöglicht. Im Labor des FEhS-Instituts wurden dann auch Behandlungsmethoden mit preisgünstigen Reststoffen, die ebenfalls die Spinellbildung zur Folge haben, entwickelt, die dann nachfolgend in Pilotversuchen zur Betriebsreife gebracht wurden (Bild 4).

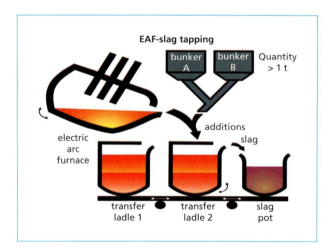

Bild 4:

Betriebliche Konditionierung von Elektroofenschlacke während des Abstichs

In den Laborversuchen konnte nachgewiesen werden, dass insbesondere Al_2O_3- und FeO_n-haltige Konditionierungsstoffe einen positiven Effekt auf die Spinellbildung besitzen. So wurden die ersten Betriebsversuche auch zur Zugabe von gebrochenem Bauxit zur Schlacke während des Abstichs aus dem Elektroofen durchgeführt. Die nachfolgenden Untersuchungen der Schlackenproben zeigten dann eindeutig, dass der Konditionierungsstoff komplett aufgelöst wurde und der Anteil der Spinellphasen deutlich gesteigert werden konnte. Trotz Cr_2O_3-Gehalten von über fünf M.-Prozent konnte die Chromkonzentration im Eluat der behandelten Elektroofenschlacke unter die Nachweisgrenze verringert werden. Der berechnete FACTOR SP war deutlich höher als der der unbehandelten Schlacke. Somit konnte bei diesen ersten Betriebsversuchen der in den Laborversuchen gefundene Zusammenhang zwischen der Bindungsform des Chroms und der Chromauslaugung bestätigt werden.

In vielen weiteren Betriebsversuchen wurden dann insbesondere preisgünstigere Reststoffe, deren Eignung zuvor in den Laborversuchen nachgewiesen wurde, erfolgreich eingesetzt. Insgesamt konnten so in den Pilotversuchen mehr als 10.000 Tonnen behandelte Elektroofenschlacke aus der Herstellung von nichtrostenden Stählen erzeugt werden, die durchgehend die Anforderungen an die technischen und umweltrelevanten Parameter erfüllten. Inzwischen wird der FACTOR SP z.B. auch in Finnland sowohl im Legierungsmittelwerk als auch im Edelstahlwerk genutzt, das Umweltverhalten der Schlacken vorauszuberechnen und gegebenenfalls betrieblich darauf zu reagieren, so dass Schlacken mit niedriger Chromauslaugung produziert werden können [13, 14]. Auch in einem kürzlich beendeten Forschungsvorhaben der VDEh-Betriebsforschungsinstitut GmbH (BFI) wurde der FACTOR SP eingesetzt, um das Umweltverhalten von behandelten Elektroofenschlacken der BGH Edelstahl Siegen GmbH zu berechnen, nachdem das Ausbringen von Chrom im Elektrolichtbogenofen durch den Einsatz von sekundären Al-Mg-Trägern verbessert wurde. Das eingesetzte Aluminium und das Magnesium verschlacken bei dieser Behandlung und erhöhen deutlich den FACTOR SP. Gleichzeitig verringert sich damit die Chromauslaugung, da erstens das oxidische Chrom durch die Reduktion wieder in die Stahlschmelze überführt wird und zweitens die Spinellbildung angeregt wird, um die Restchromgehalte fest einzubinden [15].

Die bis hierhin beschriebenen Untersuchungen bezogen sich alleine auf die Verringerung der Chromauslaugung der Schlacken aus der Herstellung von hochlegierten Stahlgüten. In dem aktuell begonnenen RFCS-Forschungsvorhaben SLACON (electric arc furnace slag as construction material) sollen auf Basis dieser Versuchsergebnisse darüber hinaus betriebliche Möglichkeiten erarbeitet werden, auch für die Schlacken aus der Herstellung von Qualitätsstahl im Elektrolichtbogenofen eine Verringerung der Chrom-, aber auch der Molybdän-, Vanadium- und gegebenenfalls der Fluoridauslaugung zu erzielen. Der bereits etablierte FACTOR SP soll also auch für den großen Bereich der Qualitätsstahlerzeugung im Elektrolichtbogenofen adaptiert werden, so dass eine mögliche Schwermetallauslaugung insgesamt verringert werden kann. Neben dem Einfluss der Konditionierung der schmelzflüssigen Schlacken werden auch die Auswirkungen der Abkühlungsbedingungen auf die Umweltverträglichkeit untersucht. In einem weiteren Schritt sollen dann die Kühl- und Waschwasser, die sich im direkten Kontakt mit der Schlacke an bestimmten Elementen anreichern können, behandelt werden, um gewisse Frachten zu entfernen und um diese eventuell wieder dem Prozess zuzuführen. Dieses Vorhaben ist eine Kooperation zwischen dem FEhS-Institut, dem BFI, der italienischen Forschungseinrichtung CSM und verschiedenen deutschen, italienischen und spanischen Elektrostahlwerken.

2.2. Umwandlung der Elektroofenschlacke in einen Portlandzementklinker (KLINKEOS)

Das hier beschriebene Projekt beschäftigt sich wahrlich mit einer Zukunftstechnologie, so wie es der Titel dieses Beitrags verspricht. Obwohl es in der Vergangenheit, etwa seit den sechziger Jahren, unzählige Veröffentlichungen und Patente zu dem Thema der Klinkerproduktion aus Stahlwerksschlacken gab (Bild 5) [16], ist bis heute weltweit keine betriebliche

Anlage bekannt, die es ermöglicht, Stahlwerksschlacken und hier speziell die Elektroofenschlacken für die Klinkerproduktion zu nutzen; insbesondere betrifft dies die Umwandlung der flüssigen Schlacke in ein Material vergleichbar mit einem Portlandzementklinker. Ein Grund ist der für die Umwandlung im flüssigen Zustand notwendige hohe Energiebedarf und die damit verbundenen hohen Kosten. Dennoch lassen der große Bedarf an natürlichen Rohmaterialien und die stetig steigende Nachfrage für Zement heute wieder Verfahren zur Herstellung von Substituten für den Portlandzementklinker interessant werden. Gerade jetzt im Zeichen der Diskussionen zur Verringerung der CO_2-Emmissionen und der alternativen Anwendungsmöglichkeiten von industriellen Nebenprodukten kann ein Verfahren zur Reduktion, Konditionierung und Quenche von Elektroofenschlacke, um ein Material vergleichbar dem Portlandzementklinker zu produzieren, wieder von Interesse sein.

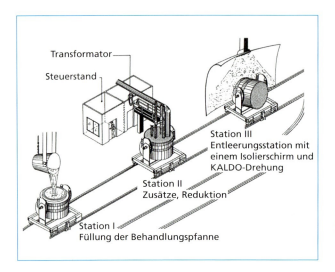

Bild 5:

Nachgeschaltete Behandlung und Abkühlung von Stahlwerksschlacke

Quelle: Piret, J.; Dralants, A.: Verwertung von Stahlwerksschlacke zur Erzeugung von Portlandzementklinker und Roheisen. In: Stahl u. Eisen 104 (1984) Nr. 16, S. 774-778

Die einfachste Methode, Stahlwerksschlacke für die Zementproduktion zu nutzen, ist es, die Schlacke auf Zementfeinheit zu mahlen und dann dieses Schlackenmehl mit Klinkermehl und Sulfatträgern zu vermischen. Einzelne Länder haben bereits Normen für diese Art der Produktion, z.B. China [17]. Allerdings sind einige gravierende technische Nachteile dieser so hergestellten Zemente bekannt [18, 19]. Das Stahlwerksschlackenmehl hat nur eine sehr geringe Hydraulizität, und damit kommt es zu einem Verdünnungseffekt bei der Verwendung dieses Schlackenmehls als Hauptkomponente, was dann wiederum zu deutlich niedrigeren Festigkeiten im Zement/Beton führt. Außerdem ist die Stahlwerksschlacke im Vergleich zu einem Klinker mit einem wesentlich höheren Aufwand zu mahlen, da Metallgranalien typischerweise mit einem Anteil von bis zu fünf Prozent in der Stahlwerksschlacke enthalten sind. Für einige Betonanwendungen kann es auch von Nachteil sein, dass das Stahlwerksschlackenmehl deutlich dunkler ist, wie z.B. gemahlener Klinker oder Hüttensand. Dementsprechend ist diese Methode nicht empfehlenswert, wenn es um die Nutzung von Elektroofenschlacke bei der Zementherstellung geht.

Das aktuelle Projekt KLINKEOS (Klinkerherstellung aus Elektroofenschlacke) soll neue technische Möglichkeiten aufzeigen, Probleme zu lösen, die in der Vergangenheit zum Scheitern solcher Projekte geführt haben. Außerdem sind heute die politischen und ökonomischen Rahmenbedingungen verändert. Innerhalb eines ersten Forschungsvorhabens werden im Labor verschiedene Ansätze untersucht, die flüssige Elektroofenschlacke zu reduzieren, um niedrigste Cr^{6+}-Gehalte zu erreichen. Nachfolgend wird die Schlacke konditioniert, um geeignet hohe CaO-Gehalte einzustellen. Abschließend sollen durch eine Abschreckung die gewünschten Mineralphasen erzielt werden, um vergleichbare Eigenschaften des Endproduktes aus Elektroofenschlacke, wie die des Portlandzementklinkers, zu erzeugen (Bild 6).

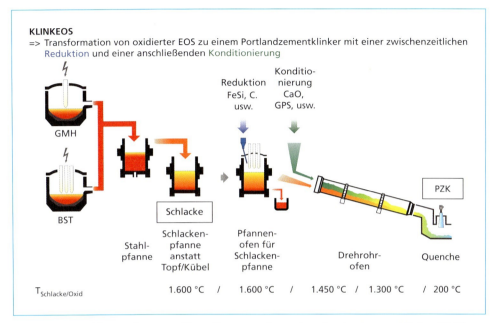

Bild 6: Verfahrensschema zur Herstellung von alternativen Portlandzementklinker (PZK)

Nach erfolgreichen Laborversuchen kann sich ein Pilotprojekt anschließen, innerhalb dessen eine solche Verfahrensroute in einem Elektrostahlwerk unter betrieblichen Bedingungen untersucht werden kann. Kooperationspartner für die erste Projektphase sind die beiden Elektrostahlwerke Georgsmarienhütte GmbH und Benteler Steel/Tube GmbH in Lingen, der Anlagenbauer HEEPP GmbH in Rheinberg und das FEhS-Institut.

Über dreihundert Millionen Tonnen Zement werden jährlich in Europa produziert, die Hälfte davon ist Portlandzementklinker. Um den Bedarf an Rohmaterialien für diese Produktionsmenge zu decken, müssen jedes Jahr über zweihundertvierzig Millionen Tonnen natürliche Ressourcen abgebaut werden, und es werden über 160 Millionen Tonnen CO_2 im Jahr emittiert. Es gilt die Faustregel, dass für die Produktion von einer Tonne Portlandzement aus natürlichen Ausgangsmaterialien auch eine Tonne CO_2 emittiert wird. Es ist allgemein anerkannt, dass weltweit die Zementindustrie für mehr als fünf Prozent der anthropogenen CO_2-Emissionen verantwortlich ist [20]. Demgegenüber würde die Umwandlung der flüssigen Elektroofenschlacke in ein Material vergleichbar dem Portlandzementklinker einen positiven Beitrag für eine noch effizientere und ökonomische Stahlproduktion leisten und darüber hinaus eine nachhaltigere Zementproduktion mit einer geringeren CO_2-Emmission erlauben.

Von den unterschiedlichen Optionen, die Elektroofenschlacke für die Zement-/Klinkerherstellung zu nutzen, haben sich die Projektpartner innerhalb des KLINKEOS-Projektes die wirtschaftlich interessanteste, aber auch technisch anspruchsvollste Möglichkeit ausgewählt. Die Elektroofenschlacke soll im flüssigen Zustand behandelt werden, um am Ende der Prozesskette ein Material vergleichbar dem Portlandzementklinker zu erhalten. Diese Methode hat das Potenzial, alle Prozessschritte der klassischen Klinkerproduktion komplett zu ersetzen. Die chemische Zusammensetzung der Elektroofenschlacke ist vergleichbar mit der des Klinkerrohmehls, welches aber mehr als dreißig Prozent chemisch gebundenes CO_2 beinhaltet. Allerdings ist der Gehalt der hydraulischen Phasen C_3S und C_2S in der konventionellen Elektroofenschlacke nicht genügend hoch, um geeignete hydraulische Eigenschaften darzustellen. Begründet ist dies in der heute üblichen Verfahrensweise, die Elektroofenschlacken in sogenannten Schlackenbeeten langsam abzukühlen. Bei dieser langsamen Abkühlung wird das benötigte C_3S mehr oder weniger komplett in die Mineralphase C_2S umgewandelt. C_2S reagiert aber nur sehr langsam in einer Zementmatrix [21]. Zusätzlich ist auch der Alkaliengehalt in der Elektroofenschlacke verglichen mit dem vom Klinker niedriger, was einen geringeren pH-Wert verursacht, wenn diese Materialien mit Wasser in Berührung kommen. Für die hydraulischen Reaktionen wäre aber ein hoher pH-Wert von Vorteil. Um diese beschriebenen Nachteile der Elektroofenschlacke aus dem Weg zu räumen und auf der anderen Seite die Vorteile, z.B. die sehr gute CO_2-Bilanz, auszunutzen, erscheint aus heutiger Sicht die Umwandlung der flüssigen Elektroofenschlacke zu einem Material mit einer dem Klinker vergleichbaren chemischen und mineralischen Zusammensetzung der interessanteste Weg, Portlandzementklinker durch Stahlwerksschlacke zu substituieren.

2.3. Alternative Erstarrung der Elektroofenschlacke aus der Qualitätsstahlherstellung gekoppelt mit einer Wärmerückgewinnung (DEWEOS)

Im Bereich der Eisen- und Metallhüttenschlacken war die Forschung in Bezug auf eine Wärmerückgewinnung während der Erstarrung in den letzten Jahrzehnten sehr stark auf die Hochofenschlacken fokussiert. Als Alternative für die konventionelle Wassergranulation zur Erzeugung des etablierten Produkts Hüttensand wurden in der Vergangenheit und werden auch aktuell einige Methoden zur Trockengranulation entwickelt. Die Trockengranulation zu einem Produkt vergleichbar dem Hüttensand ist auf der einen Seite eine Option, die hohen Energiekosten für eine Trocknung vor der Mahlung einzusparen, und andererseits eine Voraussetzung für eine Wärmerückgewinnung aus der entstehenden heissen Luft. Aktuell entwickelt die SIEMENS AG gemeinsam mit dem FEhS-Institut das Verfahren des Drehtellers in Labor- und Technikumsversuchen weiter, um ein trockenes, feines und vor allem glasiges Material mit hydraulischen Eigenschaften für die Zementherstellung aus der Hochofenschlacke herzustellen und gleichzeitig den hohen Wärmeinhalt der Schlacke während der Erstarrung nutzbar zu machen. Die Ergebnisse der Labor- und Technikumsversuche sollen dann nachfolgend im Pilotmaßstab in die Betriebspraxis überführt werden [22]. Zeitgleich entwickelt die Paul Wurth S.A., Luxembourg, ein Verfahren, die Hochofenschlacke direkt nach Abstich kontinuierlich mit kalten Stahlkugeln erstarren zu lassen und nachfolgend in einem Wärmetauscher ebenfalls die Wärme zurückzugewinnen [23]. Hier sind die ersten Pilotversuche im größeren Maßstab durchgeführt worden. Am Ende der Entwicklung dieser Methoden werden verschiedene Aspekte eine Rolle spielen bei der Frage, welches Verfahren sich durchsetzen wird, oder ob sogar beide parallel eingesetzt werden.

Im Gegensatz zu diesen beiden sogenannten DSG (Dry Slag Granulation) Projekten für die Wärmerückgewinnung aus der Hochofenschlacke ist in dem BMWi-Forschungsvorhaben DEWEOS (Definierte Erstarrung mit Wärmerückgewinnung von Elektroofenschlacke) die glasige Erstarrung des Produktes keine Voraussetzung für das Gelingen der Methode. Die Stahlwerksschlacken können aufgrund ihrer hohen Basizität betrieblich nicht glasig erstarren. Deswegen soll innerhalb des Projektes DEWEOS kristallines Material in den verschiedenen Korngrößenklassen hergestellt werden, die anschließend als aufbereitete Gesteinskörnungen vermarktet werden können.

Das vorgeschlagene Prozesskonzept für DEWEOS basiert auf drei unterschiedlichen Anforderungen:

- Auf eine indirekt gekühlte Kupferrutsche müssen dünne Schichten der Schlacke abgegossen werden, um eine möglichst große Fläche für einen idealen Wärmeübergang zur Verfügung zu haben.
- Die abgegossene Schlacke muss eine genügend niedrige Viskosität aufweisen, damit erstens diese dünnen Schichten auf der Rutsche realisiert werden können und zweitens die Schlacke von der Rutsche in eine ebenfalls indirekt gekühlte Kupferkokille gelangen kann, um dort auch noch eine abschließende Wärmerückgewinnung zu ermöglichen (Bild 7).
- Die so erhaltenen Produkte müssen eine Produktqualität aufweisen, die mindestens dem heutigen Niveau entspricht und dies bei einer höchst möglichen Wärmerückgewinnung.

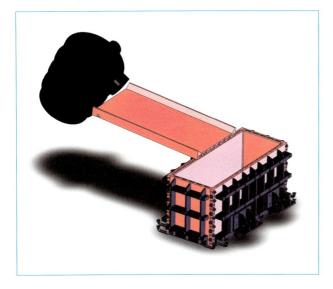

Bild 7:

Möglichkeit der Wärmerückgewinnung aus schmelzflüssiger Elektroofenschlacke

Sowohl für die Rutsche als auch für die Kokille wurde eine Kupferlegierung ausgewählt, um einen höchst möglichen Wärmeübergang zu gewährleisten und ein für die Wärmerückgewinnung interessantes Temperaturniveau (bis zu 200 °C) zu realisieren. Jedoch können alle diese Voraussetzungen nur erfüllt werden, wenn die flüssige Schlacke direkt aus dem Elektrolichtbogenofen auf die Rutsche abgegossen wird, um jederlei Temperatur- und damit Viskositätsverluste zu vermeiden. Außerdem müssen Maßnahmen ergriffen werden, um die Verfügbarkeit einer solchen Anlage hoch und die Wartungskosten niedrig zu halten, denn bei jedem Abstich der flüssigen Schlacke kann auch flüssiger Rohstahl mit auslaufen. Für die Verwendung von Bauteilen aus Kupfer oder Kupferlegierungen im Kontakt mit schmelzflüssigen Medien gibt es jahrzehntelange Erfahrungen in den Stahlwerken, z.B. im Bereich der Stranggießanlage. Am Ende des DEWEOS Projektes soll ein Demonstrator stehen, der die Eignung dieses Systems für Pilotversuche nachweist.

Weiterhin kann in diesem Zusammenhang eine Konditionierung der schmelzflüssigen Schlacke vor der Erstarrung vorteilhaft sein. Erstens kann dadurch eine Verringerung der Viskosität und damit Erhöhung der Fließfähigkeit erreicht werden, zweitens können damit die Randbedingungen für eine definierte Erstarrung verbessert werden, und drittens können die Eigenschaften der erstarrten Schlackenprodukte für eine hochwertige Anwendung optimiert werden, z.B. die Porosität und damit die Festigkeit, aber auch die Raumbeständigkeit.

Das Thema der definierten Erstarrung von Stahlwerksschlacken ist nicht neu. Auch schon in der Vergangenheit hat das FEhS-Institut eine Vielzahl von unterschiedlichen Methoden im Labormaßstab entwickelt und auch in Pilotversuchen getestet. Ein Beispiel hierfür ist die Luftverdüsung von Stahlwerksschlacke – auch als Slag Atomising bezeichnet (Bild 8) [24]. Bei diesen Versuchen stand allerdings die Verbesserung der technischen Eigenschaften im Vordergrund, die Wärmerückgewinnung war in diesem offenen System kein Thema. Die Raumbeständigkeit dieser so abgekühlten Stahlwerksschlacke konnte gegenüber der konventionellen Abkühlung in Beeten durch die Bildung von anderen Mineralphasen verbessert werden, jedoch ist ein so feines Granulat in den etablierten Nutzungswegen der Stahlwerksschlacken nicht einsetzbar. Deshalb ist die Verdüsung oder auch das Zerspratzen der flüssigen Schlacke mittels Drehtellertechnik keine geeignete Methode für die Wärmerückgewinnung aus Stahlwerksschlacken.

Bild 8: Betriebsversuche zur Luftverdüsung von Stahlwerksschlacke in Deutschland

Auch andere Forschungsstellen und Stahlwerke entwickeln aktuell Verfahren zur definierten Erstarrung von Elektroofenschlacken gekoppelt mit einer Wärmerückgewinnung. Ein Beispiel aus Europa ist die Entwicklung eines Systems mit zwei indirekt wassergekühlten Trommeln, die sich nach innen gegenläufig bewegen und durch einen Tundish mit flüssiger Elektroofenschlacke gespeist werden (Bild 9) [25]. Typische Probleme solcher Anlagen sind die Gefahr des Wärmeverlustes und von Verkrustungen und Verstopfungen im Bereich der Schlackenzufuhr und Speicherung der schmelzflüssigen Schlacke. In diesem speziellen Fall kommt noch das Problem der Abdichtung des Tundishes in Richtung des Trommelausgangs hinzu (Bild 9).

Bild 9: Betriebsversuche zur trockenen Abkühlung von Elektroofenschlacke mittels indirekt wassergekühlter Trommeln in Italien

Grundsätzlich muss ein System zur definierten Erstarrung mit oder ohne gekoppelter Wärmerückgewinnung die entstehenden Schlacken zeitnah ohne Verlängerung der Tap-to-Tap-Zeit aufnehmen und mit hoher Verfügbarkeit störungsfrei arbeiten. Je komplizierter eine Anlage für schmelzflüssige Schlacken ist, desto höher sind die Ausfallzeiten und die Wartungskosten. Deshalb wird innerhalb des DEWEOS Projektes das einfache Rutschen/Kokillensystem ohne Flüssigschlackenspeicherung favorisiert. Eine eventuell notwendige Konditionierung muss dementsprechend im Elektrolichtbogenofen selbst stattfinden. Werden dagegen exotherme Reaktionen genutzt, dann kann auch im Schlackenkübel behandelt und abgegossen werden.

2.4. Wiedereinsatz von sekundärmetallurgischen Schlacken in dem Elektrolichtbogenofenprozess zur Substitution von Kalk (WIPEOS-RECYCEOS)

Um die gesamte Prozesskette der Elektrostahlerzeugung bezüglich der Nutzung aller Ressourcen zu schließen, müssen auch die sekundärmetallurgischen Schlacken, die sogenannten Gießpfannenschlacken, betrachtet werden. In einem kürzlich abgeschlossenen Forschungsvorhaben konnte vom FEhS-Institut und der Georgsmarienhütte GmbH nachgewiesen werden, dass eine chemische oder thermische Stabilisierung dieser Zerfallsschlacken zu einem marktfähigen Produkt führt [26]. Nach einer geeigneten Behandlung der schmelzflüssigen Schlacke zerfallen die Gießpfannenschlacken nicht mehr. So kann einerseits eine mit dem Zerfall in den Schlackenbeeten verbundene Staubbelastung drastisch verringert und andererseits ein Produkt in definierten Korngrößenklassen erzeugt werden.

Da bei der Stabilisierung mittels schneller Abkühlung keine Konditionierungsmittel, wie Bor- oder Phosphorträger genutzt werden, kann ein Recycling der stückigen, schnell abgekühlten Gießpfannenschlacke im Elektrolichtbogenofen erfolgen, ohne dass Nachteile für die zu erzeugenden Stahlqualitäten zu befürchten sind. Die Möglichkeiten und die metallurgischen Vorteile eines solchen Recyclings von sekundärmetallurgischen Schlacken im Elektrolichtbogenprozess sind bekannt [27]. Die hoch kalkreichen Gießpfannenschlacken haben immer noch ein metallurgisches Potenzial und können den Branntkalk üblicherweise im Verhältnis eins zu zwei ersetzen. Damit kann beim Einsatz von einer Tonne Gießpfannenschlacke als Schlackenbildner im Elektrolichtbogenofen eine Tonne Branntkalk und damit auch ungefähr eine Tonne CO_2, welches bei Brennen des Kalksteins zu Branntkalk emittiert wird, eingespart werden. Offen ist aber die Frage der Zugabe der Gießpfannenschlacke in den Elektrolichtbogenofenprozess.

Es gibt verschiedene Ansätze, die Gießpfannenschlacke im Elektrolichtbogenofen zu recyceln. So wurde schon der direkte flüssige Wiedereinsatz betrieblich durchgeführt. Dies scheitert aber oftmals an der Kran- und Schlackenkübellogistik in den Stahlwerken; so haben die meisten Stahlwerke eine getrennte Kranbahn für den Elektrolichtbogenofen und die Sekundärmetallurgie oder sogar getrennte Hallen. Eine weitere Möglichkeit ist das Einblasen der abgesiebten Zerfallsschlacke mittels Silos und Lanzen in den Ofen (Bild 10) [28].

Dieses Verfahren wird seit mehreren Jahren im italienischen Elektrostahlwerk PITTINI Ferriere Nord SPA praktiziert. Die Schlacke wird zuerst in ein kleines Schlackenbeet abgekippt, dort sofort wieder aufgenommen und mit LKW zu den im Bild 10 links dargestellten Boxen gebracht und abgekippt. Über Förderbänder wird die bei der Erstarrung zerfallene Schlacke über Magnetscheider und Siebe zu einem Speicher- und dann zu einem Fördersilo transportiert. Abschließend wird der Feinanteil der Gießpfannenschlacke über Lanzen in den Elektrolichtbogenofen eingedüst. Das gesamte Handling der Zerfallsschlacken ist aber mit einem solch starken Staubanfall verbunden, dass die gesamte Anlage mit einer Staubabsaugung versehen ist, rote Linien in Bild 10.

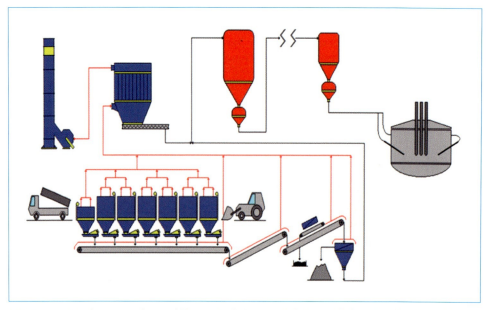

Bild 10: Wiedereinsatz der zerfallenen Gießpfannenschlacke im Elektroofen durch Einblasen

Aktuell soll nun in zwei unabhängig voneinander durchgeführten Forschungsvorhaben die Eignung der Gießpfannenschlacke als Kalksubstitut im Elektrolichtbogenprozess untersucht werden. Hauptaugenmerk liegt dabei auf der Vorbereitung der Gießpfannenschlacke für das Recycling:

- Im RECYCEOS Projekt (Recycling von zerfallenen Gießpfannenschlacken im Elektrolichtbogenofen als Substitut für Kalk) soll der abgesiebte Feinanteil der Pfannensschlacke als ein Bestandteil von sogenannten bindemittelgebundenen Reststoffsteinen wieder eingesetzt werden. Weitere Komponenten dieser Agglomeratsteine können sogenannte Biokohle, also ein CO_2-neutraler Kohlenstoffträger, und feiner Eisenschrott zur Magnetisierung und damit zum besseren Handling der Agglomeratsteine sein. Problematisch sind aber der Transport und die Lagerung der feinen Ausgangsmaterialien für die Agglomeratsteine. Außerdem muss ein geeignetes Bindemittel gefunden werden, das den technischen Ansprüchen genügt, einen wirtschaftlich zu erzeugenden Reststoffstein ergibt und die Metallurgie sowie die Energiekosten im Elektrolichtbogenofenprozess nicht negativ beeinflusst.

- Das WIPEOS Projekt (Wiedereinsatz von stabilisierter Pfannenschlacke im Elektrolichtbogenofen als Substitut für Kalk) basiert auf den positiven Versuchen des Forschungsvorhabens zur Stabilisierung der sekundärmetallurgischen Schlacken bei der Elektrostahlherstellung [26]. Erste betriebliche Vorversuche haben grundsätzlich gezeigt, dass eine Stabilisierung direkt in der Stahlwerkshalle erfolgreich stattfinden kann (Bild 11). Nun müssen aber Fragen, die eine kontinuierliche Stabilisierung mit allen Aspekten zur Logistik und Arbeitssicherheit betreffen, beantwortet werden. So ist die Beetschichthöhe ein entscheidender Faktor für den Erfolg der Stabilisierung, aber auch für die Auslegung der Größe der Fläche zur Stabilisierung. Es wird eine von unten belüftete Stahlkonstruktion favorisiert. Denn vor jedem weiteren Abguss muss die Stahlplatte wieder ein bestimmtes Temperaturniveau unterschreiten, damit ein genügender Wärmeaustrag gewährleistet ist. Der Wiedereinsatz des stückigen Materials im Elektroofen ist dann ohne vorherige Metallseparation über den Schrottkorb geplant.

Bild 11: Stabilisierung von Gießpfannenschlacke mittels rascher Abkühlung in niedriger Schlackenschichthöhe zum direkten Wiedereinsatz im Elektrolichtbogenofen

3. Zusammenfassung und Ausblick

Heutzutage ist die Elektroofenschlacke ein in Deutschland und in Europa im Markt etablierter Baustoff. Inzwischen kann die Stahlindustrie auf eine jahrzehntelange Erfahrung der erfolgreichen Nutzung von Elektroofenschlacken zurückblicken. Beispielhaft ist hier nur die Verwendung als Gesteinskörnung im Straßenbau, als Wasserbaustein oder in Europa auch als Gesteinskörnung für den Beton genannt. So konnte bis heute in Deutschland eine Nutzungsrate der Elektroofenschlacke von fast neunzig Prozent erreicht werden.

Nach Abstich aus dem Elektrolichtbogenofen erstarrt die schmelzflüssige Schlacke heute meist konventionell in sogenannten großen Schlackenbeeten und wird nachfolgend wie ein Naturstein in speziellen Aufbereitungsanlagen gebrochen und zu regelkonformen Gesteinskörnungen abgesiebt (siehe auch Beitrag *Neue Aufbereitungstechnologie von Stahlwerksschlacken bei der AG der Dillinger Hüttenwerke*). Die nachfolgenden regelmäßigen Untersuchungen der technischen und umweltrelevanten Parameter zeigen, dass die Schlacken teilweise bessere Eigenschaften aufweisen als vergleichbare natürliche Gesteinskörnungen aus z.B. Basalt oder Diabas.

Trotzdem kann es notwendig sein, die heutigen Schlackenherstellungsprozesse und das Schlackenprodukt selbst noch weiter zu optimieren, um auch in Zukunft Antworten auf Fragen der nachhaltigen Nutzung geben zu können. Hierzu gehören z.B. Konditionierungs- und Behandlungsmethoden in der Prozesskette (FACTOR SP), die es ermöglichen, noch höherwertige Produkte aus der Elektroofenschlacke zu generieren (KLINKEOS), Methoden zur Wärmerückgewinnung während der Abkühlung der Elektroofenschlacken zu entwickeln (DEWEOS) und das interne Recycling (WIPEOS und RECYCEOS) sowie die externe Nutzungsrate zu steigern (SLACON). Zu diesen Aspekten erforscht das FEhS-Institut aktuell in mehreren national und europäisch geförderten Projekten Lösungswege, die nachfolgend innerhalb von Pilotversuchen in die Betriebspraxis überführt werden sollen.

4. Literatur

[1] Merkel, T.: Erzeugung und Nutzung von Produkten aus Eisenhüttenschlacke 2011. In: Report des FEhS-Instituts 19 (2012), Nr. 1, S. 14

[2] Esfahani, S.; Barati, M.: Current Status of Heat Recovery from granulated Slag. Proc. 3rd International Symposium on High-Temperature Metallurgical Processing,TMS 2012, S. 339-348

[3] Drissen, P.; Ehrenberg, A.; Kühn, M.; Mudersbach, D.: Recent Development in Slag Treatment and Dust Recycling. In: steel research int. 80 (2009), No. 10, S. 737-745

[4] Motz, H.; Geiseler, J.: The Steel Slags – Characteristics, Properties and Quality Assurance. In: Iron and Steel Slags – Properties and Utilisation (2000), Nr. 8, S. 149-168

[5] diverse Konferenzbeiträge in den Proc. 6th European Slag Conf., Ferrous Slag – Resource Development for an Environmentally Sustainable World, Madrid, Spain, 2010

[6] Jones, N.: The successful use of EAF slag in asphalt. Proc. 2nd European Slag Conf., Düsseldorf, Germany, 2000, S. 111-121

[7] Merkel, T.: Successful utilisation of steel slags in Germany. Proc. 2nd European Slag Conf. Düsseldorf, Germany, 2000, S. 87-99

[8] Regulation (EU) No 305/2011 of the European parliament and of the Council of 9th March 2011 laying down harmonised conditions for the marketing of construction products and repealing Council Directive 89/106/EEC

[9] Directive 2006/118/EC of the European parliament and of the Council of 12th December 2006 on the protection of groundwater against pollution and deterioration

[10] Bundesumweltministerium (Ed.): Verordnung zur Festlegung von Anforderungen für das Einbringen und das Einleiten von Stoffen in das Grundwasser, an den Einbau von Ersatzbaustoffen und für die Verwendung von Boden und bodenähnlichem Material (Regulation to lay down requirements for passing substances into ground water for placing alternative building materials and for the use of soil and soil-like materials). Entwurf, 2011

[11] Deutscher Stahlverband (Ed.): Prüfung des Auslaugungsverhaltens von stückigem und körnigem Gut über 2 mm (Test procedure concerning the leachability of fragmentary garnular materials over 2 mm). Stahl-Eisen-Prüfblatt Nr. 1760-67, Düsseldorf, 1967

[12] Mudersbach, D.: Verbesserung der Eigenschaften von Elektroofenschlacken aus der Herstellung von nichtrostenden Stählen zur Nutzung dieser Schlacken im Verkehrsbau. In: Schriftenreihe des FEhS-Instituts für Baustoff-Forschung e.V., Heft 11, Duisburg, 2004

[13] Niemelä, P.; Kauppi, M.: Formation, characteristics and use of ferrochromium slags. Proc. 4th European Slag Conf., Oulu, Finland, 2005, S. 39-49

[14] Roininen, J.; Vaara, N.; Ylimaunu J.: Quality control for stainless steel slag products, Proc. 4th European Slag Conf., Oulu, Finland, 2005, S. 199-210

[15] Stubbe, G.; Schmidt, D.: Verbesserung des Chrom-Ausbringens im Elektrolichtbogenofen durch Einsatz von sekundären Al-Mg-Trägern. BFI-Kolloquium 2012

[16] Piret, J.; Dralants, A.: Verwertung von Stahlwerksschlacke zur Erzeugung von Portlandzementklinker und Roheisen. In: Stahl u. Eisen 104 (1984) Nr. 16, S. 774-778

[17] GB 13590-92, Chinese standard on steel and iron slag cement, 1992

[18] Kollo, H.: Untersuchungen zur Frage der zementtechnologischen Eignung einer Stahlwerksschlacke als latent-hydraulischer Zumahlstoff, Dissertation, Universität der Bundeswehr, München, 1985

[19] Duda, A.: Aspects of the sulfate resistance of steelwork slag cements, Cement and Concrete Research 17 (1987) S. 373-384

[20] Ehrenberg, A.: CO_2 emissions and energy consumption of granulated blast furnace slag, Proc. 3rd European Slag Conf., Keyworth, England, 2002, S. 151-166

[21] Powers, T. C.; Brownyard, T. L.: Studies of physical properties of hardened Portland cement paste, Research Laboratories of the Portland Cement Association, Bulletin No. 22, 1948

[22] McDonald, I.: Reuse of waste energy, Metals Magazine 1/2012, S. 25-27

[23] Patent WO 12-034897 A2, Dry Granulation of Metallurgical Slag, Paul Wurth S.A., Veröffentlichungstag der Anmeldung 22.03.2012

[24] Merkel, Th.: Luftgranulation von LD-Schlacke. Report des FEhS-Instituts, 13 (2006) Nr. 2, S. 1-3

[25] Roberti, R.; Svanera, M.: SLAG-REC The innovative system for dry granulation of EAF slag, Poster Presentation Proc. 6th European Slag Conf., Ferrous Slag – Resource Development for an Environmentally Sustainable World, Madrid, Spain, 2010

[26] Mudersbach, D.; Drissen, P.: Stabilisierung sekundärmetallurgischer Schlacken aus der Qualitätsstahlerzeugung, Report des FEhS-Instituts, 19 (2012) Nr. 1, S. 10-14

[27] Drissen, P.; Jung, H.-P.: Efficient Utilisation of Raw Materials used in Secondary Metallurgy as Flux in Steelmaking Furnaces, European Commission, Executive Committee C1, 7210-PR-203, Final Report 2003

[28] Persönliche Information des Stahlwerks PITTINI Ferriere Nord SPA an den Autor

SCHLACKENAUFBEREITUNG

Verwertung und Aufbreitung von Elektroofenschlacke zum Ersatzbaustoff EloMinit. Möglicher Einsatz u.a. als Dämmstoff, Zuschlag in der Ziegelindustrie sowie als Tragschichtmaterial im Straßen- und Industriebau.

Max Aicher GmbH
Bichlbruck 2 // D - 83451 Piding, Germany
Tel +49 8654 - 77 401 0 // Fax +49 8654 - 77 401 29
E-Mail: info@max-aicher.de // www.max-aicher-enviro.com

Umweltverträglichkeit von Elektroofenschlacken im Straßenbau anhand von Langzeitstudien

Mario Mocker und Martin Faulstich

1.	Verwertung von Elektroofenschlacken in Bayern	170
2.	Baumaßnahme B 16 neu Gundelfingen – Lauingen	171
3.	Ausblick	171
4.	Literatur	172

Mineralische Stoffe stellen mit einer Anfallmenge von knapp 250 Millionen Tonnen die mit Abstand größten Fraktionen der Abfälle und industriellen Nebenprodukte dar. In der Abfallbilanz werden etwa 190 Millionen Tonnen Bau- und Abbruchabfälle ausgewiesen, die bereits heute zu 90 Prozent verwertet werden [3]. Die im neuen Kreislaufwirtschaftsgesetz geforderte Verwertungsquote von 70 Prozent wird damit weit überschritten und auf den ersten Blick scheint kaum Erfordernis zu bestehen, diesen Stoffströmen weitere Aufmerksamkeit zu schenken. Derzeit werden allerdings nur 11,5 Prozent der im Bauwesen eingesetzten Gesteinskörnungen aus Recyclingbaustoffen gewonnen [2]. Der restliche Anteil stammt in der Regel aus dem Abbau von Bodenschätzen, was lokal mit erheblichen Eingriffen in den Naturhaushalt verbunden sein kann.

Um den Rohstoffinput in die Volkswirtschaft zu vermindern und somit die Ressourceneffizienz deutlich zu verbessern, scheint es also nach wie vor erforderlich, möglichst viele mineralische Reststoffe einer hochwertigen Verwertung zuzuführen. Im Deutschen Ressourceneffizienzprogramm (ProgRess) der Bundesregierung wird deshalb explizit gefordert, Erfassung und Recycling ressourcenrelevanter Mengenabfälle zu optimieren und auch langfristig ein hohes Verwertungsniveau sicherzustellen [2].

Schlacken aus der Metallurgie eignen sich aufgrund ihrer spezifischen Eigenschaften für zahlreiche hochwertige Verwertungswege. Hochofenschlacken werden nahezu vollständig in der Zementindustrie oder in Baustoffgemischen eingesetzt [9]. Stahlwerksschlacken, von denen im vergangenen Jahr 6,07 Millionen Tonnen erzeugt wurden, stellen insbesondere wertvolle Materialien für den Straßen-, Erd- und Wasserbau dar. Die übrigen Mengen werden in der Landwirtschaft und im Deponiebau verwertet, in metallurgische Verfahren zurückgeführt und zu einem geringen Teil deponiert. Von den Stahlwerksschlacken stammen 1,77 Millionen Tonnen aus der Elektrostahlerzeugung, die auch bei den Lech-Stahlwerken GmbH als letztem in Bayern betriebenen Stahlwerk praktiziert wird.

Unabdingbare Voraussetzung für den Einsatz als Sekundärrohstoff ist die dauerhafte Umweltverträglichkeit. Mögliche Langzeitwirkungen werden derzeit am Beispiel einer im Jahr 2002 abgeschlossenen Straßenbaumaßnahme untersucht, bei der Elektroofenschlacke aus den Lech-Stahlwerken GmbH als Frostschutzschicht eingesetzt wurde. Im vorliegenden Beitrag werden Hintergründe dieses laufenden Vorhabens erläutert und die geplante Vorgehensweise vorgestellt. Detaillierte Ergebnisse aus dem Projekt sollen auch weiterhin im Rahmen des erfolgreich etablierten Symposiums *Schlacken aus der Metallurgie* vorgestellt werden.

1. Verwertung von Elektroofenschlacken in Bayern

Als einziges Stahlwerk in Bayern produzieren die Lech-Stahlwerke GmbH in Meitingen jährlich etwa 1,1 Millionen Tonnen Stahl durch Aufschmelzen von Stahlschrott in Elektrolichtbogenöfen. Dabei entstehen, bezogen auf die Rohstahlproduktion, 15,4 Prozent Elektroofenschlacke und somit knapp 170.000 Tonnen Rohschlacke [8]. Weiterhin fallen bei der Nachbehandlung des Elektrostahls in der so genannten Sekundärmetallurgie 1,64 Prozent Pfannenschlacke sowie geringere Mengen weiterer Produktionsrückstände an. Zur Verwertung wird die Elektroofenschlacke zunächst in Schlackenbeeten abgekühlt sowie in kundenspezifische Körnungen gebrochen und gesiebt. Hierzu betreibt die Max Aicher GmbH in unmittelbarer Nachbarschaft zu den Lech-Stahlwerken eine Aufbereitungsanlage. Die erhaltenen Materialien werden unter der Bezeichnung EloMinit vor allem als Baustoff eingesetzt. Im Zeitraum zwischen 2000 und 2011 wurden 62 Prozent im Straßenbau, 20 Prozent im Deponiebau und 18 Prozent in industriellen Baumaßnahmen verwertet [4].

Bei der bautechnischen Verwertung einzuhaltende umweltrelevante Materialanforderungen wurden 1998 in einem auf die Schlackenverwertungsanlage bezogenen immissionsrechtlichen Genehmigungsbescheid des Landratsamts Augsburg festgelegt. Auf Anregung des Wasserwirtschaftsamts Donauwörth wurden darüber hinaus die Stoffe Bismut und Tellur zur Erfahrungssammlung in den Untersuchungsumfang der Eigen- und Fremdüberwachung aufgenommen. Zwischenzeitlich war bei einem mit Elektroofenschlacke errichteten Straßendamm, der aufgrund einer ungünstigen Fahrbahnentwässerung mit Niederschlagswasser durchsickert wurde, in Teilbereichen ein Austrag von Molybdän ins Grundwasser zu beobachten. Seither ist eine bautechnische Verwertung in Bayern nur noch mit definierten technischen Sicherungsmaßnahmen, beispielsweise als Frostschutzschicht mit wasserundurchlässiger Überdeckung, möglich und ein offener Einbau der Einbauklasse 1 nach LAGA-Mitteilung 20 derzeit untersagt [5, 6]. In den vom bayerischen Landesamt für Umwelt herausgegebenen umweltfachlichen Kriterien zur Verwertung von Elektroofenschlacke wurde entsprechend ein Zuordnungswert für Molybdän ergänzt, während die bereits in der immissionsschutzrechtlichen Genehmigung enthaltenen Zuordnungswerte Z 2 unverändert fortbestehen [6]. Messwerte für Bismut und Tellur, die im Eluat häufig unter der Nachweisgrenze lagen, sowie der Feststoffwert für Barium sind für die Verwertung nicht mehr relevant. Diese in Bayern derzeit geltenden Zuordnungswerte sind in Tabelle 1 aufgelistet.

Tabelle 1: Zuordnungswerte der umweltfachlichen Kriterien zur Verwertung von Elektroofenschlacke in Bayern

Parameter	Dimension	Zuordnungswert Z 2
pH-Wert[1]	-	10 bis 12,5
elektrische Leitfähigkeit	µS/cm	1.500
Chrom ges.	µg/l	100
Fluorid	µg/l	2.000
Vanadium	µg/l	250
Molybdän	µg/l	250
Barium	µg/l	1.000
Wolfram	µg/l	–[2]

[1] kein Grenzwert; bei Abweichung ist Ursache zu prüfen
[2] ist als Erfahrungswert zu bestimmen

Quelle: Bayerisches Landesamt für Umwelt: Umweltfachliche Kriterien zur Verwertung von Elektroofenschlacke (EOS), Augsburg, 2008

2. Baumaßnahme B 16 neu Gundelfingen – Lauingen

Die Bundesstraße 16 führt als überregionale Verkehrsachse in Bayern über den Raum Ulm nach Regensburg und verbindet damit wichtige Wirtschaftsräume entlang der Donau. Im Landkreis Dillingen a.d. Donau ist die Trassenführung bis heute durch Ortsdurchfahrten gekennzeichnet, die vor allem zu Stoßzeiten erhebliche Beeinträchtigungen für die Anwohner bewirken. Bereits seit den Siebzigerjahren werden deshalb Umfahrungsvarianten diskutiert, die in den Achtzigern zumindest für die Städte Gundelfingen und Lauingen verfeinert wurden und 1995 in ein Planfeststellungsverfahren mündeten. Im Jahr 1998 wurde schließlich der Bau einer 9,3 Kilometer langen Ortsumfahrung begonnen und am 12. Juli 2002 für den Verkehr freigegeben [10].

Für die Trasse selbst sowie die Anschlussbereiche zu- und abführender Straßen ergab sich ein Bedarf von 75.000 m³ Frostschutzschichten [10]. Über ein Nebenangebot wurde von der ausführenden Baufirma die Verwendung von Elektroofenschlacke vorgeschlagen und vom zuständigen Straßenbauamt Neu-Ulm in Absprache mit dem Wasserwirtschaftsamt Krumbach in den meisten Teilbereichen als Frostschutzschicht unter dem asphaltgebundenen Oberbau akzeptiert. Bild 1 zeigt den Einbau der Frostschutzschicht in die Trasse der B 16 neu. Gemäß der Projektdokumentation des Schlackenverwerters wurden knapp 129.000 Tonnen des Materials in den Jahren 2000 und 2001 geliefert [7]. Die vorliegenden Eigen- und Fremdüberwachungsprüfungen bestätigten durchweg die Einhaltung der für diese Baumaßnahme geltenden Zuordnungswerte Z 2 und unterschritten in der Regel die Zuordnungswerte Z 1.2 deutlich, zum Untersuchungszeitpunkt waren lediglich die damals noch nicht relevanten Parameter Molybdän und Wolfram nicht im Prüfumfang enthalten [7].

Bild 1:

Einbau von Elektroofenschlacke an der B 16 neu

Quelle: Max Aicher GmbH

3. Ausblick

Angesichts der in Bayern derzeit restriktiv gehandhabten Verwertung von Elektroofenschlacken ist eine Verunsicherung festzustellen, wodurch potenzielle Anwender auch bei geeigneten Bauprojekten von der zulässigen Verwendung absehen und verstärkt auf natürliche Gesteinskörnungen zurückgreifen. Zum Nachweis der Umweltverträglichkeit werden deshalb anhand der geschilderten Baumaßnahme B 16 neu ergänzende Untersuchungen über das Langzeitverhalten bei der baustofflichen Verwertung von Elektroofenschlacken durchgeführt. Dafür werden zunächst die dokumentierten Materialeigenschaften mit damaligen und heutigen Verwertungsanforderungen abgeglichen. Ergänzende Untersuchungen sehen eine Beprobung des Grundwassers vor, wofür zwei neue Pegel in unmittelbarer Nähe zur Bundesstraße eingerichtet wurden (Bild 2). Bei Bedarf können zusätzlich Materialproben aus der Frostschutzschicht entnommen werden und auf mögliche Veränderungen der Zusammensetzung untersucht werden.

Mittelfristig soll die geplante Ersatzbaustoffverordnung bundesweit einheitliche Regelungen zur Verwertung von mineralischen Abfällen oder industriellen Nebenprodukten schaffen [1]. Bei Einhaltung der in der Verordnung aufgeführten Materialwerte in Verbindung mit den relativ detailliert vorgegebenen Einsatzmöglichkeiten ist nach derzeitigem Ermessen davon auszugehen, dass weder eine nachteilige Veränderung der Grundwasserbeschaffenheit noch schädliche Bodenveränderungen auftreten. Der als Mantelverordnung angelegte Entwurf novelliert gleichzeitig die Grundwasser- und die Bodenschutzverordnung. Leider konnte bisher noch kein Konsens zwischen dem Verordnungsgeber und den zahlreichen beteiligten Interessensgruppen über das Verordnungspaket erzielt werden, so dass derzeit kein realistischer Termin für das Inkrafttreten der auch von der Industrie grundsätzlich begrüßten Ersatzbaustoffverordnung absehbar ist.

Bild 2: Neue Grundwassermessstelle an der B 16 neu

4. Literatur

[1] Bundesministerium für Umwelt, Naturschutz und Reaktorsicherheit (BMU): Arbeitsentwurf zur Verordnung zur Festlegung von Anforderungen für das Einbringen und das Einleiten von Stoffen in das Grundwasser, an den Einbau von Ersatzbaustoffen und für die Verwendung von Boden und bodenähnlichem Material. Berlin, 2011

[2] Bundesministerium für Umwelt, Naturschutz und Reaktorsicherheit (BMU) (Hrsg.): Deutsches Ressourceneffizienzprogramm (ProgRess) – Programm zur nachhaltigen Nutzung und zum Schutz der natürlichen Ressourcen. Beschluss des Bundeskabinetts vom 29.02.2012, Berlin, 2012

[3] Statistisches Bundesamt: Umwelt Abfallbilanz 2010. Wiesbaden, 2012

[4] Geißler, G.; Ciocea, A.; Mooser, A.: Aufbereitung und Verwertung von Elektroofenschlacke. In: Thomé-Kozmiensky, K. J; Versteyl, A. (Hrsg.): Schlacken aus der Metallurgie, Neuruppin: TK Verlag Karl Thomé-Kozmiensky, 2011, S. 91-100

[5] Länderarbeitsgemeinschaft Abfall (Hrsg.): Anforderungen an die stoffliche Verwertung von mineralischen Abfällen – Technische Regeln – Allgemeiner Teil. Mitteilung der Länderarbeitsgemeinschaft Abfall (LAGA) 20, Mainz, 2003

[6] Bayerisches Landesamt für Umwelt: Umweltfachliche Kriterien zur Verwertung von Elektroofenschlacke (EOS), Augsburg, 2008

[7] Max Aicher GmbH: Interne Projektdokumentation. Meitingen, 2012

[8] Markus, H. P.; Hofmeister, H.; Heußen, M.: Die Lech-Stahlwerke in Bayern – ein modernes Elektrostahlwerk und seine Schlackenmetallurgie. In: Thomé-Kozmiensky, K. J; Versteyl, A. (Hrsg.): Schlacken aus der Metallurgie, Neuruppin: TK Verlag Karl Thomé-Kozmiensky, 2011, S. 67-88

[9] Merkel, T.: Erzeugung und Nutzung von Produkten aus Eisenhüttenschlacke 2011. In: Report des FEhS-Instituts 1/2012, S. 14

[10] Straßenbauamt Neu-Ulm (Hrsg.): B 16 neu Ortsumfahrung Gundelfingen – Lauingen, Broschüre zur Verkehrsfreigabe am 12. Juli 2002. Mering: WEKA info verlag gmbh, 2002

Autoren und Herausgeber

Autoren und Herausgeber

Dr.-Ing. Dipl.-Chem. Klaus-Jürgen Arlt S. 129

Leiter Umweltschutz/-technik
AG der Dillinger Hüttenwerke
Technischer Geschäftsführer, Mineralstoffgesellschaft Saar mbH
Postfach 1580
66748 Dillingen/Saar
Tel.: 06831-47-36.39
Fax: 06831-47-38.76
E-Mail: klaus.arlt@dillinger.biz

Dr.-Ing. Thomas Deinet S. 77

Forschungsgemeinschaft Feuerfest e. V. Bonn
Feuerfest für Metallerzeugung
An der Elisabethkirche 27
53113 Bonn
Tel.: 0228-9.15.08-37
Fax: 0228-9.15.08-55
E-Mail: deinet@fg-feuerfest.de

Dipl.-Ing. Bernd Dettmer S. 77

Georgsmarienhütte GmbH
DC Lichtbogenofen
Neue Hüttenstraße 1
49124 Georgsmarienhütte
Tel.: 05401-39-47.47
Fax: 05401-40.58
E-Mail: bernd.dettmer@gmh.de

Dipl.-Ing. Alfred Edlinger S. 15

Leiter Forschung, Entwicklung, Innovation und Patentwesen
Metallurgy & Inorganic Technology (M.I.T.)
Dälmaweg 13
A-6781 Bartholomäberg
Tel.: 0043-0664-3.24.56.65
Fax: 0043-5556-7.67.47
E-Mail: alfred.edlinger@mitechnology.at

Dipl.-Ing. Gerhard Endemann S. 21

Leiter Geschäftsfeld Politik und
Leiter Abteilung Umwelt, Verkehr, Bildung
Wirtschaftsvereinigung Stahl/Stahlinstitut VDEh
Sohnstraße 65
40237 Düsseldorf
Tel.: 0211-67.07-4.56
Fax: 0211-67.07-4.59
E-Mail: gerhard.endemann@stahl-zentrum.de

Autoren und Herausgeber

Professor Dr.-Ing. Martin Faulstich S. 169

Technische Universität München
Ordinarius Lehrstuhl für Rohstoff- und Energietechnologie
Petersgasse 18
94315 Straubing
Tel.: 09421-1.87-1.00
Fax: 09421-1.87-1.11
E-Mail: martin.faulstich@wzw.tum.de

Dipl.-Ing. Katharina Fuchs S. 15

Hochschule Weihenstephan-Triesdorf
Fakultät Umweltingenieurwesen
Steingruberstraße 2
91746 Weidenbach-Triesdorf
E-Mail: fuchska@gmx.de

Professor Dr. Stefan A. Gäth S. 15

Justus-Liebig-Universität Gießen
Professur für Abfall- und Ressourcenmanagement
Ludwigstrs. 23
35390 Gießen
Tel.: 0641-99-3.73.83
Fax: 0641-99-3.73.89
E-Mail: stefan.a.gaeth@umwelt.uni-giessen.de

Dr. Ursula Gerigk S. 51

Senior Expert REACH
ThyssenKrupp Steel Europe AG
Kaiser-Wilhelm-Straße 100
47166 Duisburg
Tel.: 0203-52-2.84.14
Fax: 0203-52-2.66.28
E-Mail: ursula.gerigk@thyssenkrupp.com

Dr.-Ing. Vico Haverkamp S. 77

Helmut-Schmidt-Universität
Universität der Bundeswehr Hamburg
Lehrstuhl für Prozessdatenverarbeitung und Systemanalyse
Holstenhofweg 85
22043 Hamburg
Tel.: 040-65.41-26.15
Fax: 040-65.41-20.04
E-Mail: v.haverkamp@hsu-hh.de

Autoren und Herausgeber

Dr.-Ing. Michael Heußen   S. 105

Geschäftsführer
Lech-Stahlwerke GmbH
Industriestraße 1
86405 Meitingen
Tel.: 08271-82-2.03
Fax: 08271-82-4.49

Hartmut Hofmeister   S. 105

Leiter Stahlwerk
Lech-Stahlwerke GmbH
Industriestraße 1
86405 Meitingen
Tel.: 08271-82-0

Ministerialdirektor Dr. Karl Eugen Huthmacher   S. 3

Abteilungsleiter
Bundesministerium für Bildung und Forschung
Zukunftsvorsorge - Forschung für Grundlagen und Nachhaltigkeit
Heinemannstraße 2
53175 Bonn
Tel.: 0228-99.57-23.17
Fax: 0228-99.57-8.23.17
E-Mail: karl-eugen.huthmacher@bmbf.bund.de

Dipl.-Ing. Dennis Hüttenmeister   S. 69

Institut für Eisenhüttenkunde
RWTH Aachen
Intzestraße 1
52072 Aachen
Tel.: 0241-80-9.58.43
Fax: 0241-80-9.21.68
E-Mail: dennis.huettenmeister@iehk.rwth-aachen.de

Dipl.-Ing. Michael Joost   S. 129

AG der Dillinger Hüttenwerke
Umweltschutz/-technik, Mineralstoffwirtschaft
Werkstraße 1
66763 Dillingen/ Saar
Tel.: 06831/47-56.71
Fax: 06831/47-56.79
E-Mail: michael.joost@dillinger.biz

Autoren und Herausgeber

Rechtsanwalt Dr. Peter Kersandt S. 59

Andrea Versteyl Rechtsanwälte
Bayerische Straße 31
10707 Berlin
Tel.: 030-3.18.04.17-0
Fax: 030-3.18.04.17-41
E-Mail: kersandt@andreaversteyl.de

Dr.-Ing. Bernd Kleimt S. 77

Leiter Prozessautomatisierung Stahlerzeugung
VDEh-Betriebsforschungsinstitut GmbH
Sohnstraße 65
40237 Düsseldorf
Tel.: 0211.67.07-3.85
Fax: 0211-67.07-3.10
E-Mail: bernd.kleimt@bfi.de

Professor Dr.-Ing. Gert Lautenschlager S. 15

Hochschule Weihenstephan-Triesdorf
Fakultät Umweltingenieurwesen
Steingruberstraße 2
91746 Weidenbach-Triesdorf
Tel.: 09826-6.54-2.25
Fax: 09826-654-42.25
E-Mail: gert.lautenschlager@hswt.de

Hans Peter Markus S. 105

Betriebsleiter Sekundärmetallurgie
Lech-Stahlwerke GmbH
Industriestraße 1
86405 Meitingen
Tel.: 08271-82-3.96
Fax: 08271-82-3.77

Professor Dr. rer. nat. Mario Mocker S. 169

Hochschule Amberg-Weiden
Kaiser-Wilhelm-Ring 22
92224 Amberg
Tel. 09621-4.82-33.35
Fax 09621-4.82-43.35
E-Mail m.mocker@haw-aw.de

Autoren und Herausgeber

Dr.-Ing. Heribert Motz   S. 151

Geschäftsführer
FEhS – Institut für Baustoff-Forschung e.V.
Bliersheimer Straße 62
47229 Duisburg
Tel.: 02065-99.45-31
Fax: 02065-99.45-10
E-Mail: h.motz@fehs.de

Dr.-Ing. Dirk Mudersbach   S. 151

Leiter Sekundärrohstoffe/Schlackenmetallurgie, Düngemittel
FEhS – Institut für Baustoff-Forschung e.V.
Bliersheimer Straße 62
47229 Duisburg
Tel.: 02065-99.45-47
Fax: 02065-99.45-10
E-Mail: d.mudersbach@fehs.de

Professor Dr. Armin Reller   S. 15

Universität Augsburg
Lehrstuhl für Ressourcenstrategie
Universitätsstraße 1 a
86159 Augsburg
Tel.: 0821-5.98-30.00
Fax: 0821-5.98-30.02
E-Mail: armin.reller@wzu.uni-augsburg.de

Dipl.-Ing. Heribert Rustige   S. 139

Direktor Research and Development
AKUT Umweltschutz Ingenieure Burkard und Partner
Wattstraße 10
13355 Berlin
Tel.: 030-52.00.09.50
Fax: 030-52.00.09.59
E-Mail: rustige@akut-umwelt.de

Univ.-Professor Dr.-Ing. Dieter Georg Senk   S. 69

Institut für Eisenhüttenkunde
Lehrstuhl für Metallurgie von Eisen und Stahl
RWTH Aachen
Intzestraße 1
52072 Aachen
Tel.: 0241-80-9.57.92
Fax: 0241-80-9.23.68
E-Mail: dieter.senk@iehk.rwth-aachen.de

Autoren und Herausgeber

Rechtsanwalt Dr. Michael Sitsen   S. 45

Partner
Orth Kluth Rechtsanwälte
Umwelt- und Planungsrecht, Öffentliches Wirtschaftsrecht
Kaistraße 6
40221 Düsseldorf
Tel.: 0211-6.00.35-0
Fax: 0211-6.00.35-1.50
E-Mail: michael.sitsen@orthkluth.com

Dr. rer. nat. Patrick Tassot   S. 77

Steel Market Senior Manager
Calderys Deutschland GmbH & Co. OHG
In der Sohl 122
56564 Neuwied
Tel.: 02631-86.04-1.34
Fax: 02631-9.85-65-1.34
E-Mail: patrick.tassot@calderys.com

Rechtsanwältin Professor Dr. jur. Andrea Versteyl   S. 33

Ehrenamtliche Richterin am Sächsischen Verfassungsgerichtshof
Honorarprofessorin an der Universität Hannover
Mitglied der 7. Regierungskommission Niedersachsen und
des Nationalen Normenkontrollrates
Andrea Versteyl Rechtsanwälte
Bayerische Straße 31
10707 Berlin
Tel.: 030-3.18.04.17-0
Fax: 030-3.18.04.17-41
E-Mail: berlin@andreaversteyl.de

Inserentenverzeichnis

Inserentenverzeichnis

GfM FESIL   S. 89

Gesellschaft für Metallurgie & Legierungshandel mbH
Schifferstr. 200
47059 Duisburg
Tel.: 0203-3.00.07-0
Fax: 0203-3.00.07-1.10
www.gfm-fesil.de

HAGENBURGER Feuerfeste Produkte GmbH   S. 76

Obersülzer Str. 16
67269 Grünstadt
Tel.: 06359-80.06-0
Fax: 06359-80.06-29
www.hagenburger.de

WHF Feuerfesttechnik
Hetsch Feuerfesttechnik GmbH

Hetsch Feuerfesttechnik GmbH   S. 127

Pfrimmerhof 3
67729 Sippersfeld
Tel.: 06357-97.53.52
Fax: 06357-97.53.70

L & M Holding GmbH   S. 68

Jupiterstraße 2
42549 Velbert
Tel.: 02051-60.88-0
Fax: 02051-60.88-60
www.l-m-gruppe.com

Lech-Stahlwerke GmbH   S. 13, 104

Industriestraße 1
86405 Meitingen
Tel.: 08271-82-0
Fax: 08271-82-3.77
www.lech-stahlwerke.de

Inserentenverzeichnis

Max Aicher GmbH S. 14, 168

Bichlbruck 2
83451 Piding
Tel.: 08654-7.74.01-0
Fax: 08654-7.74.01-29
www.max-aicher-enviro.com

Scholz Recycling AG & Co. KG S. 90

Am Bahnhof
73457 Essingen
Tel.: 07365-84-0
Fax: 07365-14.81
www.scholz-recycling.de

SGL CARBON GmbH S. 75, 128

Söhnleinstrasse 8
65201 Wiesbaden
Tel.: 0611-60.29-0
Fax: 0611-60.29-3.05
www.sglgroup.com

ly.
Schlagwortverzeichnis

Schlagwortverzeichnis

A

Abfälle
   mineralische 59
Abfallrahmenrichtlinie 33
Abgrabungen 59
Abgrenzung 33
Ablagerung
   mineralischer Abfälle 59
Abwasserbehandlung 139
Aufbereitung der Stahlwerksschlacke 129
Aufbereitungstechnologie 129
Austauschmaßnahmen 48

B

Bestandsschutz 46
Betreiberpflichten 46
betriebsinternes Qualitätssicherungssystem 138

C

CLP 51
COMBIDILL 137

D

Deponien der Klasse 0 60
DEWEOS 160
Dichtungsbaustoff aus
   Gießpfannenschlacke 137
Dillinger Hüttenwerke 129
DK 0-Deponie 59
Dolomit 106
Düngemittelverordnung 137

E

Einstufung 51
Eisenhüttenschlacken 26, 51, 129
Elektrolichtbogenofen 77, 106
Elektromagnet-Bandtrommelscheider 135
Elektroofenschlacken 108, 142, 153, 169
Energieeffizienz 77
Energieeinsparung 105
Entstaubungsanlage 132
Ersatzbaustoffverordnung 29

F

FACTOR SP 155
feuerfeste Zustellung 79
Feuerfestverschleiß 124
Feuerungswirkungsgrad 37
Fläche
   basisabgedichtete 129
Forschung 3
Forschungsprogramme
   für Ressourceneffizienz 7

G

Gebot der hochwertigen Verwertung 35
Georgsmarienhütte 79
Gießpfannenschlacke als Substitution
   natürlicher Tonmineralien
   als Dichtungsbaustoff 129
Gleichstrom-Lichtbogenofen 78
Güteüberwachung 138

H

Heizwert 36
Hochofenschlacke 26
Hochwertigkeit der energetischen
   Verwertung 36
Hochwertigkeit der stofflichen
   Verwertung 33, 35
Hüttensand 27
Hydratationsbeständigkeit 126

I

Inertabfall 60
innovatives Basisabdichtungssystem 129

K

Kalk-Düngemittel 129
Kalk-/Eisenträger
   als Sekundärrohstoff 134
   für den internen Einsatz 134
Klassierung 135
KLINKEOS 157
Konverterkalk 137
Kreislaufwirtschaftsgesetz 33

Schlagwortverzeichnis

L

Lärmschutz 133
LDS 142
LD- und Gießpfannenschlacken 134
Lichtbogenofen 77

M

Magnetscheidung 135
Materialeffizienz 77
Materialmanagement 24
mineralische Nebenprodukte 129
Mineralstoffaufbereitungsanlage 129
MSG Mineralstoffgesellschaft Saar mbH (MSG) 129

N

Nachhaltigkeit 4
Nebenprodukte 21
Nutzung der Elektroofenschlacke 153

O

Ökobilanzen 33
Ordnungsverfügungen 45

P

Phosphatelimination 139
Planfeststellungsverfahren 60
Plangenehmigungsverfahren 60
Prozesssteuerung 83

R

R 1-Formel 37
Rahmenbedingungen 28
REACH 51
RECYCEOS 163
Reduktionsmittelverbrauch 24
Registrierung 51
Ressourcen 23
Ressourceneffizienz 5, 28
Ressourcenknappheit 3
Ressourcenrückgewinnung 15
Rohstoffe
   wirtschaftsstrategische 3
Rohstoffproduktivität 6
Rohstoffversorgung
   nachhaltige 3

S

Schlackenbildung 113
Schlackenführung 113
Schlackenkonditionierung 120
SCODILL 136
Sekundärrohstoff 15, 169
SLACON 155
Stahlerzeugung 16
   nachhaltige 23
   im Lichtbogenofen 77
Stahlindustrie 21
Stahlwerksprozess 134
Stahlwerksschlacke 26, 129
Straßenbau 129, 170

T

technische Machbarkeit 37
Technologiemetalle 3
Thermoschockbeständigkeit 80

U

Umweltverträglichkeit 169

V

Verfüllung 59
Verordnungsermächtigung 34
Verordnung über Anlagen zum Umgang mit wassergefährdenden Stoffen 30
Verwertung
   energetische 33
   stoffliche 33
Vorsorgepflichten 47

W

Wärmenutzungsgebot 37
werkseigene Produktionskontrolle 138
WIPEOS 163
wirtschaftliche Zumutbarkeit 37
Wissenschaftsjahr 4

Z

Zementindustrie 129
Zerkleinerung 135
Zulassung
   bergrechtliche 65